ASSOCIATION FRANÇAISE

POUR

L'AVANCEMENT DES SCIENCES

Une table des matières et une table analytique, par ordre alphabétique, terminent chaque Tome des Comptes rendus de l'Association en 1911.

Dans les tables analytiques les nombres qui sont placés après la lettre *p* se rapportent aux pages de la brochure des Procès-Verbaux, ceux placés après l'astérisque (*) se rapportent aux pages du Volume des Comptes rendus.

47720   Paris. — Imprimerie GAUTHIER-VILLARS, 55, quai des Grands-Augustins.

ASSOCIATION FRANÇAISE

POUR

L'AVANCEMENT DES SCIENCES

FUSIONNÉE AVEC

L'ASSOCIATION SCIENTIFIQUE DE FRANCE

(Fondée par Le Verrier en 1864).

Reconnues d'utilité publique.

COMPTE RENDU DE LA 40ᴹᴱ SESSION.

DIJON
— 1911 —

NOTES ET MÉMOIRES
TOME IV

AGRONOMIE;

GÉOGRAPHIE;

ÉCONOMIE POLITIQUE ET STATISTIQUE;

PÉDAGOGIE ET ENSEIGNEMENT;

HYGIÈNE ET MÉDECINE PUBLIQUE.

PARIS,

AU SECRÉTARIAT DE L'ASSOCIATION
Rue Serpente, 28

ET CHEZ MM. MASSON ET Cⁱᵉ, LIBRAIRES DE L'ACADÉMIE DE MÉDECINE
Boulevard Saint-Germain, 120.

1912

LISTE DES CONGRÈS ET DE LEURS PRÉSIDENTS.
— VOLUMES —

ANNÉES.		VILLES.			PRÉSIDENTS.	
1872	1re Session.	Bordeaux........	1 volume.		Claude BERNARD...........	(Décédé.)
1873	2e —	Lyon...........	1	—	DE QUATREFAGES..........	(Décédé.)
1874	3e —	Lille	1	—	Adolphe WURTZ...........	(Décédé.)
1875	4e —	Nantes	1	—	Adolphe D'EICHTAL........	(Décédé.)
1876	5e —	Clermont-Ferrand.	1	—	J.-B. DUMAS..............	(Décédé.)
1877	6e —	Le Havre.........	1	—	Paul BROCA......	(Décédé.)
1878	7e —	Paris...........	1	—	Edmond FRÉMY...........	(Décédé.)
1879	8e —	Montpellier	1	—	Agénor BARDOUX..........	(Décédé.)
1880	9e —	Reims..........	1	—	J.-B. KRANTZ...........	(Décédé.)
1881	10e —	Alger	1	—	Auguste CHAUVEAU.	
1882	11e —	La Rochelle	1	—	Jules JANSSEN..............	(Décédé.)
1883	12e —	Rouen..........	1	—	Frédéric PASSY.	
1884	13e —	Blois..........	2 volumes (¹).		Anatole BOUQUET DE LA GRYE.	(Décédé.)
1885	14e —	Grenoble........	2	— (²).	Aristide VERNEUIL..........	(Décédé.)
1886	15e —	Nancy..........	2	—	Charles FRIEDEL...........	(Décédé.)
1887	16e —	Toulouse	2	—	Jules ROCHARD............	(Décédé.)
1888	17e —	Oran...........	2	—	Aimé LAUSSEDAT..........	(Décédé.)
1889	18e —	Paris...........	2	—	Henri DE LACAZE-DUTHIERS..	(Décédé.)
1890	19e —	Limoges.........	2	—	Alfred CORNU.............	(Décédé.)
1891	20e —	Marseille	2	—	P.-P. DEHÉRAIN...........	(Décédé.)
1892	21e —	Pau...........	2	—	Édouard COLLIGNON.	
1893	22e —	Besançon........	2	—	Charles BOUCHARD.	
1894	23e —	Caen...........	2	—	É. MASCART...........	(Décédé.)
1895	24e —	Bordeaux........	2	—	Émile TRÉLAT..............	(Décédé.)
1896	25e —	Tunis	2	—	Paul DISLÈRE.	
1897	26e —	Saint-Étienne....	2	—	J.-E. MAREY..............	(Décédé.)
1898	27e —	Nantes	2	—	Édouard GRIMAUX..........	(Décédé.)
1899	28e —	Boulogne-sur-Mer.	2	—	Paul BROUARDEL...........	(Décédé.)
1900	29e —	Paris...........	2	—	Hippolyte SEBERT.	
1901	30e —	Ajaccio..........	2	—	E.-T. HAMY..............	(Décédé.)
1902	31e —	Montauban.......	2	—	Jules CARPENTIER.	
1903	32e —	Angers..........	2	—	Émile LEVASSEUR.	(Décédé.)
1904	33e —	Grenoble........	1 volume (³).		C.-A. LAISANT.	
1905	34e —	Cherbourg......	1	— (³).	Alfred GIARD.............	(Décédé.)
1906	35e —	Lyon...........	2 volumes.		Gabriel LIPPMANN.	
1907	36e —	Reims..........	2	—	Henri HENROT.	
1908	37e —	Clermont-Ferrand.	1 volume (⁴).		Paul APPELL.	
1909	38e —	Lille...........	1	— (⁵).	Louis LANDOUZY.	
1910	39e —	Toulouse	1	— (⁶).	C.-M. GARIEL.	
1911	40e —	Dijon...........	1	— (⁶).	S. ARLOING.	(Décédé.)

(¹) Reliés ensemble ou séparément.

(²) A partir de la 14e Session, les Tomes I et II sont reliés séparément.

(³) Pour le 33e Congrès de Grenoble, 1904, et le 34e, Cherbourg, 1905, le Tome I a été remplacé par un Bulletin mensuel dont les numéros 8 et 9 de chaque année ont été consacrés aux comptes rendus des séances générales et aux procès-verbaux des Sections.

(⁴) Le Tome I a été remplacé par deux brochures parues en septembre 1908.

(⁵) Le Tome I a été remplacé par une brochure parue en septembre 1909.

(⁶) Le Tome I a été remplacé par une brochure parue en septembre 1910. Le volume des Notes et Mémoires existe divisé en quatre Tomes, dont chacun comprend sa Table des matières et sa Table analytique par ordre alphabétique.

ASSOCIATION FRANÇAISE

POUR

L'AVANCEMENT DES SCIENCES

AGRONOMIE.

M. B. KOHLER,

Directeur de l'École nationale d'Industrie laitière (Mamirolle).

RAPPORT SUR LE BÉTAIL TACHETÉ DE LA RÉGION DE L'EST.

63.621 (44.4)

31 *Juillet.*

Le bétail bovin tacheté, qui, de la haute chaîne du Jura et des confins de la Suisse, s'étend si rapidement sur tout l'est de la France, constitue le type principal du groupe que Sanson avait désigné sous le nom de *Jurassique.*

Son développement actuel et son avenir constituent certainement le problème zootechnique le plus important du temps présent, et l'on comprend que pareil sujet ait été mis à l'ordre du jour de ce Congrès.

Les découvertes opérées dans les cités lacustres témoignent que l'arrivée du type jurassique dans notre région remonte à une époque moins ancienne et que les bovins de ce temps-là étaient les ancêtres de la *race brune* actuelle. Ce bétail a sans doute été amené du nord de l'Europe par une invasion de Burgondes vers le début de l'ère chrétienne.

Son aire géographique, restreinte chez nous il y a moins d'un siècle encore à l'arrondissement de Montbéliard et pour partie seulement aux arrondissements voisins, Belfort, Lure, Baume-les-Dames, Pontarlier; et, à l'étranger, aux cantons de la Suisse occidentale, notamment Berne et Fribourg, Neuchâtel et Vaud, s'est considérablement accrue dans la seconde moitié du siècle dernier.

Une grande partie de l'Allemagne du Sud l'a adopté, et des importations nombreuses en ont implanté des îlots en Autriche, en Hongrie, dans les Balkans, en Italie et même en Russie.

Chez nous, la faveur dont il jouit n'est pas moindre, et son extension gagne chaque jour du terrain.

****1

Plutôt désignée autrefois sous le qualificatif de *tourache* ou *taurache*, la race tachetée a fait la conquête de la partie basse du département du Doubs et de la vallée de l'Ognon, puis de la Saône dans la Haute-Saône; la Haute-Marne, à l'exemple de l'École d'Agriculture de Saint-Bon, les Vosges, le Jura, la Côte-d'Or, l'Ain, l'adoptent de plus en plus; des essais d'acclimatation suivis de plein succès dans le Centre, le Centre ouest, en Brie, et même jusque dans la région pyrénéenne et le Tarn permettent encore d'affirmer qu'avant peu, le bétail tacheté sera prédominant en France.

C'est l'Exposition de 1889 qui l'a surtout fait connaître au grand public. Le lot présenté par le Comice de Montbéliard sous le nom de *race montbéliarde* lui a valu d'être admise dès ce moment à titre de race spéciale dans les concours de l'État, et depuis 1895 elle bénéficie d'un concours spécial annuel.

Caractères ethniques. — La caractéristique de cette race dans son type pur est sa robe pie rouge, la distribution du rouge bien franc par grandes plaques à contours réguliers étant la plus-recherchée.

La tête, à l'exception des oreilles et parfois du pourtour des yeux, le dessous du corps et les extrémités des membres sont toujours blancs, ainsi que les cornes, les onglons et les muqueuses, sur lesquels toute marque ou marbrure noire ou rousse est un signe de croisements ancestraux soit avec la fribourgeoise pie noire, soit avec la schwitz (race brune).

La forme de la tête est aussi caractéristique ainsi que les cornes; de même l'attache de la queue qui est fortement relevée dans le bétail peu amélioré.

La taille est élevée, la musculature développée et l'ensemble de toutes les parties du corps est harmonieux.

Remarquons qu'en Suisse, on considère officiellement la fribourgeoise *pie noire* comme un simple rameau de la grande race tachetée. Cette parenté n'est pas admise d'une façon absolue par tous ; cependant la conformation si semblable chez les deux variétés permet de le penser.

Une autre raison qui m'a souvent frappé, c'est la prompte absorption d'une robe par l'autre dans les opérations de croisement continu. Parfois, dès la première opération, on ne trouve aucune trace noire ou aucune trace rouge dans les produits. Ce fait est beaucoup plus rare dans les croisements avec la schwitz, et les colorations foncées sur les cornes, les onglons ou les muqueuses dues à cette dernière sont bien autrement vivaces.

Le pelage pie est d'origine récente. Il y a un siècle encore, à l'exception du dessous du corps et des extrémités, le manteau était uniformément rouge.

Depuis longtemps, la région de Montbéliard a marqué chez nous une prédilection pour la recherche du bétail plaqué, et c'est la raison pour laquelle depuis plus de cinquante ans, les sujets de cette robe sont connus sous le nom de *Montbéliards*.

Les travaux du Comice agricole de cette ville en 1888 et 1889, suivis de la création d'un Herd-Book, ont fixé d'une manière précise les caractères de pureté du troupeau, et c'est pourquoi le nom de *race montbéliarde* a été donné au bétail tacheté français présentant la pureté du type.

Personne ne songe à nier l'identité d'origine entre le bétail tacheté qui se trouve de part et d'autre de la frontière en France et en Suisse, mais les soins d'amélioration remontent à plus d'un siècle chez nos voisins, alors que, chez nous, ils sont d'origine récente. Aussi la simmenthale a-t-elle été depuis longtemps l'objet d'un très grand commerce d'exportation à l'étranger. Le sud de l'Allemagne, notamment, a recherché les sujets à pelage clair ; peu à peu les Suisses sont arrivés à produire des animaux dont le rouge foncé originel est passé successivement au jaune, au froment, puis au café au lait, parfois même au blanc complet rappelant la couleur des charollais.

Mais une réaction contraire se fait sentir, et la teinte jaune orange ou rouge très clair retient aujourd'hui la faveur des éleveurs.

Chez nous, on s'en est tenu au rouge franc bien net, et il est bien admis maintenant que cette livrée plus vive coïncide avec un tempérament plus rustique et moins lymphatique.

Ajoutons que, tandis qu'en Suisse le type du Simmenthal (vallée de la Simme) devient prédominant avec ses membres très allongés et sa taille élevée, nous conservons en France une taille moyenne et une conformation plus près de terre.

L'initiative de la région de Montbéliard a provoqué par imitation la création de la *race d'abondance*, autre troupeau tacheté habitant sur les bords du Léman, en Haute-Savoie.

Au point de vue ethnique, le bétail d'Abondance montre encore des signes indéniables de métissage : les cornes à extrémités colorées, les onglons noirs, les marbrures aux muqueuses y sont parfaitement tolérées.

D'autre part, un troisième rameau de la race tachetée a reçu récemment le nom de *race gessienne*.

Le pays de Gex, grâce à sa situation privilégiée de zone franche, est peuplé d'animaux d'origine suisse. Aucune caractéristique ne distingue ce troupeau du bétail suisse voisin, aussi estimons-nous que le nom qui lui convient véritablement est celui de *race simmenthale*.

En notre temps de luttes pour ou contre les délimitations, la question s'est posée, à l'instar de ce qui s'est fait en Suisse, de substituer aux appellations géographiques un qualificatif s'appliquant à tout le troupeau. Officiellement, dans ce pays, la dénomination de *race tachetée* a remplacé les anciens noms de Simmenthal ou Gessenay, Frütigen, fribourgeoise, vaudoise, etc.

La question qui paraît toute simple est cependant plus complexe en réalité, et les conditions ne sont pas chez nous ce qu'elles étaient chez nos voisins quand cette mesure a prévalu.

Toute la moitié occidentale de la Suisse produisait des sujets purs, améliorés, tous semblables entre eux grâce à des importations continuelles de reproducteurs tirés des centres d'élevage les plus réputés. Ce n'était donc que la consécration nominale d'un fait bien établi.

Chez nous il n'en est pas de même et l'uniformité est loin d'exister. Une appellation commune ne manquerait pas de produire une déplorable confusion de tous les sujets à robe tachetée sans s'inquiéter de leur pureté ethnique, de leur origine et de leurs qualités, et c'est bien ici le lieu de rendre un particulier hommage à la justesse de vues avec laquelle notre Président a choisi comme titre du sujet qui nous occupe : LE BÉTAIL *tacheté* et non *la race tachetée* ou *les races tachetées*.

Le nom de *race montbéliarde* est à lui seul un programme dans l'élevage rationnel de notre bétail tacheté. Il est synonyme de sélection dans le troupeau indigène, d'efforts conscients faits par nos éleveurs français qui veulent, par leurs seuls moyens, s'élever au niveau des étrangers. L'adoption de l'expression usitée en Suisse ne manquerait pas de nous replacer sous la dépendance morale de nos voisins et porterait un coup funeste aux efforts faits pour élever de ce côté de la frontière un troupeau indigène, bien français par son origine et à mettre en regard du troupeau étranger.

Ajoutons enfin que l'appellation de *race montbéliarde* conservée au type tacheté épuré et amélioré ne peut d'ici longtemps encore causer de préjudice moral ou matériel à aucune autre région, car c'est uniquement dans le Doubs que se fait actuellement l'élevage de reproducteurs du type de l'avenir à robe pie rouge franc.

Aptitudes économiques. — Naguère, la science zootechnique s'attachait à prouver que la perfection pour les bovins réside dans la spécialisation des fonctions économiques. Or, aucune race ne jouit aujourd'hui d'une vogue comparable à celle de la montbéliarde, et cette vogue, nous l'avons fait observer depuis longtemps, tient à ses aptitudes mixtes et à sa rusticité.

Elle fournit la laitière du Midi par excellence, car, après une période de lactation abondante et soutenue, elle s'engraisse facilement et donne en boucherie des produits rémunérateurs.

Mise en concurrence dans le Centre avec la charollaise, partout où les débouchés existent pour le lait, elle ne trompe pas l'attente de ceux qui l'essaient, soit comme bête de travail, soit comme race de boucherie.

Vers le Nord, sa musculature la fait préférer à la flamande et à la hollandaise, et, en regard de la normande même, elle se montrera bientôt une rivale sérieuse.

C'est qu'en plus de ses aptitudes variées, sa rusticité précieuse lui confère à l'égard de la tuberculose une résistance que ne connaissent pas les races élevées dans des climats moins rudes.

Quelques chiffres sont à citer pour préciser les aptitudes de nos animaux :

Au point de vue laitier, la moyenne annuelle de production des vaches conservées dans le Doubs s'élève à 2400 litres telle qu'elle ressort des livraisons faites dans les fruitières et établissements laitiers; mais il est à remarquer que les sujets d'élite sont surtout groupés au voisinage des centres urbains et que les meilleurs sont enlevés par les nourrisseurs du Midi et des villes du littoral; les sujets fournissant 3000 litres ne sont pas rares, et l'on en rencontre donnant 4000 litres et plus par an.

Si la lactation n'est pas abondante au début (18 à 20 litres chez les meilleurs sujets, rarement 25), elle est très prolongée et très soutenue.

La qualité du lait est aussi d'une bonne moyenne. Les très nombreuses recherches que nous avons faites, tant à Mamirolle que dans les fruitières du Doubs, nous permettent d'évaluer la richesse moyenne en matières grasses à 3,80-3,90 %.

Pour la normande, si réputée à cet égard, les recherches récentes faites dans le Syndicat de contrôle laitier du pays de Caux ont donné comme richesse moyenne 3,91 °/₀. (*Industrie laitière*, 4 décembre 1910).

Au point de vue de la boucherie, la taille élevée et la régularité de conformation permettent d'obtenir une moyenne de 550 kg de poids vif pour les vaches dans l'ensemble du troupeau. Ce poids atteint facilement 650 kg et même 700 kg chez les sujets améliorés.

Les bœufs gras de 4 à 5 ans dépassent généralement 900 kg avec des rendements de 55 %; il convient d'ajouter que l'engraissement n'est jamais poussé loin.

Pour le travail, les animaux tachetés sont appréciés. Ils sont doux et leur allure est plutôt lente, mais c'est une simple question de dressage.

Conditions de production. — On ne peut guère envisager comme zone de production de la race montbéliarde pure que la région constituée par l'arrondissement de Montbéliard et partie des arrondissements voisins : Pontarlier, Baume, Lure et Belfort.

Dans la Haute-Saône, la Côte-d'Or, la Haute-Marne, certains centres permettent déjà de faire de la sélection, mais presque partout la substitution de la montbéliarde aux troupeaux métis indigènes se fait par croisement continu au moyen de taureaux provenant des environs de Morteau et de Montbéliard.

La plupart des éleveurs qui se livrent aux essais d'introduction du bétail tacheté, soit dans le Nord-Est, le Centre ou le Midi, achètent de préférence des lots de génisses accompagnés d'un taureau.

Les régions les plus réputées pour la valeur des sujets sont Morteau et Montbéliard, car on y rencontre à la fois la pureté de race et les qualités individuelles.

Dans la zone montagneuse du Doubs et de la chaîne du Jura, les pâturages donnent aux élèves une croissance harmonieuse grâce à l'exercice et aux fourrages riches en calcaire et en phosphate; le séjour aux altitudes élevées a aussi une influence souveraine sur la rusticité des jeunes animaux. Ce fait se vérifie constamment chez nous, mais les Suisses l'ont déjà constaté depuis long-temps, et pour eux il ne saurait y avoir de bon élevage si l'on ne dispose de pâtu-rage de montagne. C'est une condition primordiale pour le bétail tacheté.

La production des bœufs est en honneur dans la plaine et sur les plateaux inférieurs; l'élevage de la génisse se fait partout, mais surtout en région élevée où l'on se livre aussi avec succès à l'élevage des jeunes taureaux.

Les villes de la région et la Suisse prennent nos bœufs; les nourrisseurs du Midi les vaches de qualité, non plus seulement la vache fatiguée ou simplement adulte, mais encore la jeune vache, de 3 ans parfois, ce qui est un danger pour l'avenir.

Les jeunes élèves essaiment de tous côtés.

Naturellement, l'arrondissement de Gex pour la simmenthale, celui de Thonon pour le bétail tacheté d'Abondance participent également à ce mouvement.

Amélioration du troupeau. — *Syndicats d'élevage.* — Depuis longtemps, et au même titre que tout le bétail français en général, le bétail tacheté a été l'objet de quelques soins d'amélioration provoqués par l'appât de primes dans les concours locaux de comices et de sociétés agricoles, et dans les concours généraux, régionaux ou nationaux, puis spéciaux.

Mais la création du Herd-Book de la race montbéliarde en 1889 marque le début d'une ère nouvelle. Cette institution, dirigée surtout en vue d'une exploi-tation commerciale de la race, n'a eu cependant qu'une influence directe très restreinte, et a favorisé l'appauvrissement du pays en sujets de choix, car les acheteurs éloignés, sollicités par l'attrait et les mérites de cette race nouvelle achetaient naturellement les meilleurs reproducteurs, alors que nos cultiva-teurs n'étaient nullement préparés pour une vente pareille.

Puis en 1898, un événement est survenu qui a eu aussi une très grosse consé-quence : ce fut l'interdiction complète des importations de bétail suisse.

Les acheteurs se rabattirent alors sur notre pays frontière et précipitèrent la crise de notre élevage en enlevant les meilleurs sujets du troupeau, taureaux, vaches, élèves.

C'est pour lutter contre cet appauvrissement excessif en sujets d'avenir que nous avons été amené a créer des *syndicats d'élevage.*

L'œuvre est lente, malheureusement, mais, partout où elle est implantée, le succès dépasse les espérances, si bien que je n'hésite pas à déclarer que sans syndicats d'élevage il n'y aura jamais d'élevage rationnel dans les pays de petite et moyenne culture.

Et par *élevage rationnel*, j'entends un élevage conscient et voulu, basé sur un programme bien étudié dont les résultats sont sûrs et non abandonnés au hasard.

Grâce à leurs syndicats, les éleveurs des Fins, de Villers-le-Lac, de Nancray, ont conquis une place prédominante dans les concours, et, ce qui vaut encore mieux, c'est qu'à côté de ces exposants, qui sont une infime minorité, tous les éleveurs voient leurs troupeaux progresser rapidement.

Aussi, je ne saurais trop profiter de toutes les occasions pour demander à l'Administration, en faveur de ces institutions, un traitement semblable à celui qui est fait aux caisses d'assurance du bétail.

Les syndicats d'élevage, on le sait, groupent les éleveurs de circonscriptions restreintes en vue de l'amélioration de l'élevage convenant le mieux au pays où ils sont établis. Achat et entretien en commun de reproducteurs mâles de choix, conservation par chacun des meilleures femelles; appréciation de tous les sujets du troupeau par des procédés scientifiques (tables de pointage détaillées, mensurations, épreuves de productivité), tenue de livres zootechniques, tels sont les moyens immédiats d'action.

En moins de 10 ans, la valeur du troupeau peut presque doubler dans un bon syndicat. Quelle source de fortune pour un pays! Et au point de vue de la prospérité générale, combien l'efficacité d'un pareil syndicat est supérieure à celle d'une caisse d'assurance qui, elle, ne saurait être créatrice de valeur!

Les syndicats d'élevage trouveront bientôt leur place partout, mais c'est plutôt dans les zones de sélection que leur création s'impose aujourd'hui; ailleurs, les *sociétés d'élevage* comme dans le pays de Gex, les *sociétés* dites d'*Amélioration du bétail*, comme dans le Jura, les sociétés agricoles en général et les comices peuvent déjà rendre de grands services en achetant des taureaux dans les bons centres et en les revendant avec remises aux éleveurs.

Mais ce n'est là qu'une fonction toute passagère qui doit préparer la voie aux syndicats.

Les Syndicats d'élevage du Doubs sont réunis en une fédération qui leur donne une impulsion plus vive, procède aux examens d'animaux, maintient l'uniformité dans le travail, délivre des primes de conservation, surveille la tenue des livres, etc.

Ce sont là des méthodes et moyens d'action rapides, seuls véritablement efficaces, à généraliser dans toute la région d'élevage et de multiplication de bétail tacheté, et qui peuvent aussi trouver leur application partout et pour toutes nos races domestiques.

Les conditions spéciales dans lesquelles se trouve actuellement l'élevage de bétail tacheté en France peuvent se résumer ainsi :

1° Production peu intense dans une zone favorable actuellement très limitée;

2° Extension de ce bétail dans une région très vaste qui grandit tous les jours.

Et il y a lieu de se demander quelles sont les mesures particulières qui ont été prises par l'Administration pour satisfaire aux exigences de ces doubles conditions.

La réponse est simple : aucune.

Et pourtant un programme d'action générale s'impose d'urgence : il faut, avant d'encourager davantage l'extension du bétail tacheté, créer des pépinières importantes dans les zones de production, c'est-à-dire dans toute la région à pâturages de montagne dans le Doubs, le Jura, l'Ain, la Haute-Savoie;

il faut pousser à la création de syndicats d'élevage dans ces régions et faciliter leur existence d'une manière toute spéciale. Entre autres moyens, ne pourrait-on, dans ces régions pépinières, attribuer aux meilleurs taureaux de syndicats des primes de conservation analogues à celles des étalons approuvés?

Quand la production suffisamment nombreuse de sujets de choix sera assurée, les régions qui voudront introduire le bétail tacheté trouveront alors facilement les reproducteurs voulus, tandis que maintenant ils doivent se contenter de sujets tout à fait inférieurs.

C'est donc une réforme radicale qui s'impose. Dans la manière de faire actuelle, les encouragements dans leur ensemble sont répartis aussi exactement que possible entre les circonscriptions géographiques ou administratives sans qu'il soit tenu compte du but à poursuivre et des résultats à obtenir, ni des moyens à employer.

Il serait hautement à désirer que cette attribution se fît sur la proposition de MM. les Inspecteurs de l'agriculture qui connaissent leur région et ses besoins, et savent aussi, par conséquent, quelles sont les œuvres à pousser, à encourager et à soutenir, et aussi, par contre, celles qu'on peut, sans inconvénient pour la cause agricole, abandonner à leurs propres moyens.

- Enfin, sans envisager dans son ensemble la question si importante et si complexe des concours, je me bornerai, en considération de la multiplicité des groupements locaux que présente dans l'est de la France le bétail bovin tacheté, à proposer à la Section d'Agronomie d'émettre le vœu : que l'Administration arrête un programme à présenter aux éleveurs de ce bétail pour les orienter vers l'uniformisation du type pie rouge de l'avenir, de pureté et de caractères nettement déterminés qui puissent le différencier du bétail étranger.

D'autre part, les syndicats d'élevage constituant les moyens les plus rapides et les plus efficaces pour l'amélioration du bétail, j'ai l'honneur de demander à l'assemblée de formuler les desiderata suivants :

1° Que l'État encourage ces associations, soit par une subvention de fondation, soit par des allocations annuelles; |

2° Que les taureaux appartenant aux syndicats d'élevage et représentant bien le type à propager dans le pays reçoivent une subvention analogue à celle des étalons approuvés;

3° Que les certificats d'origine délivrés par les syndicats d'élevage ou par les Herd-Books en fonctionnement normal soient admis pour faire la preuve de l'âge des animaux dans les concours et soient, à ce titre, opposables à la dentition;

4° Qu'enfin une majoration de prime soit accordée dans les concours aux animaux accompagnés de certificats d'origine et que cette majoration soit proportionnelle au nombre et à la valeur des ascendants mentionnés dans ces certificats.

Ces différents vœux, mis aux voix, ont été adoptés à l'unanimité.

M. Сн. FERTON,

de Bonifacio (Corse).

SUR QUELQUES PRODUITS DE L'INDUSTRIE LAITIÈRE EN CORSE.

63.73 (45.99)

1ᵉʳ *Août.*

Parmi les attractions de la Corse, les produits de ses bergeries ne sont pas les moins séduisantes; nombreux sont les visiteurs pour qui le *Broccio* a été le mets le plus agréable qu'ils aient consommé dans l'île. En revanche, bien peu se sont enquis de la manière dont est fabriqué le délicieux fromage; la *Ricotta* corse est encore moins connue. Je donnerai ici quelques détails à leur sujet.

BROCCIO. — Le *Broccio* ou *Bruccio* est un fromage blanc, mou, sa pâte est d'un aspect analogue à celle des fromages double crême, dits *suisses*. C'est le fromage corse le plus connu et le plus estimé, et il faut dire qu'il mérite les éloges que lui prodiguent la plupart des touristes. Quand il a été préparé suivant les règles, qu'il n'est ni trop dur ni trop mou, fait le jour même et encore un peu tiède, il est délicieux, parfumé à l'égal du maquis; c'est le roi des fromages ! Tout autant que la Polenta de farine de châtaignes, c'est en Corse un mets national qu'on trouve sur toutes les tables, riches et pauvres, complément nécessaire de tout bon repas.

Les nombreuses manières de le consommer donneront une idée de son importance dans l'alimentation en Corse. On le mange seul, ou on lui fait accompagner comme condiment des aliments variés, on en fait des gâteaux exquis. On consomme le Broccio au naturel seul ou en l'assaisonnant, suivant les goûts, de sel, de sucre, de café, de rhum, de kirsch, de vin blanc, de fraises, de pruneaux cuits, etc. Il parfume des potages aux pâtes, on en fait des beignets après l'avoir broyé avec des œufs, des ravioli, dans lesquels il remplace la viande hachée, on en farcit des laitues, des choux, des artichaux et des aubergines; on prépare les choux-fleurs avec le Broccio, on le mélange aux œufs d'une omelette, et l'on fait du pain au Broccio. Cuit au four avec des œufs, des pâtes, du sucre et du zeste de citron, il donne une sorte de gâteau. Enfin il sert à faire un gâteau appelé *Fiadone* (en bonifacien *Papura*), qui comprend environ les deux tiers de son poids de Broccio, et qui est la pâtisserie corse la plus estimée, celle qui dans les fêtes est la plus appréciée, aussi bien par les insulaires que par les étrangers.

Très riche en corps gras, le Broccio est indigeste; ceux dont les voies digestives sont fatiguées ou en mauvais état doivent s'en méfier, surtout au repas du soir. Certains prétendent en faciliter l'attaque par les sucs digestifs par l'addition de rhum, de kirsch ou de café. Le moyen suivant me réussit bien, je le broie dans mon assiette avec un aliment léger cuit à l'eau : pommes de terre en robe, farines diverses, riz, légumes verts cuits tels que salades, carottes, navets, choux-fleurs, etc., je pousse la division du fromage et le mélange des deux aliments de façon à en faire un mélange intime, une sorte d'émulsion du Broccio, et surtout le fromage remplace tous autres condiments, beurre, graisse, etc., et ne s'ajoute pas à eux. J'obtiens ainsi des mets légers et d'un goût agréable. Parfois je broie le Broccio avec de la mie d'un pain bien cuit.

Ce procédé peut, je crois, rendre service au voyageur en Corse. Plus encore que dans les hôtels de la France continentale, les légumes verts lui manquent dans les hôtels; d'un bout de l'île à l'autre, il y est condamné presque partout aux pommes de terre frites et aux légumes secs. Au touriste dégoûté de ce régime, je conseille de demander avec du Broccio des légumes dont la préparation n'exige que peu de travail : pommes de terre en robe de chambre, salades, carottes ou choux-fleurs simplement cuits à l'eau. Il broiera dans son assiette, comme il a été dit plus haut, fromage et légumes, et se procurera ainsi un mets très recommandable.

Les moyens employés pour la préparation du Broccio sont très variés; chaque région, chaque famille même a sa recette quelque peu différente de celle du voisin, mais en définitive toutes ces pratiques aboutissent au même résultat, et du Cap Corse à Bonifacio les produits obtenus sont à peu près identiques. Leur valeur dépend surtout de leur fraîcheur, de la température extérieure, et du soin et de la propreté avec lesquels ils ont été faits.

Voici la manière d'opérer du berger qui, à Bonifacio, passe pour produire le meilleur Broccio ([1]). Il ajoute à du lait de la présure ([2]) délayée dans de l'eau, et il brasse le liquide avec une cuillère, jusqu'à ce qu'il ait obtenu la coagulation de la caséine, ce qui exige une dizaine de minutes. Du caséum obtenu il tire un fromage très maigre, et c'est avec le petit lait qu'il va préparer le Broccio. Pour cela, il le fait tiédir, et il y ajoute du lait ordinaire dans la proportion de 1 partie de lait pour 6 de petit lait. Il continue à chauffer, mais cette fois sans agiter le liquide, et en ayant soin de modérer le feu de façon à ne pas provoquer l'ébullition. Des grumeaux se forment et se rassemblent en montant à la surface du liquide; on les recueille, et on les met à égoutter dans des paniers en osier. C'est le Broccio.

([1]) Berger Andreani.

([2]) Les bergers corses n'emploient que la présure retirée de l'estomac d'un très jeune chevreau nourri au lait.

Un autre berger, dont les produits sont également très bons (¹), laisse le premier lait commencer à se cailler au repos, et il le brasse ensuite en brisant le coagulum, avant de séparer la caséine du petit lait.

Dans la région de Casta, d'après M. Piras, on laisse le caséum se former au repos, et on le divise ensuite en petits fragments dans le petit lait, en l'y battant avec une baguette. Le fromager pousse d'autant plus loin la division de la caséine qu'il veut obtenir un fromage plus maigre et un Broccio plus gras. S'il veut préparer un fromage gras et un Broccio maigre, il bat très peu ou même pas du tout le caillé.

Non moins variables sont les proportions du lait et du petit lait qu'on mélange pour en tirer le Broccio. On obtient de bons produits en employant 1 partie de lait et de 4 à 6 parties de petit lait. Lorsqu'on diminue au delà de 4 pour 1 la proportion du petit lait, le fromage devient dur, manque de parfum, et ne se consomme guère qu'à l'état de Broccio sec dont il sera question plus loin. Ce qui est essentiel dans la préparation, c'est de briser le premier caillé et de le brasser dans le petit lait, puis, dans la seconde partie du travail, de laisser au contraire le coagulum se former au repos, en évitant l'ébullition du liquide.

Ne connaissant aucune analyse du Broccio, j'ai cherché à me faire une idée de sa composition d'après les divers procédés qu'on emploie pour sa préparation. La plus importante des règles de ces pratiques, celle à laquelle le berger se conforme avec le plus grand soin, c'est la division du caillé obtenu avec le premier lait et son brassage dans le petit lait. Très significative est la sécheresse du fromage maigre qu'il en tire. Évidemment la presque totalité de la matière grasse est restée dans le petit lait, et ses globules sont entraînés par le second coagulum, qui se fait dans un liquide au repos, et qu'on recueille au fur et à mesure de sa formation. Le Broccio obtenu contient donc la plus grande partie de la matière grasse que renfermaient les deux laits employés à sa préparation. Il n'y a aucun doute que la division du caillé et son brassage dans le petit lait n'en séparent une partie importante, qui reste en suspension dans le liquide. D'après le berger Andreani, 6 litres de lait donnent 500 gr de fromage gras préparé par les moyens habituels, tandis qu'il en faut 8 litres pour faire 500 gr de fromage maigre, lorsqu'on brise le caillé en brassant le petit lait. De même le berger Rochi obtient dans ces deux cas, avec la même quantité de lait, 5 kg de fromage gras ou 4 kg de fromage maigre. Les éléments du coagulum qui sont rentrés en suspension dans le liquide comprennent surtout des globules gras, mais ils pourraient aussi consister en caséine. On sait en effet par Duclaux que, dans la fabrication du fromage du Cantal, le *rompage* du caillé fait perdre en moyenne au fromage 15 % de matière grasse et 17 à 30 % de caséine. Il faut toutefois remarquer que le fromage du Cantal est fait avec du lait de vache, qui donne un caillé moins dur, moins compact que celui de la chèvre. Me basant

_____

(¹) Berger Rochi.

surtout sur la qualité du fromage maigre obtenu dans la préparation
du petit lait qu'on emploiera pour faire le Broccio; je suppose que là
presque totalité des éléments entraînés dans le liquide consiste en globules gras, et que la plus grande partie de la caséine reste dans le coagulum.

Cette hypothèse trouve sa confirmation dans la manière dont le Broccio se comporte sous l'action de la chaleur. Je proposerai plus loin un
nouveau mode de préparation du Broccio sec, qui consiste dans la cuisson
de ce fromage au bain-marie. C'est précisément sa grande pauvreté en
caséine qui permet de le stériliser par des moyens grossiers à la portée
du berger, insuffisamment outillé et instruit pour des manipulations
délicates. Chauffé au bain-marie à une température voisine de 100°,
le fromage corse ordinaire fond, et prend une teinte rouge qui modifie
son aspect; sa caséine brunit en effet vers 100°, elle se ramollit avant
d'arriver à cette température. Traité de la même façon, le Broccio conserve sa belle couleur blanche, et il s'est peu ramolli pendant l'opération.
La raison doit être sa grande pauvreté en caséine.

Nous pouvons, d'après ces considérations, chercher à nous faire une idée
de la composition du Broccio. 3 litres de petit lait et un demi-litre de lait
naturel donnent 500 gr de ce fromage, et l'on sait d'autre part qu'un litre
de lait de chèvre contient 60 gr de beurre. La totalité des matières grasses
des deux laits, 210 gr, représente le maximum de beurre que pourrait renfermer le Broccio, soit 42 %. J'admets sans autre information que la
teneur de ce fromage en graisse doit être voisine de 35 %. Au point de
vue de sa richesse en globules gras, le Broccio serait donc à placer
auprès du fromage double crême, dit *suisse*, et des autres fromages
blancs très gras.

Au contraire, par la nature de ses albuminoïdes, il s'isole de la plupart
des autres produits similaires. Les matières protéiques de presque tous
les fromages sont formées par la caséine, qui s'est coagulée à froid sous
l'action de la présure; les lacto-albumines du lait, qui coagulent par la
chaleur, sont restées dans le petit lait, qu'on a soigneusement séparé
du caséum. Le Broccio est au contraire pauvre en caséine et riche en lacto-
albumines; il ne renferme guère que la caséine du lait qui est venu s'ajouter au petit lait produit par la première caséification, tandis qu'il contient
toutes les lactalbumines des deux laits qui ont servi à sa préparation.
Le mélange du lait et du petit lait est en effet porté à une température voisine de l'ébullition, dans le but de provoquer le coagulation des
lactalbumines, et le berger règle précisément le feu, de façon à obtenir
et à ne pas dépasser la température nécessaire à cette coagulation (¹).
Le lait de vache renferme environ 1 % de son poids de lactalbumines (²)

(¹) La coagulation commence un peu au-dessus de 70°, elle est entière après un
chauffage de 5 minutes à 90°.
(²) A. GAUTIER, *L'alimentation et les régimes;* Paris, 1904, p. 165.

AGRONOMIE.

et 3,5 % de caséine; j'admettrai ces chiffres pour celui de la chèvre, qui, d'après A. Gautier, est peu différent du lait de vache. 500 gr de Broccio, faits avec 3 litres de petit lait et un demi-litre de lait, contiennent la totalité de leurs lactalbumines, soit 35 gr; ils comprennent en outre la caséine du lait naturel ajouté au petit lait, 17,5 gr, et celle qui a été entraînée dans le petit lait provenant de la première coagulation. Cette dernière est en très petite quantité, je la suppose sans motif égale à 5 gr (7 o/°). Les matières protéiques des 500 gr de Broccio, préparés avec les proportions indiquées de petit lait et de lait, consisteraient donc en 35 gr de lactalbumines, et 22,5 gr de caséine seulement, soit 11,4 % d'albuminoïdes.

Si ces chiffres se rapprochent de la vérité, le Broccio est un fromage riche en corps gras et pauvre en albuminoïdes, et encore ceux-ci, représentés surtout par des lactalbumines, diffèrent essentiellement de ceux de la plupart des fromages, où ils sont uniquement constitués par de la caséine. Il doit donc être considéré comme un produit spécial, et il constitue notamment pour l'homme une nourriture différente de celle qu'il tire des autres fromages. Le malade condamné au lait, qui voudra varier sa nourriture, pourra profiter de cette diversité des matières protéiques que lui offrent les fromages corses. Il est à remarquer en outre que, à cause de sa faible teneur en albuminoïdes, le Broccio ne pourrait remplacer la viande dans l'alimentation, sans apporter à l'économie une quantité exagérée de corps gras.

Dans d'autres régions de la France continentale, on fait des fromages en chauffant le petit lait, résidu de la caséification; c'est ainsi qu'on obtient la *recuite* de l'Aveyron, du Cantal et des Causses, et le *Sérai* ou *Sérac* des contrées où se fabrique le fromage de Gruyère, de même aussi la *Ricotta* des pays italiens et des contrées méditerranéennes jusqu'en Égypte. Mais, d'après ce que j'ai pu savoir à leur sujet, ces produits sont tirés du petit lait seul, auquel on n'ajoute pas de lait naturel; ils sont durs et maigres, peu estimés et vendus à bas prix dans le pays. La Sardaigne toutefois a continué à fabriquer le Broccio; je tiens de M. Dettori, instituteur dans les environs de Tempio, que dans cette région voisine de Bonifacio on fait un fromage appelé *Ricotta*, semblable au Broccio corse, et qui en a toutes les qualités. Dans les deux pays, le mode de préparation serait le même.

Le Broccio n'est cependant pas spécial à la Corse et à la Sardaigne, il paraît être un produit méditerranéen, qui aurait disparu de beaucoup de régions, soit parce qu'on y a trouvé pour le petit lait des emplois plus faciles ou plus rémunérateurs, comme l'élevage du porc, soit pour toute autre cause. Actuellement, en aucun pays français, je crois, on ne fait de Broccio qui puisse rivaliser avec celui de la Corse. Les *brousses* de la Provence, notamment celles du Rove des environs de Marseille, les *brousses* des Pyrénées, qui semblent être préparées d'après les mêmes principes, lui sont inférieures au jugement de tous les connaisseurs qui les ont goûtées. Le Broccio corse subira nécessairement la loi commune, il disparaîtra ou deviendra la sèche recuite de l'Aveyron et du Cantal; l'élevage du porc, pour lequel le petit lait est une bonne ressource, se fait actuellement dans l'île d'une manière commode; on laisse les animaux courir en liberté dans le maquis ou dans les champs non cultivés, où ils trouvent suffisamment à se nourrir; mais le jour n'est pas éloigné, où les progrès de la culture rendront cette pratique impossible. Une autre cause de la disparition prochaine du Broccio en Corse est la fabrication croissante du fromage de Roquefort, dont l'île paraît devoir être un des principaux producteurs. La brebis remplacera la chèvre dans toutes les régions où ce sera possible, et la valeur du lait sera telle, qu'on ne l'emploiera plus à faire du Broccio, qui, ne pouvant être consommé que sur place, serait vendu à un prix moins rémunérateur que le fromage de Roquefort.

On dit fréquemment en Corse que le Broccio est un fromage cuit, dont les éléments sont stérilisés, et qu'il peut par conséquent être mangé sans danger de transmission des maladies, dont auraient été atteints les animaux qui en ont fourni le lait, et aussi sans danger de contamination par des contages qui y auraient été introduits dans les manipulations que nécessite sa préparation. Les détails que je viens de donner sur la fabrication de ce fromage montrent qu'il n'en est rien. Les éléments qui le composent n'ont pas été portés à l'ébullition, ils n'ont été que pasteurisés pendant quelques moments; les bactéries par exemple ont été détruites, mais les spores qu'elles ont produites restent vivantes. En ce qui concerne la fièvre de Malte, on sait déjà combien est grande la résistance du *Micrococus melitensis* à l'acidité lactique ([1]). Il est à craindre que le Broccio puisse renfermer ce même virus vivant, bien que ses éléments aient été portés à une température qu'on peut penser supérieure à 75°. En réalité, cependant, l'amateur de Broccio paraît être à l'abri des contages; dans toute la Corse, en effet, on en consomme depuis une époque reculée de grandes quantités à l'état frais, et jamais on ne l'a accusé d'avoir transmis une maladie. Il faut peut-être en chercher la raison dans la rareté de la fièvre de Malte dans l'île; depuis que l'attention a été appelée sur cette maladie, on n'a pu en citer en Corse qu'un très petit nombre de cas.

La courte pasteurisation qu'a subie le Broccio n'en permet qu'une conservation de faible durée. Il ne garde tout son parfum que pendant 24 heures; ce laps de temps passé, il reste agréable pendant 1 à 3 jours suivant la température, puis il devient aigre et n'est plus mangeable. Même pendant la saison des fortes chaleurs, il ne se fait plus en Corse que dans la montagne; sa préparation dans les parties basses de l'île exigerait des locaux frais ou l'emploi de réfrigérants, dont l'installation ne paraît pas avoir été essayée jusqu'ici. On peut prolonger sa durée de

---

([1]) P. DARBOIS, *Comptes rendus Soc. Biologie*, 27 janvier 1911.

quelques jours en augmentant la proportion habituelle du sel qu'on y
introduit, mais on diminue beaucoup sa valeur; de l'avis général, ce
fromage doit être peu salé. Un moyen qui me semble préférable, et qui
est souvent employé, consiste à le sucrer. On y enfonce par la pression du
doigt un ou plusieurs morceaux de sucre suivant la grosseur du fromage
et le temps pendant lequel on veut le garder. On peut encore conserver
le Broccio de la même manière que le beurre frais, en le maintenant dans
un récipient rempli d'eau souvent renouvelée.

La rapidité avec laquelle ce fromage aigrit a amené le Corse à la préparation du Broccio sec. C'est le même produit que le berger sale sur toute
sa surface, et laisse se sécher sur une planche pendant une quinzaine de
jours, en le retournant tous les jours. Il est loin d'avoir les qualités du
Broccio frais, mais c'est néanmoins un mets agréable; il a l'avantage de
permettre aux bergers de tirer parti d'un produit qui resterait invendu
pendant l'été, époque où ils ont émigré dans la haute montagne avec leurs
troupeaux. Le Broccio destiné à être séché est préparé d'une façon un peu
différente de celui qui doit être mangé frais. On cherche à l'obtenir
plus dur, et pour cela on augmente la proportion du lait naturel. Le
berger Rochi, de Bonifacio, qui m'apporte du bon Broccio frais, qu'il fait
avec 4 parties de petit lait et 1 partie de lait naturel, double la proportion
du lait naturel, quand il veut faire un Broccio destiné à être séché; les
quantités qu'il emploie sont donc 2 parties de petit lait pour 1 partie de
lait naturel.

En hiver on trouve assez facilement du bon Broccio sec, la température permet au fromage de parvenir à un degré suffisant de siccité,
avant que la fermentation ne s'y soit développée. Pendant l'été, il en
est autrement, et le fromager est obligé, même dans la haute montagne,
d'employer une quantité de sel exagérée, qui rend le produit immangeable
pour beaucoup d'acheteurs.

A l'époque des chaleurs, à cause de ce défaut, le Broccio sec est
dédaigné, et se vend à vil prix. Il y aurait donc grand intérêt à enseigner
au berger un procédé qui lui permettrait de faire sécher ce fromage, sans
qu'il soit obligé à le saler outre mesure. Je crois qu'on peut facilement
trouver une solution satisfaisante de cette question. La faible proportion
de caséine contenue dans le Broccio permet en effet de le stériliser par
la chaleur, sans qu'on soit obligé à autant de précautions que pour le
fromage ordinaire. Chauffé au bain-marie, à une température voisine de
100°, il conserve sa couleur blanche, alors que le fromage prend une
teinte rouge due à une modification de sa caséine. Il ne se ramollit pas
assez pour couler par les trous du récipient dans lequel on le fait étuver;
au contraire, un fromage ordinaire chauffé à l'étuve laisse échapper par
ces trous, même très fins, une partie de sa caséine liquéfiée par la chaleur. Tels sont les motifs qui m'ont fait essayer de stériliser le Broccio
en le faisant étuver, afin de le transformer rapidement en Broccio sec.
L'opération m'a pleinement réussi, et j'ai obtenu ainsi des produits qui,

de l'aveu des bergers mêmes, étaient préférables aux leurs. Un grand avantage de ce procédé est de donner en 3 ou 4 jours un fromage assez dur et sec pour être vendu comme Broccio sec, tandis que les moyens employés par les bergers ne permettent de le faire qu'en 15 jours.

Le produit que j'obtiens peut être peu salé, et néanmoins être conservé quelque temps, et être expédié au loin sans subir de fermentation appréciable.

L'appareil dont je me suis servi dans mes essais est composé de pièces achetées séparément, ce qui permet de les remplacer isolément lorsqu'elles sont hors de service. C'est la marmite à faire cuire les pommes de terre que vend le « Bon Marché », à Paris, dans laquelle je place une gamelle de troupe percée de trous fins. Pour économiser le combustible, je l'entoure d'une enveloppe métallique, qui diminue la déperdition de chaleur. C'est un cylindre en fer-blanc, ouvert à ses deux bases, sur lequel je pose à la partie supérieure une plaque de fer qui le ferme imparfaitement, de façon à permettre le tirage du foyer. La marmite à faire cuire les pommes de terre comprend deux compartiments superposés : en bas un récipient contenant de l'eau qu'on fait bouillir en le plaçant sur un foyer à charbon de bois ordinaire, en haut un compartiment fermé en bas par un diaphragme percé de trous qui laissent passer la vapeur provenant du récipient inférieur. C'est dans ce deuxième compartiment que je place une gamelle de troupe percée de trous renfermant le fromage à étuver, et en posant au-dessus de lui un deuxième et un troisième compartiment à fond troué, je puis faire sécher à la fois deux et trois Broccios. Cet ensemble est simple, solide et peu coûteux, je l'emploie depuis plus de dix ans pour préparer presque tous mes repas dans des vases en aluminite dits *soufflés*, et je n'ai eu à en remplacer qu'une seule pièce. Il peut donc être recommandé pour une famille, mais il est trop coûteux, trop complexe pour un berger. Il faut à ce dernier quelque chose de plus rustique, qu'il puisse emporter facilement dans ses déplacements périodiques de la plaine à là montagne et de la montagne à la plaine. Il possède déjà une grande marmite, dans laquelle il prépare le Broccio, et qui l'accompagne dans toutes ses pérégrinations. Il y ajoutera 2 à 4 gamelles percées de trous, suivant la grandeur de sa marmite, et une plaque de tôle qui servira de couvercle à ce dernier récipient. Les gamelles contenant les fromages à étuver seront placées dans la marmite; elles reposeront sur une planche suspendue à la plaque de tôle au-dessus de l'eau bouillante à l'aide de fils de fer traversant la plaque par des trous. Le fromager pourra d'ailleurs imaginer facilement d'autres appareils aussi simples, suivant les matériaux dont il disposera.

A l'aide de quelques objets peu coûteux et peu encombrants, il pourra donc faire sécher à la montagne des Broccios qu'il vendra dans les villes à un prix rémunérateur, parce qu'ils seront de conservation facile, et n'auront pas l'inconvénient d'une salure exagérée. Le consommateur y trouvera un autre avantage, celui de reconnaître la valeur du produit

à sa couleur. En effet, si l'on augmente la proportion de lait par rapport
au petit lait, comme on le fait d'habitude pour préparer le Broccio qu'on
doit faire sécher, on obtient un fromage plus dur, moins gras et partant
de qualité inférieure au Broccio ordinaire. Mais cette sorte de fraude
sera décelée par la couleur que prendra le fromage sous l'action de la
température; il deviendra plus ou moins rouge suivant la proportion de
caséine qu'il renfermera. Si en effet le Broccio a été fait avec 2 parties de
petit lait et 1 partie de lait naturel, ce qui est assez fréquent pour ceux
de ces fromages qu'on veut faire sécher, il prend déjà dans mon étuve
une légère teinte rose, qui ne peut rester inaperçue par l'acheteur.

Il est bien connu que le lait chauffé prend un *goût de cuit*, qui devient
très distinct à partir de 75°, et c'est là un des inconvénients qu'on a ren-
contrés dans la stérilisation par la chaleur du lait et de ses dérivés.
On n'a pas à s'en préoccuper ici; dans sa préparation, le Broccio a été
porté à une température supérieure à 75°, et il possède toujours ce goût
de cuit auquel le consommateur est habitué. On ne le modifie donc pas
sous ce rapport en le faisant étuver, comme on le ferait de fromages
non cuits qu'on chaufferait au bain-marie.

On entend parfois dire en Corse que non seulement le Broccio est spécial à la Corse, mais aussi qu'il ne peut être bien fait que là; des essais
de préparation de ce fromage tentés dans la France continentale auraient
tous échoué. Ce qui a été dit plus haut fait déjà penser que cette affir-
mation est inexacte; partout on peut faire de bon Broccio, pourvu
qu'on ait à sa disposition du lait de chèvre, et que la température ne
soit pas trop élevée. Je tiens d'une dame parisienne, qui possède une
chèvre dans sa propriété de la Maison du Marais, à Sucy-en-Brie, qu'elle
y prépare du Broccio identique à celui de Corse, mais au début de l'été
seulement; elle ne le réussit plus dès que les fortes chaleurs sont arrivées.

RICOTTA. — Le pâtre des terres méditerranéennes semble n'avoir fait
que peu de progrès depuis plusieurs siècles. A voir dans les environs
d'Aléria les gourbis à toits de branchages recouverts de terre qui abritent
les bergers, on se croirait reporté aux temps de l'Odyssée d'Homère. La
nature environnante semble aussi n'avoir guère progressé. Pendant que
dans les contrées du Nord, à force de soins et d'attention, de mauvais
fruits sauvages devenaient nos délicieux fruits, les douces arbouses
dont parle Virgile restaient dans leur état primitif, baies de grosseur
médiocre, aliment irritant par les graines dures qu'il contient, honte des
races méditerranéennes. J'ai surtout ressenti ces impressions quand
j'ai vu faire la Ricotta.

On appelle *Ricotta* dans l'arrondissement de Sartène, et je crois dans
toute la Corse, une préparation qu'on obtient en faisant bouillir, puis
cailler du lait, de façon à le transformer en une masse gélatineuse homogène, assez molle. Elle se fait de la manière suivante : on fait chauffer sur
le feu des galets granitiques à surface lisse, roches dures roulées par les

torrents ou ballotées par les vagues de la mer, puis on en laisse tomber dans le lait dont on veut faire la Ricotta jusqu'à ce qu'on obtienne son ébullition. On fait passer le liquide à travers un linge pour le débarrasser du charbon et des cendres apportées par les pierres, et quand il est refroidi jusqu'à être tiède, c'est-à-dire vers 37°, on y ajoute un peu de présure tirée de l'estomac d'un très jeune chevreau et délayée dans de l'eau. On brasse le lait, on le couvre, et on le laisse reposer dans un endroit frais, 2 ou 3 heures plus tard il est en partie caillé, il est devenu, comme je le disais plus haut, une masse homogène, gélatineuse, assez molle; c'est la Ricotta.

Elle se consomme telle et de suite, car elle ne se conserve pas; tout au plus peut-on la garder 24 heures, encore elle devient dure et généralement moins appréciée, parce que le ferment a achevé de caséifier le lait. Elle n'est pas transportable; dès qu'on la remue, et aussi dès qu'on l'entame pour la manger, le petit lait commence à se séparer de la caséine. La Ricotta a ses admirateurs, plus fervents que ceux du Broccio, mais l'impossibilité de la transporter fait qu'elle est peu connue.

On peut la préparer avec du lait qu'on a fait bouillir par le moyen habituel, et c'est ainsi que je la fais presque toujours; l'emploi de pierres chaudes pour obtenir l'ébullition paraît donc de prime abord un procédé archaïque, reste étrange des temps antiques. Je ne voudrais cependant pas l'affirmer; de l'avis des bergers, grande est la différence entre la *Ricotta aux galets* et celle obtenue d'un lait qu'on a fait bouillir par le procédé ordinaire, et je connais de délicats gourmets qui pensent de même. J'ai trouvé comme eux la *Ricotta aux galets* préférable à l'autre, plus moelleuse, plus grasse, sans toutefois que la différence vaille le supplément de travail qu'elle impose. Je crois pouvoir donner le motif de la supériorité du procédé des bergers.

Ce qui frappe quand on voit préparer la Ricotta au moyen de pierres, c'est la rapidité et la brutalité avec lesquelles le lait se met de suite à bouillir. On reste étonné du petit nombre de pierres nécessaires et de la violence de l'ébullition. Pour 1 litre de lait par exemple, à peine a-t-on laissé tomber dans le liquide 4 ou 5 galets de la grosseur du poing, qu'on le voit aussitôt monter, et être projeté violemment au dehors du récipient, si on ne l'a pris de très grandes dimensions. L'ébullition par un feu de charbon est beaucoup plus lente, quelle que soit la puissance du foyer; le liquide chante quelque temps, les particules de vapeur formées dans ses parties basses montent vers les couches supérieures où elles se condensent. Dans leur ascension elles entraînent une partie des corps gras, qui viennent se réunir en une couche à la surface du lait. Par les pierres chaudes, l'ébullition est si rapidement obtenue que ce phénomène ne se produit pas, et les globules gras restent mieux mélangés au lait. La place de la source de chaleur par rapport au liquide vient encore accentuer la différence des produits. Quand on emploie le feu de charbon, le foyer est placé sous le lait, les particules chaudes des couches basses montent

***2

à la partie supérieure, et sont remplacées par celles du haut plus froides et plus lourdes, leur mouvement contribue encore à faire monter la crême. Dans le procédé des bergers corses les pierres chaudes sont au centre de la masse du lait, leur chaleur rayonne dans tous les sens, et le mouvement ascensionnel des particules chaudes du liquide est plus restreint.

M. CHANCRIN,

Directeur de l'École de Viticulture (Beaune).

LE ROLE DES PRODUCTEURS DIRECTS DANS LA VITICULTURE MODERNE.

63-38-46   64.46-194.31

31 Juillet.

La question des producteurs directs est née à la suite de l'invasion phylloxérique. Les vignes américaines résistent en général au phylloxéra, on essaya de les substituer à nos vignes françaises qui tendaient à disparaître. On eut l'idée de remplacer nos vieux cépages français par des cépages américains susceptibles de donner des vins acceptables. Malheureusement on ne tarda pas à s'apercevoir que ces cépages américains, producteurs directs, donnaient un vin laissant beaucoup à désirer et résistaient insuffisamment au phylloxéra. Il fallut renoncer à ces variétés productrices de raisin pour s'adresser à des variétés plus résistantes, sauvages, infertiles ou donnant des raisins trop petits et d'un goût détestable ne permettant plus l'espoir d'arriver à fabriquer un bon vin. On tourna la difficulté, comme on le sait, en greffant sur ces cépages américains résistant au phylloxéra, des variétés françaises qui nous donnèrent enfin nos vins d'autrefois. Les cépages américains furent alors étudiés surtout comme *porte-greffes*.

Néanmoins la recherche du producteur direct idéal résistant au phylloxéra par ses racines et donnant un vin analogue à celui de nos vignes françaises ne fut pas abandonnée. On s'aperçut vite, en effet, que le greffage exige des opérations minutieuses et coûteuses. De plus, les nombreuses maladies cryptogamiques qui ont accompagné l'entrée en Europe des vignes américaines demandaient des traitements préventifs ou curatifs dont les viticulteurs ont intérêt à se dispenser. La question des producteurs directs redevint ainsi une question d'actualité.

Les chercheurs, pour résoudre le problème, ne s'adressèrent plus seulement aux vignes américaines, ils utilisèrent l'hybridation, de façon à obtenir des cépages nouveaux ayant à la fois la résistance au phylloxéra des vignes américaines et les fruits excellents de nos vignes françaises tout en s'adaptant bien au sol.

Le producteur idéal devint le cépage ayant à la fois les qualités suivantes :

1° Résistant au phylloxéra;

2° Résistant aux maladies cryptogamiques (mildiou, oïdium, etc.);

3° S'adaptant bien au sol;

4° Donnant un vin acceptable.

Nos grands hybrideurs créèrent une foule d'hybrides (ayant plus ou moins de valeur) qui se répandirent tout d'abord dans les régions à vins médiocres ou très ordinaires sans obtenir cependant une place prépondérante.

Vint l'année terrible de 1910 : nos cépages greffés subirent un tel désastre sous l'action d'une formidable invasion de mildiou qu'un assez grand nombre de viticulteurs, même dans les régions réputées inaccessibles aux nouveaux cépages comme la Bourgogne, le Bordelais et la Champagne, songèrent à introduire les producteurs directs.

Certains viticulteurs (de ceux seulement qui ont des vignes à vins ordinaires et non évidemment des vignes à grands vins) renoncèrent à lutter contre les maladies cryptogamiques, principalement contre le mildiou et plantèrent des producteurs directs. Leur raisonnement est bien simple :

« Chaque année, disent-ils, nous sommes obligés de faire des frais considérables pour les traitements anticryptogamiques sans pouvoir obtenir des résultats certains; l'année dernière nous n'avons pas eu un litre de vin, nous sommes condamnés à boire de l'eau. Pendant ce temps, nous avons vu vendre du vin de Noah 90 fr la pièce de 228 litres. Bien des propriétaires ayant des producteurs directs ont eu une récolte passable et « ont fait » de l'argent. Alors, nous allons planter des producteurs directs. »

On a beau leur faire remarquer que l'année 1910 est une année exceptionnelle, que dans les années ordinaires les vins de Noah et autres producteurs directs se vendront à vil prix, qu'ils doivent être très prudents et ne faire que de petits essais, qu'ils se lancent dans une spéculation hasardeuse ils vous répondent :

« Nous savons bien que les vins de producteurs directs ne sont pas fameux, mais nous voulons simplement faire du vin pour notre consommation personnelle, pour nos domestiques; nous préférons boire du vin de producteurs directs, plutôt que de ne pas boire de vin tout comme en 1910 ».

Certains d'entre eux n'osent pas dire que leur idée de derrière la tête est de faire du vin pour la consommation familiale... et celle des voisins ainsi que des acheteurs !

Il faut cependant constater que la campagne entreprise pour mettre les viticulteurs en garde contre un engoûment excessif pour les producteurs directs donna des résultats. La panique fut arrêtée et bon nombre de viticulteurs se contentèrent de faire des essais prudents.

Pour donner une idée juste sur la façon dont on doit comprendre l'emploi actuel des producteurs directs, nous ne saurions mieux faire que de citer l'opinion de MM. Durand, Degrully, Roy-Chevrier, qui est la nôtre et celle aussi de nos meilleurs viticulteurs *connaissant depuis longtemps les producteurs directs.*

« Les vrais viticulteurs, dit M. Durand, ceux pour qui la vigne est la culture principale, dominante, qui consacrent la plus grande partie de leur temps à la vigne, ceux dont les produits affrontent les marchés et subissent les fluctuations des cours, n'ont que faire des producteurs directs ; ils doivent plutôt voir en eux des plantes funestes qui diminueront le nombre des acheteurs en permettant l'extension de la culture de la vigne aux régions agricoles, aux plaines, où elle n'aurait jamais dû pénétrer, mais d'où il est très difficile de la déloger.

» Les viticulteurs d'occasion, ceux pour lesquels la vigne est de l'accessoire, qui ne lui consacrent que peu de temps, qui veulent bien la tailler, la cultiver et la fumer, mais ne peuvent songer à la sulfater, à la soufrer plusieurs fois au temps de la récolte des foins et des blés, ceux, en un mot, qui lui demandent surtout de produire du vin pour leur consommation et celle de leurs employés, peuvent rencontrer parmi les producteurs directs nouveaux des types vraiment intéressants pour eux, assez résistants aux maladies de la feuille et du fruit pour n'avoir pas besoin d'un sulfatage dans des années ordinaires et donnant une récolte suffisamment abondante et un vin acceptable. »

« Tout le monde est d'accord, dit M. Degrully, même les plus chauds propagateurs des hybrides, qu'on ne saurait songer à leur faire une place dans les vignobles à vins fins, à tout le moins pour le moment. On n'a pas encore découvert, en effet, le cépage capable de remplacer le Pinot, le Cabernet, le Semillon, ni même à un degré moins élevé, le Gamay, la Syrah, le Pineau de la Loire et quelques autres encore, et il est douteux qu'on le trouve jamais. Les producteurs n'ont rien à faire non plus dans la région de l'Olivier, pas plus en Algérie que dans le midi de la France. Dans ces régions habituellement ensoleillées, et qui souffrent plus souvent de la sécheresse que d'un excès d'humidité, la résistance aux maladies cryptogamiques, seule supériorité des hybrides, perd une grande partie de sa valeur. Même en 1910 (année où les autres régions ont subi la plus terrible des invasions du mildiou), en effet, on a pu presque partout, dans les vignobles du bassin méditerranéen, se préserver des atteintes du mildiou ; les pertes les plus sensibles sont le fait de la cochylis qui attaque tout aussi bien les hybrides que nos cépages français.

» On n'a pas non plus trouvé encore le producteur direct capable de remplacer l'Aramon, le Carignon, la Clairette et le Cinsent. *Et cela est tellement vrai que la plupart des viticulteurs méridionaux* (et il en est un grand nombre) *qui ont planté, à titre d'essai, des surfaces plus ou moins importantes de producteurs directs, ont fini par les arracher après avoir constaté leur infériorité manifeste.*

» Au contraire les hybrides peuvent jouer un rôle intéressant, soit dans les régions à vins communs, du Centre, du Sud-Ouest, de l'Extrême-Nord-Est, soit encore dans les domaines à cultures variées où la vigne n'est qu'un accessoire, une culture de second ordre, que l'on soigne quand on n'a rien de mieux à faire ailleurs. »

« Je comprends, à la rigueur, le propriétaire qui cède au désir aveugle de son vigneron, dit M. Roy-Chevrier et lui permet de planter une petite parcelle de son domaine en directs, pour assurer la cuisine de sa boisson personnelle, mais non pas celui qui, découragé par le désastre de 1910, se propose d'arracher ses greffes et de les remplacer par des hybrides réfractaires au mildiou. Si ce propriétaire habite une région vraiment viticole, sa spéculation me semble très hasardée.

» Les rares grandes exploitations de directs qui vivent de la vente de leur vin (et non pas de leur bois comme les lanceurs de phényx multicolores) sont situées dans des pays peu viticoles, dans des terrains où le *Vinifera* ne vient pas, mais où poussent, superbes, blé, maïs et luzerne. Quelle nécessité de descendre dans ces plaines, sauf sur de petits espaces et pour la consommation familiale? Tout en travaillant à fabriquer, dans l'ombre discrète du laboratoire de l'hybridation, des successeurs dignes de nos cépages actuels, résignons-nous à les conserver pour le moment et sachons nous en servir en apprenant à les soigner. Résistons à l'emballement actuel qui nous porte à nous contenter, par paresse, de *ces pis-aller qu'on appelle des producteurs directs*. Autant leur étude et leur expérimentation sont pleines d'attraits pour le botaniste, autant leur exploitation en grand serait un leurre pour le viticulteur et le sabotage de la renommée mondiale de nos vins.

» Voilà vingt ans, dit M. Roy-Chevrier, que j'essaye de saisir ce mythe, ce phénomène, ce merle blanc, bleu ou rouge (peu importe la couleur) qu'on appelle l'hybride sans défaut, le bon producteur direct, le plant du pauvre, poussant partout et se passant des drogues nécessaires aux greffes; et, pour la vingtième fois, cette année, mon rêve vient de s'évanouir en fumée.

» L'histoire banale en soi, vaut pourtant d'être contée, ne serait-ce que pour documenter les néophytes de bonne foi. Elle pourrait s'intituler : Confession d'un enfant de la vigne. La voici en deux mots :

» Propriétaire de sols froids, mal orientés, dans un pays d'arrière-côte, où les vignerons se plient difficilement à toutes les exigences de la culture moderne, mon objectif a été, dès le début de la reconstitution, de trouver un plant direct précoce, fertile et sain, qui me dispenserait d'une surveillance incessante dans ce domaine éloigné de mon habitation. Je m'attelai à ma tâche avec entrain et méthode. Après m'être entouré de nombreuses publications techniques et après avoir été étudier chez leurs obtenteurs les principaux hybrides connus à cette époque, je constituai un vaste champ d'expériences, que j'accrus chaque année de nouveautés des divers catalogues. Quand un numéro me paraissait culturalement intéressant, je le vérifiais à part et je constatais habituellement que son vin était détestable.

» Autant! » comme on dit au régiment. Et sans désespérer jamais je poursuivais mes plantations, mes observations, conservant au fond de moi-même la conviction profonde du succès final.

» Après de très laborieux tâtonnements qui durèrent une dizaine d'années, où le Couderc 4401, qui avait remplacé le Saint-Sauveur, céda la place au Bayard 28213, et celui-là à l'Alicante Terras qui passa la main à l'Auxerrois-Rupestris, transformé en Jouffreau, où je pris la peine de fabriquer moi-même, avec les plus savantes combinaisons, trois mille hybrides un peu moins bons encore que ceux de mes confrères, je découvris enfin dans le Siebel 156 à peu près l'idéal rêvé. Je le multipliai lentement pour me donner le temps de le juger, et chaque année ma confiance en lui augmenta, d'autant plus que dans mes nombreuses courses et enquêtes dans le Midi viticole je le retrouvais partout très beau et très estimé. Joli raisin, très précoce, bon vin, belles feuilles et bonnes racines, il a tout pour lui. Bref, j'en constituai 1 hectare dans mes meilleures terres, marnes bleues du Lias fraîches et fertiles. Eh bien ! cet hectare en pleine vigueur, en pleine santé, en plein rapport, n'a pas gardé dix raisins cette année, mais il a toutes ses feuilles. Je puis en faire de la boisson si je n'aime pas les feuilles de frêne ! »

Combien de viticulteurs partisans depuis longtemps de producteurs directs, expérimentateurs distingués, pourraient faire pour pas mal de producteurs directs une confession analogue à celle de M. Roy-Chevrier.

C'est qu'on est loin d'avoir trouvé le producteur direct idéal ; l'hybridation qui semblait permettre toutes les espérances n'a pas donné tout ce qu'on en attendait. Jamais l'on a obtenu un cépage à la fois résistant au phylloxéra, aux maladies cryptogamiques, s'adaptant aux sols les plus divers et nous donnant en même temps en quantité suffisante un vin de composition normale et bon. Tous les cépages créés laissent fortement à désirer sur une ou deux des qualités qu'ils devraient avoir : tantôt on a un producteur direct résistant au phylloxéra, aux maladies cryptogamiques, mais ayant un vin médiocre, tantôt c'est un cépage ayant un vin satisfaisant et possédant des racines résistantes au phylloxéra, mais dont les feuilles sont attaquées facilement par les maladies cryptogamiques.

Sans vouloir dire qu'il est impossible de résoudre le problème, puisque le mot impossible n'est pas français, nous pensons qu'il présente des difficultés telles qu'il est bon de se contenter, en attendant de pouvoir faire mieux, de recourir au greffage pour éliminer la question de résistance au phylloxéra et obtenir un producteur direct assez bon : «J'estime en effet, nous écrit M. Couderc, l'un de nos hybrideurs les plus distingués, que le greffage ne doit pas être abandonné et que lorsqu'un hybride donne satisfaction sous le rapport de la qualité du vin et de la résistance aux maladies cryptogamiques, on ne doit pas être trop sévère sous le rapport de la résistance au phylloxéra et le greffer tout simplement, j'ai sacrifié une foule d'hybrides de valeur à cause des racines et je m'en repens. »

Peut-être nos hybrideurs parviendront-ils à nous donner le producteur idéal tant recherché. En attendant, *les producteurs ne doivent être admis que dans les régions où l'on produit des vins très ordinaires, très communs pour la consommation familiale, sans espoir de vente rémunératrice.* Et encore, dans ces régions fera-t-on bien de ne pas effectuer des plantations importantes. Il est au contraire très utile de commencer par en planter quelques lignes, concurremment avec les vignes greffées. Une observation de quelques années permettra au viticulteur de se faire une opinion personnelle sur la valeur pratique des producteurs directs, il jugera ensuite s'il a intérêt à leur donner de l'extension.

Il existe un très grand nombre de producteurs directs plus ou moins connus, essayés un peu partout dans toutes les régions viticoles à vins ordinaires. Parmi ces producteurs directs, nous citerons ceux qui nous paraissent les meilleurs d'après les essais et les renseignements recueillis dans les différentes régions; nous citerons aussi ceux qu'on a beaucoup conseillés, parce qu'ils paraissent de grande valeur et qu'on commence à délaisser.

LES HYBRIDES COUDERC. — Le chasselas rose × rupestris n° 4401 résistant aux maladies cryptogamiques, assez résistant au phylloxéra dans les sols profonds et fertiles, mais insuffisamment résistant dans les sols secs et chauds, donnant un vin très alcoolique (8 à 9°), franc de goût; production plutôt faible. On commence à le délaisser.

Le n° 92-14 blanc de 1re époque se rapproche du Gaillard n° 2 avec moins de fertilité. Très résistant au mildiou. A essayer.

Le n° 28-112 (ancien Bayard) rouge de 1re époque. Est un plant recommandable, mais comme greffon, à cause de son peu de résistance au phylloxéra, sauf dans les terres fertiles et chaudes. Résistant au mildiou de la grappe et de la feuille. Redoute les soufrages; résistant à l'oïdium.

Le n° 117-3 blanc de 1re époque. Très résistant au calcaire et suffisamment résistant au phylloxéra; résistant au mildiou. Demande une taille longue. Donne un vin alcoolique à saveur un peu musquée. Production un peu faible.

Le n° 202-75 rouge de 2e époque précoce, bonne production, vin d'assez bonne qualité, demande un sulfatage après la floraison pour très bien résister au mildiou.

Le n° 286-68 rouge de 2e époque tardive. Vin assez franc de goût. Demande un seul sulfatage.

Le 7106 rouge de 2e époque. Résistant au phylloxéra et très résistant au mildiou. Donnant un vin droit de goût, mais commun.

Le n° 7120 rouge de 2e époque tardive. Très vigoureux et fertile. Très résistant au mildiou et en général aux maladies cryptogamiques. Donne un vin assez franc de goût.

Le n° 272-60 (le Pompon d'or) blanc est un cépage de 1re époque, très fertile et résistant bien au mildiou, mais craignant un peu l'oïdum, donnant un vin assez franc de goût, alcoolique.

LES HYBRIDES SEIBEL. — Le n° 1, l'un des plus connus, est un cépage vigoureux, fertile, moins résistant au mildiou qu'on le pensait, résistant assez bien à l'oïdium et au black-rot; estimé surtout comme ne craignant pas les gelées de printemps et la pourriture d'automne, mais sa résistance au phylloxéra (excepté dans les sols fertiles et profonds) est reconnue insuffisante. Dans le Midi, le vin obtenu a jusqu'à 12°; en Auvergne, où il est cultivé, il ne donne qu'un vin assez acide et peu alcoolique. On le délaisse de plus en plus.

Le n° 156, qui était considéré comme un des meilleurs hybrides Seibel, commence à être délaissé également, sa grappe manque de résistance au mildiou, résistant à la pourriture, il craint le black-rot; très productif à la taille longue. Donne un vin coloré, très chargé en couleur et en extrait assez alcoolique et un peu parfumé.

Le n° 209 rouge de 1re époque tardive, vigoureux et fertile; demande un seul sulfatage pour résister au mildiou. Donnant un vin assez franc de goût.

Le n° 1000 rouge de 1re époque. Très résistant au mildiou et à la pourriture. Bonne vigueur. Gros grains de maturité régulière. Donne un vin d'assez bonne qualité. On le considère actuellement comme un assez bon producteur direct.

Le n° 2003 rouge de 1re époque tardive ; assez résistant au phylloxéra et résistant aux maladies cryptogamiques; ne coule jamais. Demande des terrains frais, profonds, argileux, craint le calcaire, a un débourrement tardif qui lui fait éviter les gelées printanières. Gros producteurs, mais donnant un vin un peu grossier.

Le n° 2006 (semis de. Rupestris-Lincecumii fécondé par l'Aramon) rouge de 1re époque tardive. Très vigoureux, gros raisins à gros grains, résistant au mildiou, moins résistant cependant que le 2007. Assez résistant au phylloxéra; l'aoûtement de ses sarments laisse à désirer.

Le 2007 (frère du 2006) rouge de 1re époque tardive. Grande vigueur, très fertile. Assez résistant au phylloxéra. Très résistant au mildiou et à la pourriture. Donne un vin assez bon. Son débourrement précoce l'expose quelquefois aux gelées printanières; l'aoûtement de ses sarments ne se fait pas très bien.

On peut encore essayer le n° 80 : fertile, assez vigoureux, assez résistant au mildiou; le n° 47 : assez résistant au mildiou, mais ne résistant au phylloxéra que dans les terres fertiles.

HYBRIDES CASTEL. — Parmi les nombreux hybrides présentés par M. Castel on peut citer :

Le n° 1720 (Onyx). Blanc de 1re époque; très vigoureux, très résistant au mildiou, mais donnant un vin ayant un goût un peu foxé comme le Noah.

Le n° 1832 (Topaze) (Noah-Rupestris-Othello). Blanc de 1re époque. Un des meilleurs cépages de la collection Castel : très vigoureux, très productif, très résistant au phylloxéra, au mildiou, égrène comme le Noah. Donne un vin ressemblant à celui du Noah, mais beaucoup moins foxé. En résumé le 1832 est un Noah amélioré.

Le 13-519 rouge de 1re époque. Assez résistant au phylloxéra; assez résistant au mildiou.

L'Oiseau bleu. — Provient de l'Auxerrois × Rupestris fécondé par le Malbec. C'est un cépage de 2e époque ne craignant pas la coulure comme les deux hybrides précédents, donnant des raisins compacts. Assez résistant aux maladies cryptogamiques.

HYBRIDES JURIE. — Parmi les hybrides présentés par M. Jurie, nous pouvons citer :

Le n° 580. Hybride résistant au phylloxéra et aux maladies cryptogamiques, très fructifère, donnant un vin coloré, mais commun et acide.

Le n° 1230-10 (Hybride Argant × Rupestris-Lincecumii). Cépage vigoureux, fertile, donnant un vin assez franc de goût, très chargé en couleur.

Le n° 1357. Rouge de 2e époque. Très fertile, très résistant aux maladies cryptogamiques.

HYBRIDES OBERLIN. — Parmi les hybrides Oberlin, on peut citer :

Le n° 604 (Riparia × Gamay), vigoureux grains de grosseur moyenne, à saveur de Cabernet-Sauvignon.

Le n° 605 (Riparia × Gamay). Grains plus petits que le n° 604. Assez résistant aux maladies cryptogamiques.

Le n° 595 (Riparia × Gamay). Très résistant au mildiou; donnant un vin assez franc de goût.

Ainsi que le fait remarquer M. Guichard, les Oberlins que nous connaissons sont précoces et sucrés, mais de production plutôt faible. Il est bon de les essayer avec prudence.

HYBRIDES GAILLARD. — Le n° 2 est un hybride de Noah qu'on appelle quelquefois Noah noir (Othello-Rupestris, Cordifolia × Noah). Rouge de 1re époque, très rustique, assez fertile. Très résistant au mildiou et en général aux maladies cryptogamiques. Donnant un vin alcoolique, coloré, presque franc de goût (léger goût foxé).

Le n° 157 (Gaillard-Girerd), Blanc. Demande un ou deux sulfatages pour résister au mildiou, craint un peu la pourriture. Gros producteur donnant un assez bon vin ordinaire.

Le n° 194. Rouge de 1re époque tardive. Très résistant au mildiou. A essayer dans les terres arides.

HYBRIDES BERTILLE-SEYVE. — Parmi ces hybrides nous n'en citerons qu'un: le n° 413 rouge cépages des terres arides et sèches; très résistant au mildiou, donnant des raisins assez francs de goût.

Nous pourrions citer encore bon nombre d'hybrides créés par des viticulteurs distingués ; leur valeur exacte n'est pas assez reconnue pour que nous insistions davantage. D'ailleurs certains des hydrides nouveaux que nous venons de citer n'existent que depuis peu de temps et peuvent ne pas répondre aux promesses que les expériences déjà faites permettent de donner. On ne saurait trop mettre en garde les viticulteurs contre la réclame faite souvent autour d'hybrides nouveaux peu connus et qui n'ont pas encore suffisamment fait leurs preuves.

Sans doute, il est bon de faire des essais, mais des essais très prudents.

Discussion : M. GARDÈS. — Il s'étonne de ce que M. Chancrin n'ait point mentionné dans la liste des bons hybrides le Rupestris-Terres n° 20. Dans le Sud-Ouest, le rôle de cet hybride ne paraît pas fini, comme il le serait en Bourgogne, d'après M. Chancrin.

M. Gardès peut déclarer que chez lui, dans le Tarn-et-Garonne, les Terres donne depuis 14 ou 15 ans, sans engrais, sans sulfatage et sans soufrage, des récoltes constantes d'environ 225 litres de vin de goutte par 100 pieds. Le 4401 lui a donné du vin de qualité un peu meilleure, mais a fourni une production un peu moins régulière.

Le vin de Terras est un vrai nectar, sans goût foxé et très coloré; peut-être l'absence du goût foxé tient-elle à la pratique de l'égrappage au contact peu prolongé du vin avec la vendange; la fermentation rapide du moût et la décuvaison faite aussitôt que le vin est froid semblent fournir un motif suffisant à cette absence de goût.

Le seul défaut de ce vin est de manquer d'acidité et parfois de couler comme de l'huile; mais ces inconvénients disparaissent facilement si l'on ajoute à la vendange, dans les limites permises par la loi, une petite quantité de plâtre ou plus simplement si l'on vendange quelques jours avant la maturation complète des raisins et si l'on prend soin de jeter dans le fouloir tous les grains verts qu'on peut trouver.

M. le Dr JAUBERT (Paris). — M. Chancrin nous dit qu'il est possible de faire disparaître ou tout au moins d'atténuer le goût foxé des hybrides américains donnant des vins blancs, notamment du Noah, par l'emploi du permanganate de potasse ou de l'oxygène. Mais il ajoute que ce serait une fraude, ces produits étant interdits.

Ce qui est considéré comme une fraude aujourd'hui peut être autorisé demain nous en avons un exemple au sujet de l'emploi de l'acide citrique qui d'abord était interdit. Or, si réellement l'oxygène enlève en partie le goût foxé au vin, je ne vois pas pourquoi son emploi, qui ne peut être nocif, ne serait pas autorisé. Si certains cépages foxés possèdent d'autres qualités reconnues et recommandables, j'estime que ce serait un bienfait de pouvoir leur enlever leur défaut sans aucun inconvénient pour la consommation. Aussi je demanderai à M. Chancrin de nous donner quelques détails sur l'emploi de l'oxygène. Nous sommes une réunion scientifique, et nous n'avons pas à nous préoccuper, ce me semble, de l'usage coupable qu'on pourrait faire de sa Communication.

M. DISSOUBRAY,

Professeur à l'École de Viticulture (Beaune).

PROCÉDÉS DE DESTRUCTION DE LA COCHYLIS (¹).

(Expériences faites en Haute-Bourgogne.)

63.46-278 (coch.)

1er Août.

La cochylis, ver coquin, ver à tête rouge des vignerons, très anciennement connue en Bourgogne, redevient d'actualité depuis quelques années par les redoutables ravages qu'elle occasionne un peu partout.

C'est ainsi qu'en 1909 et 1910, elle seule a complètement anéanti la récolte en certains points du vignoble bourguignon (Blagny).

Cette année nous l'avons rencontrée à peu près dans tous les *climats* de la côte de Beaune et de Nuits.

On s'est justement ému, et dès 1909, s'est constituée, dans l'arrondissement de Beaune, par la collaboration en commun des Sociétés agricoles et viticoles, une Commission dite *de la Cochylis* dont l'objectif a été dès le début la recherche de moyens pratiques qui permissent aux viticulteurs de lutter contre ce terrible ennemi.

Pendant ces trois dernières années, de nombreux essais ont été tentés par la Commission contre les différentes formes de ce papillon, mais un

---

(¹) Cette Communication a été présentée aussi à la Section de Zoologie, Anatomie et Physiologie.

petit nombre ont donné des résultats intéressants pour la pratique. Ce sont eux que nous allons rapporter.

I. **Chrysalides.** — L'immobilité qui caractérise cet état de l'insecte le rend facile à atteindre aussi bien l'hiver que l'été.

a. HIVER. — Durant cette saison, en utilisant la main-d'œuvre que laisse disponible la trève des travaux des champs, on peut faire d'utile besogne en détruisant les chrysalides que recèlent les ceps et les échalas.

Nous avons effectué le *décorticage, l'ébouillantage* et le *badigeonnage.*

1°. *Décorticage.* — Bien fait et à condition de recueillir et de brûler soigneusement les débris d'écorce enlevée aux ceps, il est efficace. Pour son exécution, la raclette à profil convenable, permettant l'accès de toutes les anfractuosités du cep, nous a paru plus avantageux, à tous égards, que les autres instruments employés concurremment.

Malgré cela sa lenteur d'exécution le limite aux petits vignobles où la main-d'œuvre de l'exploitant suffit seule.

Nous craignons en outre qu'exécuté trop tôt, il expose la vigne dénudée de son revêtement protecteur aux rigueurs du froid.

Dans nos expériences il a été complété par l'ébouillantage des échalas à la vapeur d'eau sous pression, pendant une demi-heure. Nous en avons obtenu toute satisfaction.

2° *Ébouillantage ou échaudage.* — Quels que soient les soins et la perfection de son exécution et bien que l'eau à 60° tue les chrysalides (Dr Maisonneuve), l'ébouillantage est insuffisant, sans compter que par l'outillage qu'il nécessite il se place hors de la portée du petit vigneron.

Nous avons, cette année même, constaté à nouveau son inefficacité dans une vigne de M. Louis Latour, à Aloxe-Corton, échaudée hâtivement dès le 8 octobre 1910. Au printemps on remarquait dans cette vigne autant de papillons et plus tard de chenilles que dans ses voisins, non traitées de la même façon.

3° *Badigeonnage.* — Au commencement du mois d'avril 1910, alors que les chrysalides devenaient plus vulnérables qu'en plein hiver, nous avons employé le *lysol* et une *émulsion arsenicale savonneuse* en badigeon au pinceau. L'un et l'autre produit, appliqué avec tous les soins désirables, ne nous a fourni aucun résultat appréciable. Par contre, leur action sur la vigne a été très nettement déprimante.

Inconvénients des traitements précédents. — En même temps que la cochylis, les traitements ci-dessus détruisent des quantités importantes d'araignées abritées sous les écorces, côte à côte avec les chrysalides, et qui, pendant la belle saison détruisent elles-mêmes un nombre élevé de chenilles de cochylis. Dans ces conditions, nous nous demandons si les traitements d'hiver ne sont pas plus nuisibles qu'utiles?

b. PRINTEMPS ET ÉTÉ. — Nous nous sommes attaqués aux *papillons* et aux chenilles.

II. Papillons. — Contre les papillons nous avons fait usage des *pièges lumineux* et des *écrans englués*.

1° *Pièges lumineux.* — Ceux employés sont la lampe à acétylène, système Liotard et le phare Méduse Vermorel.

Dans une expérience nous avions installé une lampe dans un tonneau muni d'un seul fond, mélassé intérieurement, et disposé horizontalement sur quatre échalas entre-croisés, le trou de bonde en haut, l'ouverture étant tournée du côté du vignoble. Ce dispositif ne nous a donné aucune satisfaction.

Dans les conditions ordinaires, les pièges nous ont donné quelques prises, mais celles-ci sont hors de proportion avec le coût et les frais de fonctionnement de l'appareil. C'est pourquoi, étant données les conditions spéciales nécessaires pour que la chasse soit fructueuse (nuit obscure, calme et chaude), nous les utilisons principalement comme pièges lumineux avertisseurs, c'est-à-dire pour déterminer le moment le plus favorable au traitement des chenilles; même à ce point de vue, nous conseillons les appareils les plus économiques, dont le type le plus simple nous paraît être celui qu'a ingénieusement conçu M. Latour et que nous avons signalé à l'attention de nos compatriotes.

Il se compose d'un pot à fleurs ordinaire, d'environ 1 litre de capacité, que l'on retourne sur une planchette. A l'intérieur, sur la planchette, se place le carbure. L'ensemble est plongé jusqu'à mi-hauteur du pot dans une bassine contenant de l'eau pétrolée. Le contact du pot avec la planchette est rendu hermétique par un enduit de paraffine et la stabilité du système assurée par des bandes de caoutchouc légèrement tendues. qui enserrent l'ensemble.

Quelques pierres placées sur le fond agissent dans le même sens et maintiennent l'immersion.

L'eau arrive sur le carbure par une mèche cylindrique logée dans un tube qui part du centre de la planchette et s'élève à une certaine hauteur à l'intérieur. Un autre tube métallique scellé à la cire à cacheter dans le trou du fond du pot se termine par le bec.

Cette lampe peu coûteuse convient d'autant mieux, pour l'usage que nous indiquons des pièges lumineux, que de récentes expériences de MM. Vermorel et Dantony ont montré que les papillons de cochylis ne subissent pas l'attraction de la lumière au delà de 10 m de rayon.

2e *Écrans englués.* — A Blagny on a employé des écrans constitués d'un cerceau muni d'un manche dont l'intérieur était tendu de toile enduite de goudron. En quelques heures, un homme muni de deux écrans habilement manœuvrés capturait plusieurs centaines de papillons facilement dénombrables sur ce fond noir. On conservait les propriétés adhésives de l'appareil en renouvelant de temps en temps la couche de goudron.

III. Chenilles. — En 1909 et 1910 nous nous sommes adressé aux chenilles de la première génération, que nous avons attaquées à l'aide d'insecticides divers. Parmi eux, trois sont conseillables pour la pratique. Ce sont *les arséniates*, la *nicotine* et le *baryum*.

a. ARSÉNIATES. — Ceux employés sont l'*arséniate de plomb*, l'*arséniate ferreux* et l'*arséniate de chaux.*

1° *Arséniate de plomb.* — La formule que nous préférons, par les résultats qu'elle nous a fournis, est la suivante :

Ortho-arséniate de soude anhydre......................	3oo g
Acétate neutre de plomb........................	9oo g
Eau...	1oo l

Pendant deux ans nous avons employé cette bouillie seule. Cette année, nous l'avons associée à la bouillie bourguignonne ou au Verdet (bouillie mixte). Nous n'en avons pas obtenu de résultats aussi élevés que précédemment. Nous pensons que cette infériorité peut tenir, dans une certaine mesure : 1° à la répartition générale de l'arsenic sur tous les organes verts de la vigne, autres que les grappes, et qui n'en ont que faire; 2° à une répartition moins bonne sur les grappes par suite du détournement à leurs dépens de l'attention de l'opérateur qui naturellement se porte sur toutes les parties à recouvrir. Pour ces raisons, nous préférons les traitements simples aux traitements combinés.

Arséniate ferreux. — Nous l'avons employé seul pendant deux années consécutives, d'après la formule de MM. Vermorel et Dantony. Ses résultats ont toujours été inférieurs à celui de plomb.

Arséniate de chaux. — Employé d'après la formule de M. Et. Marès, il brûlait les jeunes organes. Nous l'avons délaissé.

b. NICOTINE. — Nous l'avons toujours employée sous forme d'extrait titré à 1o % à raison de 1 litre et demi par hecto d'une bouillie cuprique quelconque en traitement mixte. Son efficacité, toujours inférieure à celle de l'arséniate de plomb, était souvent juste suffisante pour la pratique. Peut-être était-ce dû aux mêmes causes que l'infériorité de la bouillie arsenicale mixte sur la bouillie arsenicale seule ? Quoi qu'il en soit, nous avons conseillé l'arséniate de plomb seul pour la première génération de cochylis et la nicotine pour la deuxième.

c. BARYUM. — Sous forme de chlorure, seul ou en mélange au Verdet ou à l'oxychlorure cuivreux, il s'est constamment classé en troisième ligne, après les arséniates et la nicotine, et nous a paru d'une efficacité insuffisante pour la pratique.

Sous forme de carbonate et d'arséniate tribarytique, il est très stable, mais nous n'avons pas de résultats assez précis sur son efficacité pour le conseiller. En cas d'efficacité certaine l'arséniate barytique nous paraît intéressant au point de vue économique par la substitution du chlorure de baryum à l'acétate de plomb. Il en résulterait un bénéfice d'au moins un tiers sur l'arséniate de plomb.

Époque et mode d'application des insecticides. — L'épandage de nos insecticides a toujours été fait à l'aide de pulvérisateurs ordinaires à dos d'homme. Leur distribution avait lieu préventivement selon la méthode établie par MM. Capus et Feytaud. Dès nos premières expériences, nous avons reconnu que le mode d'application était *capital*, mais d'exécution difficile. Celui qui nous a donné les meilleurs résultats et que nous employons depuis avec avantage — même pour les maladies cryptogamiques — consiste à obtenir à la fois la meilleure répartition et la plus forte concentration de la bouillie sur toute la surface de la grappe. A cet effet, nous faisons traiter, tant à l'aller qu'au retour, un certain nombre de lignes sur une seule face et autant que possible « sous le vent ». Puis, lorsque les gouttes déposées par ce premier passage sont sèches, nous faisons recommencer les mêmes lignes, sur leur autre face, en marchant en sens inverse de la première fois. La confluence des gouttes ainsi supprimée ne produit aucun glissement préjudiciable.

Pour les traitements contre la deuxième génération, nous nous proposons d'essayer dès cette année les *bouillies mouillantes* de l'action desquelles nous préjugeons dès maintenant les meilleurs résultats.

CONCLUSION. — La cochylis peut être efficacement combattue par des traitements d'hiver et des traitements de printemps et d'été.

L'*hiver*, le *décorticage* bien fait est d'une efficacité non douteuse contre les chrysalides.

Au *printemps* et l'*été*, on peut détruire quelques *papillons*, au moment de leur vol, par les pièges lumineux et les écrans englués; mais c'est surtout contre les *chenilles* que l'on peut agir efficacement par l'emploi *préventif* de *bouillies insecticides*. Nous conseillons la *bouillie arsénicale contre la première génération* et la *nicotine contre la seconde*. Dans les deux cas, deux applications seront parfois nécessaires dans nos régions quand l'*évolution de l'insecte se prolonge*. On encadrera alors la *ponte entre les deux traitements*, le premier à son début, le deuxième à sa fin.

Quoi qu'il en soit, ainsi que nous l'avons signalé dès la première année de nos expériences, et d'autres expérimentateurs avec nous, ce n'est que par la combinaison des divers traitements et surtout par *leur généralisation*, qu'il est désirable de voir se produire, qu'il faut attendre la diminution des invasions inquiétantes de cochylis qui menacent un instant de ruiner la viticulture française, un de nos fleurons nationaux les plus enviés.

MM. V. VERMOREL et E. DANTONY.

RAPPORT SUR LES INSECTICIDES EN AGRICULTURE.

63.29.51

1ᵉʳ Août.

Il existe deux principaux groupes d'insecticides : 1° les insecticides tuant par simple contact; 2° les insecticides destinés à empoisonner la nourriture de l'insecte.

Dans le premier groupe se placent les gaz ou vapeurs toxiques : acides cyanhydrique, sulfhydrique, sulfureux, sulfure de carbone, etc., ainsi que toutes les substances susceptibles soit d'amener la mort de l'insecte par asphyxie, soit de pénétrer à travers ses téguments.

Dans le second groupe se trouvent les substances qui intoxiquent l'insecte après avoir été préalablement digérées (arsenicaux).

Pour utiliser au mieux les propriétés d'un insecticide, il est nécessaire d'assurer sa répartition parfaite soit sur le corps même des insectes (insecticides externes), soit sur leur nourriture (insecticides internes).

Or, on sait qu'il est souvent très difficile de mouiller les insectes ou les toiles qui les abritent; on sait aussi que beaucoup de végétaux ne se laissent pas mouiller par l'eau.

Il nous a paru intéressant de déterminer les conditions dans lesquelles on pouvait rendre mouillantes toutes les mixtures insecticides; aussi avons-nous entrepris, à ce sujet, une longue suite d'expériences.

Tous les corps capables d'abaisser la tension superficielle de l'eau peuvent augmenter son pouvoir mouillant.

Nous avons passé ces corps en revue; presque tous sont inutilisables; ils sont trop coûteux, toxiques pour les plantes ou encore difficilement employables par le propriétaire.

L'oléate de soude seul nous a paru particulièrement intéressant. Si à l'aide d'un compte-gouttes, on mesure la tension superficielle des solutions aqueuses de ce corps, on constate que la concentration ne conduit pas à une augmentation du nombre de gouttes; la tension superficielle restant constante pour des liqueurs dont le titre varie entre 1 $^0/_{00}$ et ∞.

Ce phénomène était depuis longtemps connu et avait fait l'objet d'études de la part des physiciens Plateau, Marangoni, Soudhans, Lord Rayleigh. La tension superficielle vraie des solutions d'oléate de soude s'abaisse bien à mesure que la concentration augmente, mais n'est mesurable qu'à l'aide de procédés spéciaux (Méthodes dynamiques).

Par contre, nous avons prouvé (*C. R.*, 12 décembre 1910) que la tension superficielle vraie n'intervient pratiquement pas dans le pouvoir mouillant : celui-ci, au contraire, peut être déduit de la tension superficielle apparente. Les solutions d'oléate de soude à 1 $^0/_{00}$ mouillent aussi bien que les solutions à 5 $^0/_0$.

On voit combien il est inutile, dans ces conditions, de faire entrer de grosses quantités de savon dans les formules insecticides.

Nos recherches nous ont montré que si l'on ajoute dans la même formule deux substances susceptibles d'abaisser séparément la tension superficielle, on obtient un mélange complexe dont la tension superficielle est supérieure à celle qu'on obtiendrait en employant une seule substance.

EXEMPLE. — Les solutions à 1 °/₀₀ d'oléate de soude donnent 210 gouttes pour 5 cm³; les solutions à 1 °/₀ d'alcool amylique donnent 151 gouttes pour 5 cm³ et les solutions à 1 °/₀₀ d'oléate + 1 °/₀ d'alcool amylique donnent 193 gouttes pour 5 cm³.

On voit, dès lors, combien il est inutile de joindre, dans une formule insecticide, alcool et savon par exemple, dans le seul but de mieux mouiller les insectes.

La source la plus économique d'oléate de soude est fournie par les savons blancs; toutefois, on comprend sous le nom de *savons*, des mélanges en quantités très variables de diverses substances, laurates, stéarates, palmitates, oléates; ces mélanges jouissent de propriétés très différentes, suivant la prédominance de tel ou tel élément.

Nos essais nous permettent de préciser les qualités que le savon agricole doit réunir.

Les stéarates, palmitates et laurates de soude ne permettent pas d'obtenir des liquides de faible tension superficielle; seul, l'oléate de soude est intéressant et le savon agricole doit être uniquement constitué par cette substance.

Il est à noter que l'oléate de soude pourra être obtenu très économiquement et en quantités illimitées. Certains corps gras renferment surtout des éthers-sels de l'acide oléique; leur saponification directe fournira un bon savon agricole.

Les stéarineries, entre autres industries, comptent l'acide oléique parmi leurs résidus; cet acide est ordinairement saponifié après addition d'acide stéarique, destiné à augmenter le pouvoir détersif ou à donner au savon les caractères réclamés par la consommation.

Le savon agricole n'étant pas destiné au blanchiment, son rôle consiste à abaisser au maximum la tension superficielle et il suffira, pour l'obtenir, de saponifier directement l'acide oléique.

Il y a lieu d'ajouter que l'oléate de soude est de tous les corps gras entrant dans les savons, celui qui se dissout le plus facilement.

Cette remarque mérite d'être prise en considération, car il est quelquefois difficile de faire dissoudre le savon, même à chaud. Nous avons eu, en main un savon en poudre, destiné à la viticulture, très riche en acides gras, avec lequel il était impossible d'obtenir, à froid, des solutions aqueuses d'un titre supérieur à 1 °/₀₀; il renfermait beaucoup de stéarate de soude. Avec l'oléate de soude, on obtient très facilement des solutions à 20 °/₀.

L'oléate de soude peut jouer un rôle utile dans toutes les préparations ne renfermant pas de sels métalliques dissous (sels alcalins exceptés). C'est ainsi que nous avons été amenés à recommander la formule suivante contre les vers de la grappe (Cochylis, Eudémis) :

Nicotine à 10 °/₀	1,33 l
Carbonate Solvay	100 g
Savon blanc d'oléine	200 g
Eau de pluie	100 g

Cette préparation mouille les grappes et les toiles des vers.

Les alcaloïdes et les substances organiques insecticides peuvent être rendus mouillants de la même façon.

On peut rendre également mouillants des insecticides renfermant des composés métalliques complètement insolubles : c'est ainsi qu'on obtient de l'arséniate de plomb mouillant en suivant le mode opératoire indiqué par M. Gastine :

Dissoudre : 1° 600 g de savon blanc dans 12 l d'eau chaude;

2° 200 g d'arséniate de soude anhydre dans 25 l d'eau;

3° 610 g d'acétate neutre de plomb cristallisé dans 25 l d'eau.

Verser l'acétate de plomb dans l'arséniate de soude, en agitant; ajouter ensuite 100 g de carbonate de soude Solvay (dissous dans 2 l d'eau); compléter à 70 l; ajouter la dissolution savonneuse et compléter à 100 l.

Dans certaines circonstances, il est même possible de réaliser, grâce à l'oléate de soude, des mélanges mouillants renfermant des sels de métaux lourds en dissolution; nous avons pu faire ces mélanges pour diverses substances fongicides (*C. R.*, 3 avril et 8 mai 1911).

On peut aussi obtenir des liquides mouillants avec les émulsions de corps à faible tension superficielle.

M. Gastine (*C. R.*, 27 février 1911) a mis en relief les avantages que présentait, à ce point de vue, la saponine contenue dans les fruits du *Sapindus utilis*. Il a indiqué plusieurs formules, notamment la suivante :

Eau..	10 l
Poudre de sapindus............................	20 g
Acétate neutre de cuivre......................	100 g
Mélange d'huile lourde de houille et de pétrole..	200 cm³

Mais comme le *Sapindus utilis* est plutôt rare dans nos pays, nous avons fait, dans le même ordre d'idées, quelques recherches pour remplacer ce produit par le marron d'inde.

La poudre de marron d'inde (*Æsculus hypocastanum*) contient des saponines dont le pouvoir émulsionnant est très grand; les agriculteurs pourront, en mettant cette propriété à profit, utiliser les nombreux fruits qui se perdent tous les ans sous les arbres.

Pour terminer cette question des insecticides, nous tenons à appeler l'attention des agriculteurs sur la facilité avec laquelle les ricinoléates alcalins permettent d'obtenir des émulsions. Il suffit de mélanger le corps à émulsionner (pétrole, benzine, sulfure de carbone, etc.) au ricinoléate; on obtient ainsi une masse pâteuse qui se délaye dans l'eau avec la plus grande facilité et qui fournit ainsi des émulsions très stables.

Discussion. — Après cette Communication, M. le Dr Vidal rappelle les dangers de l'emploi des sels arsenicaux.

M. Vermorel dit ensuite qu'aucun insecticide n'est pratique contre la deuxième génération de la cochylis. Il est d'avis que les viticulteurs s'abstiennent de tout traitement à ce moment. Il ajoute que l'arséniate de fer a été abandonné pour être remplacé par l'arséniate de plomb qui est plus efficace. Il expose que les accidents signalés par M. le Dr Cazeneuve, comme s'étant produits dans la Loire et dans l'Ardèche, ont été démentis.

****3

Il fait savoir, d'autre part, que les solutions d'huile, de benzine ou de pétrole arrêtent la végétation du raisin et le détruisent.

M. Vidal fait remarquer qu'à la deuxième génération, les vers sont enfermés dans le grain et se trouvent à l'abri du traitement.

M. le Dr Jaubert conseille de pratiquer le deuxième traitement avant que les jeunes chenilles aient pénétré dans le grain.

M. G. DE GIRONCOURT,

Ingénieur agronome (Agriculture coloniale),

Chargé de Missions par le Ministre des Colonies et le Ministre de l'Instruction publique.

COMPOSITION, CLASSIFICATION ET RÉPARTITION
DES TERRES AU MAROC NORD-OUEST.

63.111 (64)

5 *Août.*

Les terres particulièrement fertiles du Maroc nord-ouest peuvent être classées suivant leur origine, leur nature et leur composition selon trois types très distincts : les alluvions fluviatiles, les sols meubles du Pliocène, les terres noires genre tchernovien.

Les alluvions quaternaires des grands fleuves tels que l'oued Loukkos et le Sebou, provenant de l'érosion des massifs primitifs et tertiaires de l'intérieur, occupent au Maroc nord-ouest des surfaces considérables sur lesquelles peuvent se fonder les plus grands espoirs pour le développement agricole du pays.

Dans la vallée du Loukkos, une plaine de 30 km de longueur sur 8 à 10 km de largeur se trouve contiguë à l'embouchure de ce fleuve, au débouché du port de Larache, dans les conditions les meilleures pour la sortie économique des produits du sol.

Plus au Sud, la vallée du Sébou s'élargit en une immense plaine alluvionnaire de plus de 80 km de longueur sur 40 km de largeur, où quelques points seulement sont marécageux, qui, d'ailleurs, en saison sèche, constituent une réserve d'humidité très utile à l'élevage.

L'analyse de ces terres, sur mes prélèvements de 1907, m'a donné :

	Azote.	Acide phosphorique.	Potasse.	Chaux.
Alluvions du Loukkos (pour 100).	2.2	1.8	3,6	44
» Sebou (pour 100)...	1,9	1,7	4,1	48

Ces chiffres, sans représenter des teneurs excessives, correspondent à une réelle richesse. L'application pure et simple de la loi du minimum montre que l'on se trouve en présence de sols d'excellente qualité, sans,

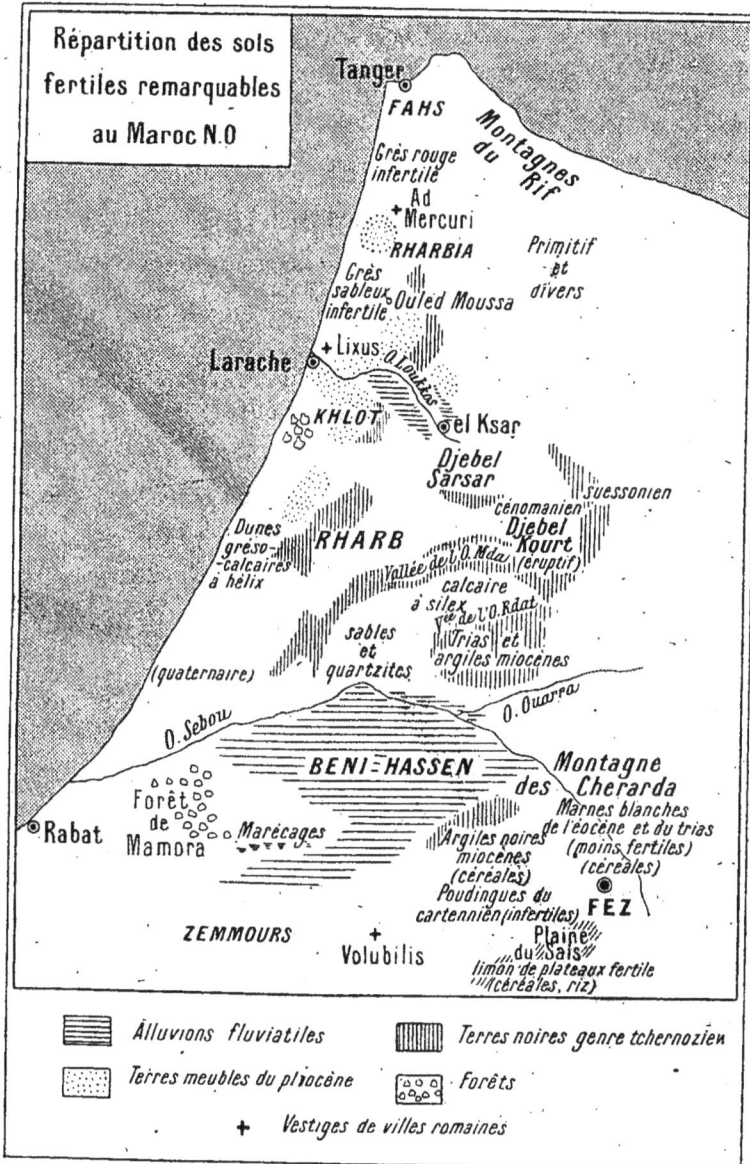

Répartition des sols fertiles remarquables au Maroc N.O

qu'il soit besoin d'imputer au facteur climatérique la condition de fertilité.

La tecture de ces terres est meuble sans excès; elles sont suffisamment compactes pour tenir l'humidité pluviale au profit de la végétation. Le sous-sol reste frais comme tous ceux d'alluvions de vallée dont le fleuve, tout en subissant un régime de crues importantes, conserve à l'étiage un cours puissant.

Un deuxième type de sols fertiles est donné par les dépôts meubles du Pliocène qui forme, tout le long de la côte Atlantique du Maroc, depuis l'oued Assoufid, au Sud, jusqu'au ouled Moussa, au Nord, une bande de terrains pouvant avoir jusqu'à 60 km de largeur chez les Doukkalas, dont l'altitude varie de 30 à 100 m dans le Nord et peut atteindre 250 m dans les parties plus méridionales. C'est cette bande qui, se prolongeant jusqu'en Andalousie, a constitué les terres légères et si fertiles du Guadalquivir. Elle n'est rendue discontinue que par l'érosion des vallées, les affleurements anticlinaux de l'éocène ou le recouvrement par les dunes et quelques plateaux pléistocènes.

Dans le nord-ouest marocain, cette formation a donné au pays agricole connu sous le nom de *Rharb*, sur une longueur de 80 km, une largeur variant de 5 à 20 km avec une épaisseur d'assise de 20 et 30 m (sol non différent du sous-sol), un mamelonnement d'argiles fissiles et pulvérulentes qui présentent, en saison sèche, l'aspect de sables impalpables.

Tels sont les environs de Larache où, depuis la plus haute antiquité, des jardins merveilleux s'étalent sur les pentes de cette nature descendant vers la vallée du Loukkos. C'est en ce point que les auteurs s'accordent à placer le fameux jardin des Hespérides, et les pommes d'or, de variété très estimée, se récoltent encore innombrables dans les vergers de Larache, dont le nom signifie *jardin des fleurs*.

L'analyse de ces sols friables m'a donné :

	Azote.	Acide phosphoriq.	Potasse.	Chaux.
Terrains meubles du Pliocène (pour 1000).	0,9	0,8	1,7	1

Ces chiffres sont ceux d'une richesse seulement moyenne. Cependant les récoltes de céréales, de tubercules, se succèdent sur ces terrains fort abondantes et de qualité, grâce à la faveur d'un climat qui répartit une pluie abondante aux époques favorables aux cultures et à la texture de ces argiles fissiles capables de retenir suffisamment l'humidité tout en se laissant très facilement pénétrer par les systèmes radiculaires des végétaux.

Ce sont ces terres d'aspect jaune roux brun que l'on a appelé dans le Sud *terres rouges* de la dénomination *hamri* que leur donnent les Marocains.

Elles résultent très vraisemblablement de la décalcification des grès pliocènes anciens par dissolution de la calcite et de l'aragonite.

Une troisième série de terres remarquablement fertiles est constituée par des *terres noires* comparables au tchernoziew du sud russe, qui ont été signalés dans l'ouest marocain par Fischer Weisgerber, von Pfail, Brives, Doutté et auxquelles Gentil semble vouloir rapporter une origine commune aux précédentes.

Ce sont les terres qui, dans la zone de Casabianca, Rabat, occupent des zones considérables et qui, dans le nord-ouest, le *Rharb* se montrent en surfaces plus discontinues, moins homogènes, souvent en voisinage et pénétration des terres rouges, formant souvent les fonds de cuvette et parfois recouvrant directement les argiles miocènes ou triasiques.

L'analyse de ces terres sur mes prélèvements en lieux voisins de la terre rouge meuble pliocène m'a donné :

	Azote.	Acide phosphorique.	Potasse.	Chaux.
Terre noire du Rharb (pour 1000)..	3	2	9	2

La teneur en potasse, remarquable, est très constante.

Ce sont de telles terres que l'on a entendu désigner sous l'appellation indigène de *tirs*. Mais on devra retenir que ce vocable marocain s'applique indistinctement à toute terre arable de couleur foncée, suffisamment meuble et fertile. De même le mot *hamri* à toute terre rougeâtre, meuble ; la marne noire portant le nom de *el goum*, l'argile jaune de *daghouan*.et la terre sablonneuse *irmel*.

C'est ainsi que les sols d'alluvions, bien différents de la terre noire du genre tchernoziew, sont aussi des *tirs* et que le mot d'*hamri* est aussi donné par les marocains aux terres ferrugineuses de la plaine du Saïs près Fez, qui est un limon de plateaux à cailloux calcaires n'ayant rien de commun ni de comparable aux sols fertiles très spéciaux du Pliocène.

De plus, ces terres, à aspect d'un noir franc, qui ont frappé tous les voyageurs, ne semblent pas partout où on les rencontre être dérivées de la même origine. Les analyses ultérieures indiqueront si, comme il est probable, il y a diversité de composition sur certains points où ces terres sont en dépendance de schistes noirs, non loin de sources pétrolifères, vers l'oued Mda et où la couleur pourrait induire en erreur sur la valeur réelle.

Presque partout cependant elles possèdent cette couleur noire accusée et cet aspect caractéristique que l'agronome qualifie rapidement d'humique, sans qu'il soit possible d'y recueillir de matériaux organiques définis, par suite du terme avancé auquel est parvenu l'humification. L'hypothèse qu'il y aurait quelque diversité dans ces terres noires du Maroc permettrait peut-être de mettre quelque ordre à la divergence extrême des observateurs qui les ont étudiées.

Fischer estimait que les *tirs* provenaient de dépôts éoliens. Brives, au contraire, pense qu'il s'agit de fonds de marais. Gentil semble tenir à une unité d'origine entre les terres noires et les terres rouges; toutes deux proviendraient de l'*accumulation des produits de la décomposition des grès néogènes et des débris ligneux ou herbacés qui vivaient à la surface.*

La puissance de ces terrains, où une profondeur de 20 à 30 m a été constatée en certains lieux, semblerait une objection à l'hypothèse purement végétale de leur origine par une végétation luxuriante sur un plan d'eau ancien.

Mais avant d'en tenir cas, il faudrait vérifier que cette profondeur a bien été constatée dans les terres noires du genre tchernoziew, c'est-à-dire autre part que dans les terres noires et rouges où la puissance d'assise des grès pliocènes suffirait à l'expliquer ou dans les dépôts d'alluvions fluviatiles, d'aspect également humique et noir, où elle serait normale. La dénomination indigène de *tirs* commune à ces deux catégories de sols peut prêter à confusion.

Quoi qu'il en soit, les terres noires tchernoziennes du Maroc sont, plus encore que les terres rouges et d'alluvions, les terres arables par excellence. Toutes ces terres remarquables sont fines, sans cailloux ni graviers.

Les terres d'alluvions, fraiches, d'altitude très basse, paraissent particulièrement convenir à l'élevage; les terres rouges du Pliocène, à la culture des plantes à racines ou tubercules; les terres noires, genre tchernozien, humiques, chaudes, à la production des céréales, grâce à laquelle le Maroc pourrait devenir un des greniers de l'Europe.

M. L.-A. FABRE,

Inspecteur des Eaux et Forêts (Dijon).

RESTAURATION ET NATIONALISATION DU SOL EN HAUTE MONTAGNE.

34 : 63.192 (23)

1er *Août.*

Depuis plus d'un demi-siècle, la restauration des montagnes françaises a captivé quantité de techniciens et exigé d'énormes sacrifices budgétaires. Cependant, malgré d'incontestables succès, la misère du sol et des populations dans les montagnes du Midi est croissante. Nul ne saurait encore préciser le degré d'avancement d'une œuvre demeurée uniquement curative des dégradations matérielles du sol, et dont il y a peu d'années on s'était plu à annoncer la fin pour 1945 [1]. En 1908, le Parlement, pris de doute, a demandé des comptes [2] sur cette entreprise

---

[1] *Restauration et conservation des terrains en montagne. Compte rendu sommaire des travaux de 1860 à 1900.* Paris, Imp. nat., 1900, p. 32-33.

[2] VIGOUROUX, *Le reboisement en France et en Angleterre (Les Idées modernes,* février 1909, p. 204).

qu'on dit aujourd'hui devoir être *sans fin* ([1]), oubliant que seule la dépopulation croissante y mettra forcément un terme avant la fin du siècle ([2]); le montagnard, auteur immédiat, mais non seul responsable du mal, restant nécessairement l'agent indispensable de sa réparation. Sans attendre ce bilan et négligeant ces contingences sociales, on n'hésite pas, pour en finir pense-t-on, à recourir plus que jamais au procédé héroïque, et désespéré à la fois, de la *nationalisation* du sol à restaurer ([3]).

Un des principaux obstacles à l'entreprise fut et est resté l'opposition irréductible des montagnards auxquels les législations de 1789, 1792, et 1793 ont reconnu un droit absolu d'abus sur les biens ruraux restés communs et aptes à la seule industrie pastorale. Comme le boisement du sol montagneux dégradé est un procédé souverain de restauration; comme, d'autre part, le pays est gravement menacé par le développement mondial de la crise ligneuse contemporaine, on en viendra à exproprier à bas prix quinze cent mille à 2 millions d'hectares montagneux dégradés ([4]), torrentialisés et en partie dépeuplés, pour essayer de les transformer en verdoyants Eldorados arrosés par de bienfaisants Pactoles. Pour qui? on peut se le demander, puisqu'il n'y restera plus aucun des montagnards qui seuls seraient susceptibles de mettre en valeur et de peupler un sol d'où ils auront été évincés ([5])! Et c'est à l'instant même où le pays se trouve aux prises avec un exode rural, une crise de natalité, une pénurie de travailleurs, une disette de soldats qui nulle part ne furent jamais pires, qu'on conseille pareille aventure: sauf en Écosse, où l'on ne peut qu'à grand peine y remédier aujourd'hui, elle n'aura eu aucun précédent dans l'histoire du monde civilisé.

Un enchaînement complexe d'évènements d'ordres divers parait nous avoir à ce point égarés.

Plus du dixième de notre territoire métropolitain est couvert de hautes montagnes renfermant encore près d'un million d'hectares de terres communes, vouées au vandalisme. Le berger, simpliste, en est resté maître souverain; l'instinct de ses moutons le mène; le fisc tenaille les uns, la faim aiguillonne les autres. Chacun lutte de son mieux pour une vie toujours difficile. Prise entre deux ennemis qui brûlent ou dévorent, la forêt disparaît fatalement; surtout aux époques troublées qui, pour le montagnard resté le plus obstiné, le plus batailleur et le plus impulsif des paysans, sont toujours prétextes à bruyantes et parfois tra-

([1]) F. DAVID, Chambre : Rapport sur le budget de l'Agriculture en 1907, p. 329.

([2]) *L'évasion contemporaine des Montagnards français* (*Annales de la Science agronomique française et étrangère*, janvier 1911, p. 1-51. Nancy, Berger-Levrault).

([3]) F. DAVID, Chambre : Rapport sur le budget de l'Agriculture de 1911, p. 271-274; de 1908, p. 145-411, etc.; Débats Chambre : séance du 23 décembre 1910, p. 3627, etc.

([4]) F. DAVID, Chambre : Rapport budget de 1911. — CHALAMEL, Discours. Chambre, Séance du 24 novembre 1911, p. 3299.

([5]) A. DE SAPORTA, *Dans les Basses-Alpes* (*Revue des Deux-Mondes*, 1er juillet 1909, p. 228).

giques levées de houlettes. Certaines furent célèbres dans les Pyrénées, les dernières remontent à 1848 ([1]).

Jusqu'alors, dans tous nos pays montagneux, bêtes et gens avaient pullulé, querellant, incendiant et surtout pâturant de leur mieux, sinon toujours à la faim du troupeau. De 1789 à 1846, la population des sept départements des Hautes et Basses-Alpes, des deux Savoies restées plus françaises que sardes depuis l'Empire, de l'Ariège, des Hautes et Basses-Pyrénées, avaient crû de 1286556 à 1853138 habitants, soit 44 %, malgré les formidables saignées d'une longue période de guerres : les trois départements pyrénéens ci-dessus, plus à l'écart, avaient presque doublé leurs habitants. En deçà de cette période et comme si le sol se fût effondré, la dépopulation est incessante, progressive. Depuis 50 ans, les départements envisagés ont perdu 277702 habitants, soit 15 %; certaines hautes vallées se sont vidées de 50 %; l'émigration des *Barce-lonnettes* a reçu un coup de fouet; celle plus ancienne des Basques est poussée aujourd'hui au paroxysme par l'insoumission à la loi militaire ([2]). C'est une vraie déroute ! Ses caractères saillants sont, d'une part, la portée très lointaine de l'expatriation qui lui enlève ses chances de Retour-à-la-terre; de l'autre, l'atrophie rapide de la plupart des *familles souches* qui se trouvent privées de leurs rameaux les plus jeunes, les plus vivaces, les plus aptes à en perpétuer l'enracinement

Parallèlement, le capital pécoral a considérablement décru, surtout en ce qui concerne les moutons ([3]).

Si bien qu'il serait difficile d'apprécier, au seul point de vue économique et pour l'époque contemporaine, lesquelles ont en définitive le plus pâti, des plaines et basses vallées où le dérèglement du régime des rivières est resté toujours aussi menaçant, ou bien des hautes vallées où la restauration du sol entreprise pour régulariser ce régime est indéfiniment prorogée aujourd'hui. Au point de vue social, et la part faite des causes universelles et complexes d'exode et de dépécoration, plus exagérées en France que partout ailleurs, il est sûr que les hallucinations brusquement émancipatrices d'il y a 60 ans, vers la suprême licence pastorale, rêve intime et ancestral du berger que son troupeau plus que le reste attache à la terre, eurent une bonne part dans le déracinement des montagnards.

Le grand courant de colonisation issu du déblaiement des ateliers nationaux ([4]) amorça l'exode vers une Terre promise. L'Algérie alors en

([1]) DUBEDAT, *Le procès des demoiselles* (*Recueil de l'Académie de Législation de Toulouse*, t. XXXVIII, 1889-90, p. 158). — J. BOURDETTES, *Le Labedá*, p. 280, etc. et *Mémoires du Pays et des États de Bigorre*, par L. DE FROIDOUR, p. 38 — DANIEL STERN, *Histoire de la Révolution de 1848*, t. II, p. 240.

([2]) *L'Opinion* du 24 septembre 1910.

([3]) *Législation protectrice du sol montagneux en France* (*Journal des Économistes* du 15 avril 1911, p. 24-25).

([4]) H. STERN, *Op. cit.* — O. BARROT, *Mémoires posthumes*, t. II, 1875, p. 234, etc. — Comte D'HAUSSONVILLE, *La colonisation officielle en Algérie* (*Revue des Deux-Mondes*, 1ᵉʳ juillet 1883).

pleine phase héroïque de peuplement sinon de conquête, se révélait déjà comme une dérivation rédemptrice aux fermentations qui encombraient trop le pavé des rues. Aussi quand, assez longtemps après, afin d'obvier à des inondations de plus en plus désastreuses et à l'échec précipité des *lois d'essai* sur le reboisement ou le gazonnement des montagnes, on élaborera péniblement pendant 9 années le texte *définitif* qui devait aboutir en 1882 à une technique étroitement curative et au principe de la nationalisation du sol dégradé, l'Icarie algérienne où nos bergers turbulents s'envolaient déjà, se présenta-t-elle à la pensée du législateur comme un exutoire providentiel. Nous nous jugions assez riches en bras pour pouvoir faire, comme on l'a dit plus tard, œuvre simultanément utile aux deux Patries, en déversant dans la petite ce que nous croyions être le trop-plein de la grande (¹). En France, on expropria des montagnards, résignés parce qu'ils recevaient gratuitement des lots de terre algérienne à peupler qui étaient aussi expropriés, sinon simplement confisqués aux Arabes coupables d'avoir défendu leur bien avec trop de ténacité. Magique semblait devoir être ce virement d'hommes issu d'un double et violent déracinement ! 345 000 hectares à restaurer dans nos hautes montagnes, nationalisés déjà à l'heure actuelle sur plus de 220 000 hectares, et peuplés de 70 000 à 80 000 paysans en masse disparus actuellement, tel est le bilan social de cette opération qui trouva jadis des apologistes (²) ! Nul n'envisagea la formidable déperdition d'énergies que se préparait ainsi la métropole, sans être certaine de bénéficier à l'Algérie. L'inadaptation physique à la nature africaine, le dépaysement considérable, l'absence de ressources pécuniaires, eurent fatalement et vite raison de ces énormes gaspillages d'argent et de vies humaines, ininterrompus depuis 30 ans et qu'on voudrait précipiter encore aujourd'hui.

On conçoit qu'il en coûte de rendre des comptes sur un chapitre si peu glorieux de la Restauration des Montagnes françaises ! Faute de pouvoir être institués aux points précis où l'intérêt public et des dangers *nés et actuels* les eussent exigés, les périmètres de restauration furent alors créés au hasard des déracinements provoqués par les agents de la colonisation algérienne. La solution était jugée élégante pour tourner l'ancienne obstination montagnarde qui s'atténuait ainsi peu à peu; et surtout elle permettait l'emploi des crédits *en temps utile* (³) ! idéal de tout bon comptable administratif.

(¹) F. Briot, *Études sur l'Économie alpestre*, 1896, p. 32.

(²) L. de Lavergne, *L'agriculture et la population*, 1865, p. 416-417. — L. Tassy, *Restauration et conservation des terrains en montagne*, 1883, p. 60-61. — F. Briot, *Étude sur l'Économie alpestre*, 1896, p. 27 à 32; *Nouvelles études sur l'Économie alpestre*, 1907, p. 304. — P. Demontzey, *Les retenues d'eau et le reboisement dans le bassin de la Durance*, 1806, p. 11.

(³) Chambre, Séance du 19 novembre 1907, p. 2306. — F. David, Rapport sur le budget de 1911, p. 487, etc. — Dans les régions où l'obstination montagnarde reste

De 1881 à 1908, sans compter la décennie 1894 à 1903 pour laquelle les statistiques manquent, les comptes rendus administratifs accusent un minimum de 8571 familles françaises admises en Algérie, au titre de la seule *colonisation officielle*. Les Alpes viennent en tête de ligne avec un coefficient magistral de 2840 familles; suivent le haut Languedoc et les Pyrénées avec 2469 familles : plusieurs d'entre elles comptaient 7, 8, parfois jusqu'à 11 personnes. Dans la masse des 137 000 colons de souche française, définitivement installés en 1896 et en majeure partie issus de la colonisation *libre*, près de moitié, 62 000 provenaient des montagnes du midi de la France.

Ainsi, sans avoir peuplé l'Algérie d'une façon appréciable puisqu'elle n'y a, en quoi que ce soit, conjuré le *péril étranger* issu des imprévoyances de la loi de naturalisation de 1889 dénoncées hautement en 1909 par les centres algériens, l'évasion montagnarde, stimulée ici par la nationalisation du sol montagneux, là-bas par l'appât de la gratuité de concessions de terre, et qui comme toujours a expatrié les plus robustes, les plus entreprenants, les mieux doués, ne laissant le plus souvent au gîte que les vieillards, les enfants ou ceux qu'immobilisaient des misères physiologiques, a fait naître au sein de la métropole au autre péril en décimant une population qui rendait au pays d'inappréciables services : ils sont de toute évidence au point de vue de la défense nationale.

La montagne est toujours restée génératrice d'excellents soldats : l'histoire de la Suisse, celle des Highlands d'Écosse en témoignent. Dans nos 31 départements montagneux du Midi, le dénombrement de 1872, qui suivit immédiatement la guerre allemande, accuse par rapport à celui de 1866 une balance en déficit de 132 000 habitants, soit 1,284 % : 25 de ces départements les plus montagneux, avaient perdu à eux seuls 167 000 personnes. Sur les 56 autres départements, le déficit était de 160 253 habitants, soit seulement 0,975 %. Nos highlanders payèrent donc à la défense nationale un tribut bien plus lourd que les populations du reste du pays. Et ce n'est pas à l'armée noire, certainement excellente en Afrique où elle est *adaptée*, que le pays demandera jamais les services qu'il attend de l'armée blanche des corps alpins recrutés surtout parmi nos montagnards, tant du moins que le fléau croissant de l'insoumission le permettra ([1]).

---

particulièrement tenace, la tactique n'est plus de la réduire par l'expropriation, mais de faire capituler l'intérêt public en attendant de meilleurs jours! (Sénat, Séance du 8 novembre 1904. Discours de M. Daubrée, Commissaire du Gouvernement, p. 894).

([1]) Au cours des trois années 1908 à 1910, les comptes rendus officiels ont enregistré pour la seule armée active 40801 insoumis, une armée! et recrutée en masse parmi nos montagnards méridionaux : dans le seul département des Basses-Pyrénées, au cours des deux années 1909 et 1910, on a compté 7513 conscrits de l'armée active, insoumis; une brigade sur le pied de guerre, dénationalisée, passée en Amérique.

De 1879 à 1910, la proportion de nos conscrits ouvriers agricoles a baissé de 46,7 à 47,8 %. En 1872, nous avions 740000 étrangers installés en France, en 1901, ils étaient 1 033 000 sans compter 4 à 500000 ouvriers de saison qui exportent annuelle-

La colonisation officielle en Algérie a coûté jusqu'ici 80 millions de francs, sans compter des milliers de familles montagnardes anéanties par le dépaysement et la misère, sans compter en outre d'amères et persistantes déceptions politiques. Son procès est fait, les bases d'une colonisation nouvelle organisée avec de mieux *adaptables* sont arrêtées; mais elles projettent toujours le recrutement administratif de colons dans nos régions pauvres, c'est-à-dire montagneuses. Le mal, en puissance, guette donc encore nos montagnards.

La restauration des montagnes métropolitaines, que les circonstances ont fait marcher de pair et à bénéfices mutuels avec cette colonisation officielle, a exigé déjà plus de 100 millions de francs pour se trouver actuellement en pleine détresse : là aussi, il est incontestable qu'on a fait fausse route. Quelle voie propose-t-on de suivre?

Le 1er avril 1910, par un vote hâtif, dérobé sans débat à la Chambre lassée, en fin de législature, sans intervention à aucun degré des Pouvoirs publics présents, mais manifestement désintéressés, un projet de loi tendant au *reboisement du sol de la France* a tranché la grave *Question des Montagnes* posée il y a 38 ans au Parlement ([1]), qui ne s'en est plus guère soucié. La loi de 1882 a été, par le fait, explicitement confirmée dans ses dispositions nationalisatrices des territoires montagneux à restaurer; avec cette aggravation toutefois que, la limitation ancienne des emprises de la nationalisation aux terrains où les *dangers étaient nés et actuels* ayant été supprimée dans la législation nouvelle, le champ des sollicitations colonisatrices n'a plus de limites officielles aujourd'hui; la multiplication pourra désormais se faire légalement [on stimule même à cet effet les zèles administratifs ([2])] des villages morts, des communes mortes, des Chaudun, Châtillon-le-Désert, Bédéjun, sans compter bien d'autres qui agonisent.

La nouvelle loi sur le reboisement, votée par la Chambre, le 1er avril 1910, consacre une triple erreur technique, économique et sociale. Nos Highlands demandaient à être pansés, on les extermine. A quoi bon réparer à grands frais la façade de maisons qu'on rend de plus en plus inhabitables? Ne trompe-t-on pas gravement le pays en persistant dans une aventure si funeste à la conservation de ses énergies?

D'un jour à l'autre le problème se posera au Sénat, sans doute mieux avisé et, souhaitons-le, moins pris de court. Dès aujourd'hui, il semble qu'une solution prévoyante et adaptée aux conditions économiques et sociales contemporaines, puisse déjà être formulée ([3]). Moins que jamais

---

ment près de 200 millions de capitaux, mais sans lesquels nous ne pourrions cultiver nos terres, y faire nos récoltes.

([1]) Assemblée nationale, Séance du 20 février 1873. Discours de Cézanne, p. 1224, etc. *Voir* aussi *Annuaire du Club Alpin français,* 1874, p. 263. 267.

([2]). Chambre. Débats : Séance du 23 décembre 1910, p. 2627-2628.

([3]) *Législation protectrice,* etc. *Op. cit.* (*Journal des Économistes,* 15 avril 1911, p. 41-43).

le reboisement du sol ne doit [être subordonné à son dépeuplement.

Le temps presse d'aviser : dans moins d'un demi-siècle, du train dont vont les choses, nos hautes vallées frontières, inhabitées, ne resteront plus françaises que de nom. Comment l'État, qui s'apprête à y activer la débâcle montagnarde, les gardera-t-il en fait?

M. Julien RAY.

(Lyon)

ENGRAIS CHIMIQUES AZOTÉS.

63:16

5 *Août.*

Plusieurs engrais chimiques azotés se disputent les préférences des agriculteurs :

Le classique nitrate de soude du Chili;

Le sulfate d'ammoniaque;

Les nitrates fabriqués avec l'azote de l'air (nitrate de Norvège);

La cyanamide de calcium.

Dans un travail publié en 1910, *L'azote dans la plante*, nous avons exposé comme quoi, dans la nature, les nitrates sont tout au moins d'importants facteurs de l'alimentation azotée de la plante, d'où résulte qu'en fournissant des nitrates on ne fait que suppléer, directement, à une insuffisance naturelle, ou renforcer quantitativement une condition naturelle.

Le sulfate d'ammoniaque, la cyanamide, incorporés au sol, subissent des transformations chimiques avant d'être utilisés, bien que, cependant, *ils puissent*, par exemple dans des expériences de laboratoire, être utilisés sans ces transformations préalables; en particulier ils peuvent être nitrifiés.

Mais nous ne saurions affirmer que pour cela, ni même pour toute autre cause, le sulfate, la cyanamide soient, ou puissent parfois être des engrais inférieurs, inférieurs comme valeur fertilisante, inférieurs comme rendement : nous ne possédons pour l'instant aucune donnée certaine qui autorise semblable conclusion; pas davantage, du reste, ne nous croyons-nous autorisés actuellement à leur reconnaître une supériorité soit générale, soit particulière.

Est-il donc indifférent d'employer sulfate, cyanamide, nitrate? Certes non, puisqu'il y a une question de prix que nous examinerons tout à l'heure. Il y a aussi une question de stock disponible. En outre, il est possible que suivant les circonstances, nature du terrain, nature du produit agricole recherché, l'on doive préconiser plutôt nitrate, ou plutôt sulfate, ou plutôt cyanamide.

Même parmi les nitrates, peut-être conviendrait-il aussi de choisir.

Quoi qu'il en soit, il est un engrais qu'on peut préconiser sans crainte : c'est le classique nitrate du Chili, lequel d'ailleurs depuis fort longtemps fournit d'excellents résultats dans des terrains très divers et pour des cultures très diverses.

En attendant un état plus avancé de nos connaissances sur l'alimentation des plantes et le rôle des engrais, il faut nous rabattre sur le côté économique :

Quel est actuellement l'engrais le meilleur marché? Quel est le plus aisé à avoir?

Voici la réponse à ces deux questions :

1º C'est l'azote nitrique qui aujourd'hui coûte le moins cher; et parmi les diverses formes d'azote nitrique, le plus avantageux à cet égard est le nitrate de soude.

2º Les divers engrais susnommés se classent comme il suit par ordre d'importance de production :

Nitrate du Chili, sulfate d'ammoniaque, cyanamide, nitrate de Norvège.

Nous avons tiré ces deux réponses :

1º Des nombreux documents épars dans la presse compétente;

2º De nos informations directes.

Et voici quelques chiffres authentiques :

Si l'on compare les *cotes mensuelles*, de 1903 à 1910, on voit que le cours du sulfate oscille autour de 30 fr les 100 kg, et que le nitrate, à 23 fr le 1er janvier 1903, monte à 28 en 1906 et redescend à 23 en 1910. Il est intéressant de constater en passant, par comparaison avec les cours du blé et du sucre, que les spéculations sur le nitrate ne sont nullement plus fréquentes que les spéculations sur le blé ni plus importantes que celles sur le sucre.

Dans l'ensemble de ces huit dernières années, les prix moyens sont : sulfate, 29, 20 ; nitrate, 25. A ces prix, l'azote nitrique est environ 10 à 12 % plus cher que l'azote ammoniacal.

Mais, *aux prix actuels*, l'azote nitrique devient moins cher. C'est ce que font voir les *cotes hebdomadaires* de l'azote en 1910 sur les marchés de Liverpool, Hambourg, Dunkerque, Anvers, New-York : l'azote ammoniacal est plus cher sur tous les marchés depuis octobre, sur le continent presque toute l'année. Et si l'on fait une comparaison des lignes *moyennes* de variation hebdomadaire, on constate que le kilogramme d'azote dans le nitrate du Chili est actuellement pour la consommation mondiale 7 à 10 centimes moins cher que dans le sulfate. En 1911, l'écart est devenu de 0,20 fr par unité d'azote. On a publié les cours du nitrate de Norvège et de la cyanamide en 1910 sur les marchés français et allemands. Or, par exemple en France, depuis mai 1910, le kilogramme d'azote en nitrate norvégien coûte 0,25 fr de plus qu'en nitrate chilien (les prix du quintal sont pour le premier 21,50, pour le second 23 fr).

Considérons maintenant la production. La production de nitrate au Chili en 1910 est d'environ 2 470 000 tonnes : excédant de 355 000 sur 1909. Or cette production est capable de satisfaire à l'énorme consommation mondiale, et l'on a pu se rendre compte que pendant longtemps encore il en serait ainsi. Pour le sulfate, sa production mondiale est évaluée à 1 117 000 tonnes : excès de 152 000 sur 1909. Quant aux nouvelles industries, fort intéressantes au point de vue scientifique, leur production est très limitée, pour diverses raisons, en particulier la rareté d'une force hydraulique abondante et à bas prix.

Tels sont les faits, mais une question se pose, appelée par les deux autres : quelle a été la consommation? La consommation du nitrate du Chili en 1910 est supérieure à 350 000 tonnes d'azote, soit environ 2 100 000 tonnes de nitrate : excédant de plus de 300 000 sur 1909. Non seulement cette augmentation est importante, mais elle est plus importante que celle de 1908 à 1909. D'autre part, on constate qu'il y a un rapprochement des chiffres de production et de consommation : la courbe des provisions totales de nitrate dans le monde tend à prendre l'horizontale. En 1911, la consommation a encore augmenté. La consommation de sulfate, qui de 1903 à 1909 est à peu près régulièrement inférieure à celle du nitrate d'environ 100 000 tonnes d'azote, présente en 1910, tout en croissant, un écart plus grand.

Quant au nitrate de Norvège et à la cyanamide, on a pu évaluer à 7 000 tonnes la consommation continentale du premier, à 60 000 celle de la seconde, y compris les États-Unis.

Conclusion. — Les agriculteurs ont à tous points de vue bon compte à acheter le nitrate chilien, mais ils doivent comprendre que les autres engrais chimiques azotés *pourront* aussi leur rendre service, et que si l'on a imaginé ces engrais, ce n'est pas seulement dans un intérêt commercial, mais avec la sage pensée de ne pas laisser inutilisées de précieuses sources d'énergie, précieuses surtout quand on envisage l'avenir, si gros de besoins nouveaux.

M. J. VERCIER,

Professeur spécial d'Horticulture de la Côte-d'Or.

LES JARDINS SCOLAIRES ([1]).

372.1 : 63.5

5 Août.

Il n'est peut-être pas indifférent de faire connaître aux membres de Congrès l'œuvre des jardins scolaires que nous avons entreprise dans ce département depuis onze ans bientôt, d'accord en cela avec les Municipalités et le Service des champs d'expériences agricoles. Cette œuvre, bien modeste, mais au fond très utile et aujourd'hui fort prisée des élèves et des populations, est unique en son genre et mérite à ce point de vue d'être signalée à l'attention de tous ceux qui, à un titre quelconque, s'intéressent au progrès rural, à la désertion des campagnes et à la diffusion de l'enseignement agricole.

Que faut-il entendre par *jardin scolaire ?* Est-ce le jardin de l'école, mis à la disposition de l'instituteur et dans lequel celui-ci produit les quelques légumes nécessaires à l'alimentation de sa famille, ou bien le champ d'expériences consacré par le maître à l'emploi d'engrais sur une ou plusieurs plantes agricoles? Peut-on qualifier de jardin scolaire celui dans lequel on rencontre quelques essais de culture en pots accompagnés de très larges étiquettes?

Non ! toutes ces installations sont incomplètes, et partant, insuffisantes. Elles sont l'œuvre individuelle des instituteurs qui se placent chacun à un point de vue différent. Ceux-ci n'ayant pas les connaissances techniques nécessaires pour professer les plus élémentaires notions d'agriculture et de jardinage, n'ayant pas non plus les mêmes aptitudes ni le même goût ou la même ardeur, fournissent un ensemble d'efforts disparates. Leurs essais manquent généralement de méthode et de direction. C'est à quoi nous avons voulu remédier en offrant aux instituteurs les plus dévoués à la cause agricole notre concours et notre expérience.

Après avoir choisi ces collaborateurs, nous avons cherché à intéresser les municipalités dont ils dépendaient, et pour assurer l'avenir de l'entreprise, nous avons avant tout exigé de ces dernières un appui moral et un léger appui pécuniaire. Nous leur avons demandé notamment :

1º De bien vouloir par délibération régulière de l'assemblée communale

---

([1] Consulter J. VERCIER, *Étude sur les jardins scolaires.* Chez l'auteur.

autoriser l'instituteur à faire travailler au jardin les élèves quand il
le jugerait utile;

2º De voter à forfait une somme de 50 ou 100 fr pour subvenir aux
frais d'installation ou de prendre à leur charge certains travaux d'aménagement, tels que défoncement du terrain, établissement d'une clôture,
achat de quelques arbres, etc.

De notre côté, nous nous sommes engagé à adresser à l'instituteur
titulaire d'un jardin scolaire : des semences potagères ou florales, des
plantes d'arbres fruitiers (à greffer), des engrais chimiques et des indications ou conseils variés. Tous les ans, à une ou deux reprises, nous nous
sommes efforcé de visiter chaque installation, faisant en présence des
élèves une leçon pratique au jardin.

Ayant commencé d'abord avec 10 jardins, nous en avons porté le
nombre à 20 depuis 6 ans. Au début, les frais occasionnés par les four-
nitures étaient supportés par le Service des champs d'expériences agricoles, tandis que les frais de déplacement l'étaient par nous-mêmes.
Dans sa séance du 31 août 1905, le Conseil général de la Côte-d'Or crut
devoir encourager notre initiative en fixant à 20 le nombre des jardins
scolaires et à 1000 fr le crédit annuel affecté à ce nouveau service. Depuis
cette époque, celui-ci est autonome, fonctionne régulièrement et donne
de bons résultats; mais il les donnerait meilleurs encore si l'enseignement
agricole faisait partie des œuvres post-scolaires et si les instituteurs
titulaires de jardins scolaires avaient seuls le droit de postuler pour les
prix agricoles ou horticoles en espèces du département ou du Ministère
de l'Instruction publique.

Fonctionnement. — Tantôt c'est le jardin de l'école qui est utilisé,
tantôt c'est un terrain appartenant à la commune ou loué par elle, plus
rarement encore un terrain privé cédé gracieusement par un philantrope,
auquel nous rendons ici un public hommage.

La surface de chaque jardin varie de 2 à 6 ares, nous préférons 4 à
5 ares. Dès que le terrain a été clôturé, fumé et défoncé, nous en faisons
le plan, puis le tracé, en nous inspirant toujours des mêmes vues.

Il est partagé en trois parties auxquelles correspondent trois cultures
bien différentes :

1º A l'entrée, les *fleurs*, réunies en une ou deux plates-bandes;

2º Au fond ou de côte, les *arbres fruitiers* formant un carré bien distinct;

3º Partout ailleurs, les *légumes* aussi variés que possible.

Une petite *pépinière fruitière* et une *planche botanique* complètent
l'installation.

Dans ces jardins, les enfants sont exercés aux travaux pratiques,
sous la surveillance du maître, pendant *une, deux* ou *trois* heures par
semaine. Ils apprennent non seulement à semer, à planter, à sarcler, à
bêcher, mais encore à tailler et à greffer les arbres.

En principe, les produits du jardin scolaire sont la propriété de l'instituteur, mais celui-ci en dispose d'une bonne partie pour récompenser les élèves les plus dévoués : les uns emportent fièrement chez eux un ou plusieurs arbres greffés en pépinière, les autres des plants de salade, de tomates, de choux, etc. ou une tête d'artichaut, un bol de fraises, une grosse romaine, etc.

Avantages. — Ces distributions font à la fois plaisir aux enfants et à leurs parents; elles permettent de faire connaître les bons légumes et de vulgariser les meilleures variétés de fruits.

Les travaux pratiques au jardin scolaire rendent plus compréhensibles les leçons d'agriculture faites en classe. Le contact avec la terre semble développer chez l'enfant le goût des champs; il suit volontiers les travaux horticoles que fait le maître quand, après 12 ou 13 ans, il a quitté l'école. Grâce au bagage des notions élémentaires d'agriculture qu'il emporte avec lui, il est tout prêt à recevoir un enseignement professionnel plus complet, soit au cours d'adultes, soit dans une école d'agriculture d'hiver, soit dans une école pratique. Aussi ne sommes-nous pas éloigné de croire que le jour où les écoles rurales seront pour la plupart pourvues d'un jardin scolaire bien dirigé, le recrutement des écoles pratiques d'agriculture se fera aisément et presque entièrement parmi les fils de cultivateurs.

Encouragé par les résultats atteints à ce jour, nous exprimons le vœu de voir l'essai entrepris en Côte-d'Or être imité sans retard dans d'autres départements. Nous souhaitons ardemment, d'autre part, qu'à l'avenir, les prix d'agriculture distribués aux instituteurs aillent uniquement aux titulaires de jardin scolaire correctement installés et rendant de réels services.

GÉOGRAPHIE.

M. A. GRUVEL,

Chargé de Mission permanente.

LA PÊCHE INDIGÈNE DANS LES DIVERSES COLONIES DE L'AFRIQUE OCCIDENTALE.

Principales observations économiques et scientifiques.

63.92.08 (66)

1er Août.

Au cours de la nouvelle mission que nous venons d'accomplir et qui a duré du milieu de novembre 1909 à la fin de juillet 1910, nous avons pu étudier les différentes questions se rapportant à la pêche indigène, à la préparation et à la consommation, ainsi qu'aux importations et exportations du poisson, dans les différentes colonies françaises et étrangères de la côte occidentale d'Afrique, depuis le Sénégal jusques, et y compris, la colonie du Cap.

Les études économiques et scientifiques qui ont été faites dans ce voyage feront l'objet d'un important travail qui paraîtra ultérieurement, mais il nous est possible, d'ores et déjà, de les résumer ici brièvement.

Observations économiques. Pêche. — On trouve des pêcheurs indigènes dans toutes les colonies, mais en nombre variable. Ils utilisent des engins plus ou moins perfectionnés, suivant les races et aussi les lieux où doit se pratiquer leur industrie. Dans certaines colonies, comme la Côte d'Ivoire et le Dahomey, par exemple, il existe des races de pêcheurs infatigables, extrêmement habiles et qui obtiennent des résultats très intéressants pour des indigènes.

Les engins les plus employés sont : la ligne à mains, à un ou plusieurs hameçons, l'épervier avec ou sans poches, semblable à celui que nous utilisons nous-même, la senne de dimensions parfois considérables; puis les engins fixes palissadés avec des dispositions extrêmement curieuses à certains égards, les nasses tressées le plus souvent en fibres de rachis, de feuilles de palmier, etc.

Les indigènes emploient souvent aussi des plantes stupéfiantes, des barrages plus ou moins compliqués.

Les pirogues, les unes simplement à pagaie, les autres avec pagaie et rames, sont des modèles les plus divers; c'est avec elles qu'ils vont pêcher parfois très au large; souvent aussi ils pêchent simplement depuis terre.

Les animaux qui sont le plus spécialement capturés pour l'alimentation sont : surtout les poissons des espèces les plus diverses; parmi les crustacés : les crabes de terre et de mer, les crevettes et, rarement, les langoustes, bien que celles-ci soient, en général abondantes, partout où se rencontrent des rochers. Pour les mollusques, seules les huîtres de palétuviers sont, à peu près partout, l'objet d'une exploitation parfois considérable. Elles sont recueillies par grosses quantités ouvertes sous l'action du feu et consommées de différentes façons.

Certaines espèces de donax, de cardins et de tapes sont aussi, en maints endroits, très recherchées des indigènes.

Préparation. — Le poisson est préparé de différentes façons pour servir à la consommation. Tantôt il est simplement séché au soleil, soit entier, soit coupé en morceaux, perpendiculairement à l'axe du corps. D'autres fois il est légèrement salé ou plutôt saumuré, ou encore frit à l'huile de palme, etc.; mais, le mode de préparation le plus universellement répandu est celui du fumage, à l'aide de moyens généralement très sommaires et qui ne produisent qu'un produit très médiocre et d'une difficile conservation. Ce produit est, néanmoins, extrêmement recherché par *tous* les indigènes, dans *tous* les pays que nous avons parcourus.

Le noir, en général déteste le poisson salé, car il ne connaît pas la dessalaison préalable. S'il l'accepte ou semble l'accepter en certaines régions, c'est qu'il lui est imposé comme alimentation presque unique par les commerçants, les industriels ou même les États qui l'emploient.

Dans certaines colonies, comme la Nigeria et surtout le Cameroun, il est importé des quantités considérables de stock-fish venant en général de Hambourg. Mais qu'on présente du poisson fumé à côté de ce produit, et le noir abandonne aussitôt le stock-fish, qu'il ne consomme que parce qu'il n'est pas salé et... parce qu'il n'a pas autre chose. Au Cameroun, comme ailleurs, les quelques pêcheurs indigènes préparent toujours du poisson fumé.

Pêcheries à forme européenne. — Les pêcheries exploitées sous la direction d'Européens et à l'aide d'engins usités en Europe sont localisées dans trois colonies seulement sur les vingt-quatre qui se trouvent disséminées sur la côte occidentale d'Afrique. Ce sont, du Nord au Sud : 1° les côtes de notre Mauritanie saharienne, exploitées par des chalutiers métropolitains et locaux, ainsi que par des bateaux langoustiers français; 2° les côtes de l'Angola portugais exploitées surtout par des Portugais venus de la province du sud de l'Algarve et, enfin, la colonie du Cap, où la pêche se pratique également, aussi bien sur la côte occidentale que sur la côte orientale, à l'aide de bateaux chalutiers ayant surtout, comme ports d'attache, Capetown pour les premiers et Natal pour les seconds. La pêche des langoustes, assez intensive sur les côtes de Mauritanie, est peu développée dans l'Angola, mais d'une importance extraordinaire au cap de Bonne-Espérance où la production atteint près de 3 000 000 d'individus par an.

Consommation. — Dans la plupart des cas, la consommation des poissons préparés par les indigènes est localisée aux lieux mêmes où se pratique la pêche ou limitée à un cercle très restreint. Quelques colonies, cependant, exportent une quantité importante de produits de pêche divers. C'est ainsi, par exemple, que notre petite colonie du Dahomey, où cependant l'industrie de la pêche est exclusivement aux mains des indigènes, est le fournisseur attitré d'une grande partie de la Nigeria et du Togo, en ce qui concerne le poisson et les crevettes fumés. Les crevettes sont, en effet, plus spécialement, dans le lac Ahémé d'où il en part en moyenne 300 kg tous les jours vers Occidah, Kotonou, Porto-Novo et Lagos, par la gare de Segbohoé.

Dans beaucoup de régions, la consommation, limitée à la production indigène, est à peu près nulle, malgré le goût très prononcé des noirs pour le poisson fumé en particulier, qu'ils préfèrent même au poisson frais pour leurs diverses préparations culinaires. Sauf pour le Dahomey, l'Angola et la colonie du cap, on peut affirmer que toutes les colonies de la côte produisent une quantité de poisson préparé, infiniment inférieure aux besoins réels de la consommation. Partout, l'indigène réclame du poisson fumé que personne ne lui envoie, aussi les chiffres actuels des importations en poisson salé, stock-fish, morue, etc., ne peuvent-ils donner une idée, même approximative, de la quantité énorme qui serait consommée dans les différentes colonies de la côte, si des industriels bien avisés voulaient se donner la peine d'envoyer aux indigènes les produits qu'ils désirent sans chercher à leur en imposer d'autres qui ne sont nullement de leur goût. Ils consomment, néanmoins, une petite quantité parce qu'ils sont extrêmement friands de poisson et qu'ils ne peuvent parvenir à se procurer du poisson fumé en quantité suffisante. Dans beaucoup de colonies, comme le Gabon, par exemple, où les commerçants pénètrent loin dans l'intérieur pour l'achat des bois, toutes les transactions pourraient être faites avec les indigènes pour la main-d'œuvre comme pour l'achat des bois, uniquement ou presque, avec du poisson fumé, mais il est absolument impossible aux commerçants européens d'en acheter sur la côte ou d'en recevoir d'une colonie quelconque. Les Portugais, qui ont établi de nombreuses pêcheries sur les côtes de l'Angola, expédient leur poisson salé dans toutes leurs colonies : Saõ Thomé, Principe, Landana, Ambriz, Loanda, etc. et jusque sur la côte orientale, à Beira et Mozambique. Ils en exportent également dans le Congo belge, le Congo français et dans quelques ports du Gabon, en particulier Loango. Ces pêcheries, qui marchent, en général, fort bien, gagneraient bien plus encore si elles se mettaient à préparer du poisson fumé, qui serait accepté partout beaucoup plus facilement que leurs très mauvais produits de poissons salés.

La pêche à la baleine que nous avons complètement abandonnée est en train de devenir une industrie très importante dans l'Angola, où le centre d'armement est, actuellement, Port-Alexandre. Monamédès aura bientôt sa pêcherie de baleine. Pendant ce temps, nos pêcheurs français laissent capturer par les Américains les nombreuses baleines qui fréquentent les parages du cap Vert et des côtes de Mauritanie. Pendant les quatre mois de la campagne de 1909, soit 120 jours, il a été capturé 230 baleines qui ont fourni 622 500 kg d'huile, avec seulement deux bateaux chasseurs.

Conclusions économiques. — Sur nos côtes de Mauritanie qui ne sont, en somme, qu'à 6 ou 7 jours de France, le poisson est extrêmement abondant et de bonne qualité, puisqu'il commence a être apprécié à l'état frais jusque sur le marché de Paris, sans parler des nombreuses langoustes, bien connues aujourd'hui sur ce même marché. La pêche au chalut, à la senne, à la ligne, etc., est extrêmement facile. Le climat est parfaitement sain. La consommation du poisson préparé sera illimitée sur la côte d'Afrique, le jour où l'on voudra y envoyer du poisson simplement fumé. Enfin cette pêche a reçu de sérieux encouragements des pouvoirs publics au sujet des campagnes de pêche, du voyage pour aller et revenir, etc. et surtout par la loi de finances de 1910 qui accorde : 1° une prime d'armement de 30 ou de 50 fr par homme suivant les cas, et 2° une prime de 12 fr par 100 kg de poisson séché, expédié, soit d'un port de France, soit directement de la colonie, à la condition que la pêche ait été pratiquée par bateaux français et entre l'embouchure du rio Cacheo et le cap Juby, soit entre le 12e et le 28e degré de latitude nord.

Espérons que tous ces avantages, obtenus après une lutte ininterrompue de près de cinq ans, décideront enfin nos armateurs et nos capitalistes à diriger leurs efforts de ce côté. Il y a lieu d'ajouter que tous les déchets de l'exploitation des pêcheries pourraient être utilisés pour la fabrication des guanos, huiles, colles, etc. Les analyses qui ont été effectuées au Laboratoire de Hann montrent, en effet, que la moyenne des déchets de toutes sortes peut fournir des guanos contenant en moyenne 9°,2 d'azote et 8°,8 d'acide phosphorique, d'une valeur totale moyenne de 21. La teneur en huile de ces mêmes produits a atteint une moyenne de 8,8 %.

Observations scientifiques. — En dehors des observations économiques dont nous venons de donner un résumé extrêmement rapide, nos recherches, pendant la durée de notre mission ont également porté sur un grand nombre de questions scientifiques, intimement liées, du reste, pour la plupart, au côté économique, qui feront l'objet de Mémoires importants. Ces observations ont porté, principalement : sur la salinité et la densité des eaux de la côte, sur la forme générale et en particulier, les poissons, crustacés, mollusques, échinodermes, etc., en même temps que sur la faune et la flore planktoniques, sur la récolte d'échantillons botaniques et géologiques dans certaines régions peu connues, comme l'Angola portugais, par exemple, etc.

Salinité. — Nous allons maintenant en dire un mot. Nous avons fait plus de 200 observations de salinité des eaux depuis les côtes de Guinée jusqu'au cap de Bonne-Espérance et nous avons remarqué que cette salinité, très élevée sur les côtes de Mauritanie et du Sénégal, où elle atteint jusqu'à 50 g. de sel par litre, diminue progressivement jusque au centre du golfe de Guinée où elle n'est guère plus que de 20 à 25 g en moyenne jusqu'un peu au sud de l'embouchure du Congo. Elle se relève peu à peu en descendant vers le sud des côtes de l'Angola son maximum, c'est-à-dire 40 à 45 g., moyenne de la salucité observée sur les côtes de Mauritanie. C'est dans la région de Mossamédès, à la baie des Tigres, que ce maximum est atteint. Puis la salucité diminue de nouveau pour n'être plus que de 30 à 35 g en moyenne, dans la région de Capetown. La densité suit, naturellement, des variations correspondantes.

Mais ce qui est plus intéressant, à cause des applications pratiques, c'est que la forme générale et, en particulier, la forme ichthyologique se modifie considérablement suivant le degré de salucité des eaux.

Poissons. — Sans vouloir donner ici une étude complète de ces variations, nous prendrons, pour en donner une idée, une espèce déterminée, par exemple, le capitaine (*Polynomus quadrifilis*). Cette espèce inconnue sur les côtes de Mauritanie, se trouve parfois en abondance dans les estuaires des fleuves des côtes du Sénégal, mais seulement là. Dans le golfe de Guinée et sur les côtes du Gabon, cette espèce se retrouve partout, aussi bien dans les estuaires qu'en dehors d'eux, à cause de la faible salucité des eaux, et il en est ainsi jusqu'à l'embouchure du Congo. Puis, de nouveau, elle disparaît des côtes en général pour se localiser dans les estuaires, sur les côtes de l'Angola. La Secoène (*Scioèna aguila*) présente un phénomène contraire. Abondante sur toutes les côtes à salinité élevée (Mauritanie, Sénégal, Angola), elle disparaît presque complètement dans le golfe de Guinée où elle est remplacée par des formes voisines, comme les *Otolithus senegalensis, brachygnathus*, etc. Le nombre des espèces différentes recueillies au cours de notre mission est d'environ 200 dont l'étude systématique sera publiée ultérieurement. Cette collection comprend surtout des espèces marines, mais aussi des formes d'eaux saumâtres et douces récoltées dans les lagunes du Dahomey, à l'embouchure et dans l'intérieur des fleuves, Niger, Congo, Catumbella, etc.

Crustacés. — Nous avons recueilli également un grand nombre d'espèces de crustacés. Parmi ces formes, quelques-unes sont particulièrement intéressantes au point de vue pratique; ce sont les langoustes, les crevettes, crabes, etc. Les langoustes que nous avons recueillies sur la côte, du cap Blanc au cap de Bonne-Espérance, appartiennent à trois espèces seulement. C'est d'abord, sur les côtes de Mauritanie, la langouste vulgaire (*Palinurus vulgaris*) qui se distingue de celle de nos côtes européennes par un renflement considérable du céphalothorax, ce qui a déterminé la création d'une variété : *africanus*. Cette espèce peu commune est peu rustique et ne se transporte pas facilement en bateaux viviers. Elle ne dépasse guère, au Sud, le 18° de latitude nord. En même temps qu'elle, on rencontre en très grande abondance en certains points, depuis les environs du cap Bejador jusque dans le sud de l'Angola, une espèce très rustique, se transportant admirablement en bateaux réservoirs, bien connue aujourd'hui du marché français, c'est la langouste royale(*Palinurus regius*, Brit. Cap). Enfin, celle-ci qui occupe les deux tiers de la côte ouest africaine est remplacée à son tour, depuis le milieu du Damaralaud (*Angra Pequeña*) jusqu'au cap de Bonne-Espérance, par une espèce tout à fait différente qui se pêche en abondance (3 000 000 d'individus par an, environ). C'est la langouste du cap (*Jasus Lalandei*).

Les crevettes ne sont pas moins intéressantes. Elles appartiennent pour la plupart, aux genres *Penœus* et *Palemon* et se rencontrent parfois en abondance extrême soit en mer, soit, surtout dans les lagunes salées ou les estuaires de la côte (lagunes du Dahomey, lac Ahémé, embouchure du Niger, de l'Ogoué, rivières de Catumbella). Elles donnent lieu, au Dahomey principalement, à une pêche très intensive et à un commerce extrêmement important, soit à l'état frais, soit après fumage.

Mollusques. — La collection générale de mollusques récoltés au cours de ce voyage contient environ 600 espères, comprenant surtout des mollusques marins dont beaucoup nouveaux ou peu connus et aussi, mais en beaucoup moins grand nombre, des mollusques terrestres ou fluviatiles. Les huîtres, du genre *Ostrea*, particulièrement l'huître de palétuvier (*Os. parasitica* G.) sont extrêmement connues sur toutes les côtes jusqu'au Cap. Les moules, appartenant à de nombreuses espèces, sont aussi très répandues et, comme les huîtres, donnent lieu, en certains points, à une exploitation intéressante pour l'alimentation des indigènes.

Divers. — La collection comprend, en outre, un certain nombre d'espèces d'échinodermes, vers, etc., d'un intérêt scientifique indéniable, mais qui n'offrent aucune application pratique.

Plankton. — Le nombre des échantillons planktoniques recueillis sur toute la côte est d'environ 150. L'étude, qui n'est pas encore commencée, permettra certainement des comparaisons intéressantes entre la faune et la flore de surface dans les différentes régions parcourues.

Collections botaniques et géologiques. — Les différentes colonies que nous avons parcourues, ayant été bien étudiées par différents explorateurs aux points de vue botanique et géologique, nous n'avons pas cru devoir passer notre temps, si utile ailleurs, à rapporter beaucoup d'échantillons appartenant à ces deux règnes. Nous avons cependant fait une exception pour l'Angola. Au cours de notre mission en Mauritanie (1908), nous avons pu étudier assez complètement, avec notre collègue M. Chudeau, la faune, la flore et la géologie de cette région désertique. Or, nous nous sommes trouvé dans le sud de l'Angola, entre Mossamédès et la baie des Tigres, dans une région désertique, toute semblable en apparence à celle de la Mauritanie. Le grand désert de Kalakari, pousse en effet, une ramification importante dans une zone littorale de 100 km environ, qui occupe tout le sud de l'Angola. Il nous a paru intéressant de rapporter suffisamment d'échantillons botaniques et géologiques de cette région pour montrer les affinités existant entre ces régions.

Tel est, rapidement exprimé, le résumé très succinct des principaux résultats de la mission que nous venons d'accomplir entre le Sénégal et la colonie du Cap.

***

M. Ch. LALLEMAND,

Membre de l'Institut,
Inspecteur général des Mines (Paris).

***

LA CARTE DU MONDE AU MILLIONIÈME
ET LES ERREURS DUES A SON MODE DE CONSTRUCTION.

Ce Mémoire a été publié page 89, parmi ceux de la Section de Mathématiques.

ÉCONOMIE POLITIQUE ET STATISTIQUE.

M. Julien RAY.

. (Lyon).

STATISTIQUE DU MARCHÉ DE L'AZOTE EN 1910.

382 + 546.17

1ᵉʳ *Août.*

M. Alexandre Bertrand, ingénieur, vient de publier les statistiques du marché de l'azote en 1910, sous une forme très originale et très expressive en 10 Tableaux graphiques figurant :

1º La production et la consommation ;

2º Les cotes mensuelles ;

3º Les cotes hebdomadaires.

Ces graphiques, relatifs au marché mondial, montrent la *situation avantageuse du nitrate de soude.*

M. Adrien GOBIN,

Inspecteur général honoraire des Ponts et Chaussées.

CHOIX D'UNE UNITÉ MONÉTAIRE INTERNATIONALE (MONNAIE DE COMPTE) PERMETTANT DE CONVERTIR TRÈS FACILEMENT UNE SOMME EXPRIMÉE EN MONNAIE D'UNE NATION QUELCONQUE CIVILISÉE EN MONNAIE D'UNE AUTRE NATION. COMMENT L'AUTEUR A ÉTÉ AMENÉ A RÉSOUDRE CETTE QUESTION.

332.43

2 *Août.*

Pour compléter les avantages que présente l'emploi de la langue internationale due au génie du Dʳ Zamenhof, les espérantistes ont voulu créer une unité monétaire internationale qu'on pût employer dans tout le monde civilisé pour les relations entre espérantistes.

évident qu'une monnaie spéciale frappée ne saurait remplacer les monnaies actuelles ayant cours dans les divers pays, pas plus que l'Espéranto ne peut prétendre à remplacer les langues existantes.

Un essai a bien déjà été tenté pour réaliser ce projet; mais son auteur a mal posé le problème à résoudre. Oubliant d'abord qu'il ne peut être question ici que d'une monnaie de compte, il a proposé une unité fantaisiste à étalon d'or n'ayant de rapport simple avec aucune des monnaies en usage; il en résulte que les calculs de conversion sont tellement compliqués qu'on a dû renoncer bientôt à son emploi courant. Cette unité a été appelée *spesmilo* par les espérantistes.

Pour faciliter les calculs, l'auteur a bien dressé des barèmes de conversion pour un certain nombre de nations, en notant, de 10 en 10 unités, jusqu'à 100, les résultats de ses calculs, en conservant trois décimales et en négligeant les autres; mais, en examinant ces barèmes, on remarque que le chiffre correspondant à 10 unités n'est pas exactement égal à 10 fois celui de l'unité, et quand on arrive à la ligne de 100 unités, le chiffre inscrit diffère notablement de cent fois l'unité. On croirait que cette unité monétaire diminue de valeur à mesure qu'on la prend un plus grand nombre de fois. (Voir l'*Annuaire espérantiste* de 1911 publié à Berlin.)

On voit donc que cette solution est inadmissible, puisqu'elle donne des résultats inexacts et qu'elle exige des calculs de conversion très compliqués.

Des délégués espérantistes m'ayant exposé les difficultés qu'ils rencontraient pour exprimer en spesmilo les sommes qu'ils recevaient en francs, marks, etc., j'ai étudié la question et voici comment je crois l'avoir résolue.

Comme je l'ai déjà dit, l'unité à créer ne peut être qu'une *monnaie de compte;* par conséquent elle ne doit pas être définie par le poids d'un alliage déterminé d'or et de cuivre; elle ne peut l'être que par la valeur qu'on lui attribuera par rapport aux unités monétaires existantes et ayant cours dans les diverses nations.

A quelles conditions doit satisfaire une pareille unité, que nous appellerons *mono*, nom qui rappelle à la fois l'idée d'unité et celle de monnaie (en espéranto)?

Elle doit d'abord, et avant tout, se prêter à un calcul très simple, fait le plus souvent mentalement, pour convertir en *monos* une somme quelconque exprimée en unités monétaires des divers pays. Il faut donc qu'elle soit une commune mesure entre les nombreuses unités monétaires usitées dans le monde civilisé. C'est une recherche analogue à celle du plus grand commun diviseur entre plusieurs nombres.

La première conséquence à tirer de ce qui précède est que l'unité *mono* doit avoir une valeur inférieure aux unités monétaires courantes usitées dans les diverses nations, puisqu'elle doit leur servir de commune mesure; elle ne doit pas non plus être trop petite pour ne pas exiger dés nombres trop élevés dans la représentation des sommes auxquelles elle servira de base d'évaluation.

Il convient de remarquer que le développement des voies de communication et des relations commerciales entre les nations a déjà amené une simplification dans les monnaies courantes. Ainsi, nous avons d'abord les nations faisant partie de l'union monétaire avec la France (*union latine*) qui ont le franc pour unité : les pièces de cinq francs belges, suisses, italiennes et grecques ont cours légal, en France; en Angleterre, on a la livre sterling de 25 fr et la demi-livre en or de 12,50 fr, puis le shilling qui vaut 1,25 fr, soit $\frac{5}{4}$ de franc, rapport simple; en Allemagne, on trouve les pièces de 20 marks et de 10 marks, en or, valant 25 fr et 12,50 fr, puis le mark valant 1,25 fr, soit $\frac{5}{4}$ de franc; la Hollande a le florin qui vaut 2 fr et le Guillaume de 10 florins, en or, qui vaut 20 fr; la Suède, la Norvège et le Danemark ont la pièce d'or de 20 kronas valant 24 fr et le krona de 1,20 fr; la Finlande a la pièce d'or de 20 markkaa valant 20 fr et le markkaa de 1 fr; la Turquie a la livre turque en or de 22 fr et le $\frac{1}{4}$ de livre de 5,50 fr, valant respectivement 100 et 25 piastres, ce qui met la piastre à 0,22 fr; la Russie a l'impériale de 7 roubles $\frac{1}{2}$ et la demi-impériale d'or qui valent respectivement 40 fr et 20 fr, puis la pièce de 5 roubles en or valant 13 fr $\frac{1}{3}$, enfin le rouble qui vaut 2 fr $\frac{2}{3}$; l'Autriche-Hongrie a la pièce d'or de 8 florins valant 20 fr et celle de 20 couronnes valant 21 fr et le florin de 2,50 fr; l'Espagne a la peseta, de 1 fr et le réal de 0,25 fr; le Portugal a, en or, la couronne de 10 milreis valant 56 fr et le $\frac{1}{10}$ de couronne de 1 milreis valant 5,60 fr, et enfin le $\frac{1}{2}$ teston qui vaut 0,25 fr; la Serbie a le dinar qui vaut 1 fr; les États-Unis ont le dollar de 100 cents valant 5 fr, 20 cents valent 1 fr; la République Argentine a la pièce d'or l'Argentino de 5 pesos qui vaut 25 fr et le peso de 100 cents qui vaut 5 fr, 5 cents valent 0,25 fr; le Chili a le peso de 100 centavos qui vaut 5 fr, 5 centavos valent 0,25 fr; les Indes Anglaises ont la roupie qui vaut 1 shilling $\frac{1}{3}$, 3 roupies valent 4 shillings ou 5 fr; la Chine (Canton) a la piastre qui vaut 5 fr et la pièce en argent de $\frac{1}{20}$ de piastre qui vaut 0,25 fr; en Mandchourie, on se sert du rouble russe, mais pour de menus achats, 40 kopecks s'échangent contre 1 fr; le Japon a le yen en argent de 100 sen qui vaut 2,50 fr.

Les pièces d'or de 8 florins d'Autriche et la demi-impériale russe de 7 roubles $\frac{1}{2}$, qui valent 20 fr, sans avoir cours légal en France, sont cependant admises pour cette valeur dans les banques et le commerce; il en est de même pour la livre sterling anglaise qui vaut 25 fr et la pièce de 8 florins d'Autriche-Hongrie qui vaut 20 fr.

Il ressort de cet exposé que si l'on prend pour *unité monétaire internationale* la valeur de *vingt-cinq centimes* (0,25 fr.) contenue un nombre entier de fois dans le franc, le shilling, le mark, le florin d'Autriche, le florin de Hollande, la peseta, le dollar, le peso, la piastre, le yen, etc., on aura une unité qui satisfera aux conditions énoncées ci-avant et qui n'exigera que des calculs très simples de conversion.

Comme on pouvait le prévoir, dans les États-Unis et les colonies anglaises, dans les Indes et partout où les Anglais gouvernent, la monnaie courante en usage est en rapport simple avec la monnaie anglaise et, par suite avec le franc. Il en est de même pour l'Amérique du Sud, qui connaît la monnaie espagnole.

Le Tableau ci-joint donne le rapport de l'unité monétaire des principales nations avec le *mono*, unité monétaire internationale proposée, et inversement. On verra que les calculs de conversion sont des plus simples et peuvent être faits, le plus souvent, mentalement.

Remarque. — La valeur du kopeck en Mandchourie ($\frac{1}{10}$ de franc) présente un exemple de simplification apportée dans le rapport de valeur de deux monnaies en usage, kopeck et franc, dans le seul but de faciliter le calcul de conversion et, par suite, les transactions portant sur de petites valeurs inférieures à un rouble. Quand on compte par kopecks, les chinois en donnent 40 pour 1 fr, ce qui fait revenir à 2 fr $\frac{1}{2}$ les 100 kopecks correspondant au rouble, tandis que quand on compte par rouble, on conserve à celui-ci sa vraie valeur de 2 fr $\frac{2}{3}$ comme en Russie.

Je joins au Tableau précédent un barème complet de la valeur des unités monétaires des divers pays, de 10 en 10 jusqu'à 100, évaluées en monos; on verra combien les résultats en sont simples et rigoureusement exacts, puisqu'on ne néglige aucune décimale.

Veut-on savoir, par exemple, ce qu'une somme en marks allemands représente en yens du Japon? On cherchera dans le barème le nombre de monos correspondant à la somme donnée en marks et, ensuite, le nombre de yens correspondant à ce nombre de monos. Ces deux conversions se font avec la plus grande facilité.

TABLEAU DE LA VALEUR DES MONNAIES
DES DIVERSES NATIONS EXPRIMÉE EN MONO, UNITÉ MONÉTAIRE INTERNATIONALE.

Le mono se subdivise en 100 centos.

Union latine.

France, Belgique, Suisse, Italie, Grèce.

1 franc ou 100 centimes = 4 monos.

1 mono = $\frac{1}{4}$ de franc.

Angleterre.

$\frac{1}{20}$ de livre, 1 shilling ou 12 pens = 5 monos.

1 mono = $\frac{1}{5}$ de shilling.

Allemagne.

1 mark ou 100 pfennigs = 5 monos.

1 mono = $\frac{1}{5}$ de mark.

Autriche-Hongrie.

1 couronne = 4 monos $\frac{1}{5}$.

1 florin ou gulden = 10 monos.

1 mono = $\frac{5}{21}$ de couronne.

1 mono = $\frac{1}{10}$ de florin.

Hollande.

1 florin ou 100 cents = 8 monos.

1 mono = $\frac{1}{8}$ de florin.

Danemark, Suède, Norvège.

1 krona ou 100 ore = 4 monos $\frac{4}{5}$.

1 mono = $\frac{5}{24}$ de krona.

Finlande.

1 markkaa = 4 monos.

1 mono = $\frac{1}{4}$ de markkaa.

Russie.

1 rouble ou 100 kopecks = 10 monos $\frac{2}{3}$.

1 mono = $\frac{3}{32}$ de rouble.

Espagne.

1 peseta ou 4 réales = 4 monos.

1 mono = $\frac{1}{4}$ de peseta.

Portugal.

1 milreis = 22 monos $\frac{2}{5}$.

$\frac{1}{2}$ teston ou 50 reis = 1 mono.

1 mono = $\frac{5}{112}$ de milreis.

1 mono = $\frac{1}{2}$ teston.

Turquie.

$\frac{1}{4}$ de livre ou 25 piastres = 22 monos.

1 mono = $\frac{1}{22}$ de $\frac{1}{4}$ de livre.

1 mono = 1 piastre $\frac{3}{22}$.

États-Unis.

1 dollar ou 100 cents = 20 monos.

1 mono = $\frac{1}{20}$ de dollar.

Chili.

1 peso ou 100 centavos = 20 monos.

1 mono = $\frac{1}{20}$ de peso.

République Argentine.

1 peso ou 100 cents = 20 monos.

1 mono = $\frac{1}{20}$ de peso.

Indes Anglaises.

1 roupie ou 1 shilling 4 pens = 6 monos $\frac{2}{3}$.

1 mono = $\frac{3}{20}$ de roupie.

Chine (Canton).

1 piastre = 20 monos.

1 mono = $\frac{1}{20}$ de piastre.

Japon.

1 yen ou 100 sen = 10 monos.

1 mono = $\frac{1}{10}$ de yen ou 10 sen.

Mandchourie.

1 rouble = 10 monos $\frac{2}{3}$.

1 mono = $\frac{3}{32}$ de rouble.

Pour des transactions inf^{res} à 1 rouble.

1 kopeck = $\frac{1}{10}$ de mono.

1 mono = 10 kopecks.

BARÈME DE CONVERSION EN MONOS
DES UNITÉS MONÉTAIRES DES DIVERSES NATIONS DE 10 EN 10 JUSQU'A 100.

Union Latine.		Hollande.		Portugal.		Indes Anglaises.	
francs.	monos.	florins.	monos.	milreis.	monos.	roupies.	monos.
1......	4	1......	8	1......	22 4/10	1......	6 2/3
10......	40	10......	80	10......	224	10......	66 2/3
20......	80	20......	160	20......	448	20......	133 1/3
30......	120	30......	240	30......	672	30......	200
40......	160	40......	320	40......	896	40......	266 2/3
50......	200	50......	400	50......	1120	50......	333 1/3
60......	240	60......	480	60......	1344	60......	400
70......	280	70......	560	70......	1568	70......	466 2/3
80......	320	80......	640	80......	1792	80......	533 1/3
90......	360	90......	720	90......	2016	90......	600
100......	400	100......	800	100......	2240	100......	666 2/3

Angleterre.		Danemark, Suède, Norvège.		Turquie.		Chine (Canton).	
schillings.	monos.	kronas.	monos.	livres.	monos.	piastres.	monos.
1......	5	1......	4 4/5	1/4......	22	1......	20
10......	50	10......	48	2 1/2......	220	10......	200
20......	100	20......	96	5......	440	20......	400
30......	150	30......	144	7 1/2......	660	30......	600
40......	200	40......	192	10......	880	40......	800
50......	250	50......	240	12 1/2......	1100	50......	1000
60......	300	60......	288	15......	1320	60......	1200
70......	350	70......	336	17 1/2......	1540	70......	1400
80......	400	80......	384	20......	1760	80......	1600
90......	450	90......	432	22 1/2......	1980	90......	1800
100......	500	100......	480	25......	2200	100......	2000

Allemagne.		Finlande.		États-Unis.		Japon.	
marks.	monos.	markkan.	monos.	dollars.	monos.	yens.	monos.
1......	5	1......	4	1......	20	1......	10
10......	50	10......	40	10......	200	10......	100
20......	100	20......	80	20......	400	20......	200
30......	150	30......	120	30......	600	30......	300
40......	200	40......	160	40......	800	40......	400
50......	250	50......	200	50......	1000	50......	500
60......	300	60......	240	60......	1200	60......	600
70......	350	70......	280	70......	1400	70......	700
80......	400	80......	320	80......	1600	80......	800
90......	450	90......	360	90......	1800	90......	900
100......	500	100......	400	100......	2000	100......	1000

Autriche-Hongrie

couronnes.	monos.
1	$4\frac{1}{5}$
10	42
20	84
30	126
40	168
50	210
60	252
70	294
80	326
90	378
100	420

Russie.

roubles.	monos.
1	$10\frac{2}{3}$
10	$106\frac{2}{3}$
20	$213\frac{1}{3}$
30	320
40	$426\frac{2}{3}$
50	$533\frac{1}{3}$
60	640
70	$746\frac{2}{3}$
80	$853\frac{1}{3}$
90	960
100	$1066\frac{2}{3}$

Chili.

pesos.	monos.
1	20
10	200
20	400
30	600
40	800
50	1000
60	1200
70	1400
80	1600
90	1800
100	2000

Mandchourie.

rouble.	monos.
1	$10\frac{2}{3}$

comme
pour la Russie.

—

Pour les
transactions
inférieures
à
1 rouble.

kopecks.	monos.
1	$\frac{1}{10}$
10	1
20	2
30	3
40	4
50	5
60	6
70	7
80	8
90	9
100	10

florins.	monos.
1	10
10	100
20	200
30	300
40	400
50	500
60	600
70	700
80	800
90	900
100	1000

Espagne.

pesetas.	monos.
1	4
10	40
20	80
30	120
40	160
50	200
60	240
70	280
80	320
90	360
100	400

République Argentine.

pesos.	monos.
1	20
10	200
20	400
30	600
40	800
50	1000
60	1200
70	1400
80	1600
90	1800
100	2000

Indo-Chine.

piastre	monos	mono	piastre
1	$9\frac{6}{10}$	1	$\frac{1}{10} + \frac{1}{24}$
10	96	10	$1 + \frac{5}{12}$
20	192	20	$2 + \frac{5}{6}$
30	288	30	$4 + \frac{1}{4}$
40	384	40	$5 + \frac{2}{3}$
50	480	50	$7 + \frac{1}{12}$
60	576	60	$8 + \frac{1}{2}$
70	672	70	$9 + \frac{11}{12}$
80	768	80	$11 + \frac{1}{3}$
90	864	90	$12 + \frac{3}{4}$
100	960	100	$14 + \frac{1}{6}$

M. BERTHIOT,

Inspecteur du Travail (Dijon).

RAPPORT SUR LES ATELIERS DE FAMILLE ET LE TRAVAIL A DOMICILE, PRINCIPALEMENT DANS LES ATELIERS DE FAMILLE DE LA BONNETERIE DANS L'AUBE.

331.794 : 677.661 (44.331)

5 *Août.*

La législation du travail (¹) reconnaît le caractère d'ateliers de famille aux ateliers où ne sont occupés que des membres de la famille sous l'autorité du père, de la mère ou des tuteurs.

En principe, les ateliers de famille échappent à toute réglementation. Il n'y a d'exception que pour ceux de ces ateliers dans lesquels fonctionnent des appareils mécaniques, ou qui sont classés dans la réglementation des industries dangereuses, insalubres ou incommodes. Ces ateliers ainsi définis doivent se conformer aux règles d'hygiène et de sécurité posées par la loi du 2 novembre 1892 et du 12 juin 1893, mais restent en dehors de toutes les autres dispositions légales ou réglementaires : âge d'admission, durée du travail, interdiction du travail de nuit, etc.

Il existe donc en fait deux catégories d'ateliers de famille : ceux assujettis à une réglementation limitée à l'observation des mesures d'hygiène et de sécurité et ceux qui ne sont soumis à aucune obligation légale.

La première catégorie, qui correspond en fait à celle des ateliers de famille industriellement organisés, ne fonctionne que dans certaines industries par emploi de petits moteurs à essence ou électriques. Elle n'est développée que dans quelques villes comme Paris avec ses ateliers de location de force motrice ou dans certaines régions comme l'Aube pour la fabrication mécanique de la bonneterie et la Loire pour celle du ruban, etc.

Quant à la seconde, qui embrasse le travail à domicile en général, qu'il s'agisse du travail collectif d'une même famille ou du travail individuel accompli par des ouvriers isolés, elle tend à se développer étonnamment depuis quelques années au point d'amener la reconstitution des anciens ateliers d'artisans des campagnes.

Ce développement présente un véritable péril social. Si, en effet, le travail industriel de l'enfant et de la femme est un mal social, mais inévitable en soi par le développement du machinisme, ses conséquences ont pu cependant être singulièrement atténuées grâce à une réglementation protectrice dont les bienfaits sont aujourd'hui inappréciables.

Il en va tout autrement avec le travail en ateliers de famille ou à domicile qui échappe aux dispositions les plus tutélaires de la réglementation. Il en résulte que les abus qu'on est parvenu à réfréner dans les ateliers de l'industrie trou-

---

(¹) Lois du 2 novembre 1892 et du 12 juin 1893.

vent un terrain particulièrement favorable pour évoluer tout à leur aise dans le champ clos du travail à domicile qui échappe aux investigations du service d'inspection.

La Commission supérieure du travail dans l'industrie signale chaque année les méfaits nouveaux engendrés par cette immunité extraordinaire accordée aux ateliers de famille ([1]).

L'abus des personnes, résultant de ce genre de travail, par emploi de femmes et d'enfants sans frein ni mesure, se trouve encore aggravé par l'avilissement des salaires, qui en est la conséquence directe. Si l'on songe que les ouvriers groupés en ateliers éprouvent déjà le plus souvent de grandes difficultés pour le maintien ou le rehaussement des salaires, on comprendra aisément que les ouvriers isolés soient à cet égard à la merci des employeurs.

Tout d'ailleurs contribue à faciliter l'extrême bas prix de la main-d'œuvre : c'est d'abord l'ouvrière à domicile qui se contente d'un salaire infime quand celui-ci est considéré comme salaire d'appoint, cas qui se présente très fréquemment en travail à domicile; c'est aussi l'intervention des sous-entrepreneurs qui, opérant par marchandage, servent d'intermédiaires entre les fabricants ou les grands magasins et les ouvrières et prélèvent leur commission sur les maigres salaires de celles-ci. On comprend qu'entrepris dans des conditions rémunératrices aussi lamentables, le système du travail à domicile arrive inévitablement à être le système que l'appellation anglaise *sweating system*, ou système de la sueur, a justement flétri.

Les raisons de la progression croissante des ateliers de famille ou du travail à domicile ont été exactement données par M. Jacques, inspecteur divisionnaire de la troisième circonscription à Dijon, lorsque, visant les ateliers de bonneterie de l'Aube, il dit dans son rapport sur l'application de la loi du 2 novembre 1892 pendant l'année 1901 :

« Depuis les grèves de 1900, le mouvement de décentralisation ou, si l'on veut, de déconcentration, de dissémination de certaines grandes usines n'a fait que s'accentuer. Les chefs d'industrie trouvent tout avantage à créer des ateliers de façonniers :

» 1° Pas de contact avec les ouvriers;
» 2° Pas de contravention à craindre (elles retombent sur le façonnier); .
» 3° Frais généraux moindres;
» 4° En cas de grève, situation beaucoup plus favorable. Bien entendu on n'oublie pas non plus que le contrôle de l'inspection est excessivement facile à éluder dans ces petits ateliers de campagne et l'on connaît parfaitement l'exception légale existant en faveur des ateliers purement familiaux. On s'assure ainsi une production beaucoup plus intense, le métier marchant presque nuit et jour sans interruption grâce aux relais entre les différents membres de la famille. »

En dehors des usines proprement dites, la fabrication à domicile de la bonneterie dans l'Aube se pratique de deux façons. Certains façonniers travaillent pour le compte direct des fabriques établies dans la région qui confient au tra-

---

. ([1]) Rapports sur l'application de la loi du 2 novembre 1892, présentés chaque année à M. le Président de la République par la Commission supérieure du travail. Imprimerie nationale.

vail à domicile la confection de certains articles spéciaux; d'autres, et ceux-là sont les plus nombreux, reçoivent la [matière première des entrepreneurs d'ouvrages qui centralisent ensuite les articles fabriqués en prenant le nom impropre de fabricants. Ces entrepreneurs, qui ne possèdent que des magasins, des salles d'apprêt et de raccoutrage, fournissent, en plus de la matière pre- mière, les métiers et procurent même quelquefois l'atelier.

Dans certaines régions, dont les villes de Troyes et de Romilly paraissent être les centres principaux, la diffusion des ateliers de famille est telle que, dans certaines communes, il n'existe pas une seule maison ne comptant au moins un atelier de famille.

L'équipe familiale des bonnetiers à façon comprend les postes suivants :

1° Bonnetier, le père généralement ou le grand frère;
2° Rebrousseur tenu par un enfant;
3° Bobineuse qui est l'emploi de la mère ou de la fille.

Voici de quelle façon M. l'inspecteur divisionnaire Jacques apprécie les effets qu'exerce la bonneterie à façon sur les conditions économiques de cette industrie :

« La réglementation du travail à laquelle échappent ces ateliers, qui font déjà une concurrence appréciable aux manufactures, préoccupe très vivement les ouvriers et les patrons; les uns, parce que la durée excessive de la journée de travail est la cause d'une surproduction d'où résultent des chômages et un avilissement des salaires; les autres, parce qu'elle entraîne pour eux la difficulté ou même l'impossibilité de fabriquer certains articles au même prix de revient.

» J'ai reçu de M. le Président de la Chambre syndicale de la bonneterie de Troyes une communication dans laquelle il insistait vivement pour qu'une surveillance très active fût exercée dans les ateliers de famille de la région. D'un autre côté, la Com- mission départementale de l'Aube s'est occupée de la question, et patrons et ouvriers se sont mis d'accord pour émettre le vœu que la réglementation complète, résultant des lois en vigueur, soit applicable auxdits ateliers et à leur personnel, en y com- prenant même le patron ou chef de famille.

Voici également, à titre documentaire, le texte du vœu précité émis par la Commission départementale de l'Aube :

» La Commission départementale du travail de l'Aube émet le vœu que le travail à domicile soit réglementé d'une façon rigoureuse et efficace, principalement pour le travail exécuté par des façonniers pour le compte de commerçants ou de fabricants.

» Se basant sur les faits constatés par elle dans l'industrie de la bonneterie, elle insiste particulièrement sur les points ci-après :

» Que tout patron, commerçant ou entrepreneur, occupant des personnes en dehors de la fabrique ou du magasin, établisse et tienne à jour une liste indiquant : le nom et l'adresse de ces personnes, la désignation des locaux où elles travaillent, le nombre et la nature des machines occupées. Cette liste sera envoyée à l'inspection du travail le 1ᵉʳ janvier de chaque année et communiquée à toute réquisition;

» Que l'exception dont jouit l'atelier de famille soit supprimée; que les lois exis- tantes (lois de 1848, 1892, 1898 et 1900) soient applicables, en toutes leurs parties, à tous les ateliers, sans distinction, fonctionnant par moteur mécanique, c'est-à-dire que soit abrogée la disposition finale de l'article 1 de la loi de 1892-1893, qui spécifie que les ateliers de famille ne seront astreints qu'à certaines mesures concernant l'hygiène et la sécurité;

» Que le patron ou commerçant soit responsable, tout au moins civilement, des contraventions commises par le façonnier; qu'il soit pénalement responsable lorsque es locaux et le matériel lui appartiendront, ou lorsqu'il aura connu la contravention ;

» Qu'il soit bien spécifié que la réglementation du travail s'appliquera non seulement aux membres de la famille, mais même au chef de famille travaillant pour le compte d'un fabricant central ;

» Qu'il soit interdit aux patrons de donner aux ouvrières et ouvriers, occupés à leur usine dans la journée, du travail pour faire à domicile une fois la journée faite;

» Qu'il soit bien spécifié que, dès qu'il y a un étranger, l'atelier de famille devient un atelier ordinaire, la nuit comme le jour et le dimanche également.

La protection du travail à domicile a été examinée de son côté par le Conseil supérieur du travail dans sa session de novembre 1910, dans laquelle il a émis les vœux suivants :

Les femmes travaillant à domicile ne peuvent recevoir un salaire inférieur au salaire ordinaire dans la région des ouvrières occupées à des travaux analogues, mais non qualifiées et payées à la journée. Le tarif doit permettre à une ouvrière d'habileté moyenne de gagner en dix heures le salaire déterminé comme il est dit ci-dessus. Les Conseils de prud'hommes constatent le taux du salaire journalier visé ci-dessus. Ils publient le résultat de leurs constatations.

Pour faciliter l'appréciation des Conseils de prud'hommes, les Conseils du travail pourront dresser le tableau des tarifs dans les professions et les régions qu'ils représentent pour les tâches les plus usuelles.

Les prix de façon des travaux à domicile, fixés par tout entrepreneur de ce genre de travaux, doivent être mentionnés sur un bulletin à souche ou un carnet remis à l'ouvrière. Les prix des articles faits en série seront affichés en permanence dans les locaux où s'effectuent la remise des matières premières aux ouvrières et la réception des marchandises après exécution du travail.

Le Conseil des prud'hommes est compétent pour juger toutes les contestations.

A cet effet, les travaux faits à domicile étant généralement tarifés à la pièce, et non au temps, les prud'hommes pourront faire des enquêtes, avec ou sans expertise, en appelant les entrepreneurs et les ouvrières à déposer devant eux dans les conditions où ils siègent d'ordinaire; en vue d'établir l'équivalence entre le prix du travail à la pièce et le prix du travail au temps.

La différence, constatée en moins entre le salaire des ouvrières non qualifiées et le salaire payé à une ouvrière d'habileté moyenne d'après le tarif de l'entrepreneur, devra être versée par celui-ci à l'ouvrière insuffisamment rétribuée nonobstant toute convention contraire.

Tout entrepreneur ou sous-entrepreneur est civilement responsable, lorsque c'est de son fait que le salaire minimum n'a pas pu être payé.

Les réclamations des ouvrières ne seront recevables qu'autant qu'elles se seront produites au plus tard huit jours après le paiement de leur salaire.

Le délai ainsi fixé ne s'applique pas à l'action intentée par l'ouvrière pour obtenir l'exécution d'un jugement.

Les solutions proposées, tant par la Commission du travail de l'Aube que par le Conseil supérieur du travail pour la protection du travail à domicile, nous paraissent devoir être d'une application difficile en pratique.

La réglementation proposée par la Commission de l'Aube ne saurait avoir de résultats positifs que si elle était l'objet d'une surveillance active et constante des ateliers de famille. Est-il possible d'assurer une surveillance de cette sorte dans des ateliers qui se confondent avec le domicile privé? On ne peut évidemment qu'être très circonspect à cet égard, surtout si l'on tient compte des difficultés pour ainsi dire insurmontables que rencontre déjà le service d'inspection dans la surveillance des petits ateliers des industries de la mode et de la couture qui sont cependant assujettis à la réglementation.

Quant à l'établissement de tarifs pour les prix de façon, comme le propose le Conseil supérieur du travail, nous voyons deux inconvénients à cette solution. Le premier est qu'il est contraire au principe qui a dominé jusqu'ici toutes les questions de réglementation : neutralité de l'État en matière de fixation des salaires qui ne regarde que les parties contractantes. Le second est d'ordre pratique au sujet de la multiplicité des prix de façon que nécessitera une tarification d'articles très nombreux, tarification qui elle-même sera subordonnée aux taux des salaires dans les usines ou manufactures de même nature de la région. En un mot, la solution du Conseil supérieur nous semble devoir entraîner des formalités trop complexes.

Une solution qui nous apparaît comme plus simple et que nous proposons comme conclusion à cette Note serait celle qui consisterait à intervenir par moyen fiscal, en frappant d'un impôt spécial l'emploi de chaque travailleur en chambre à la charge des entrepreneurs d'ouvrages.

Ce système aurait pour avantage de rétablir l'équilibre des charges financières de fabrication entre les fabricants proprement dits et les entrepreneurs, équilibre actuellement rompu en faveur de ces derniers dont les frais généraux sont insignifiants par rapport à ceux des premiers.

Le fonctionnement de cet impôt aurait pour effet d'enrayer le développement de ce mode de travail, ce qui, en définitive, équivaudrait à un progrès social.

PÉDAGOGIE ET ENSEIGNEMENT.

M. Julien RAY,

Chargé de Cours à la Faculté des Sciences (Lyon).

LE ROLE DU PROFESSEUR.

5 *Août.*

I. — Principes.

1° *L'appétit intellectuel.* — L'enfant a, aussi bien qu'un appétit physique, un appétit intellectuel et moral; d'une manière générale : aussi bien que des désirs physiques (manger, boire, respirer, exercer ses membres, ses sens), des désirs d'ordre intellectuel et moral (savoir, observer, raisonner, imaginer, agir, vouloir, exercer ses goûts, ses aptitudes).

Laissé à lui-même, il satisfait à ces besoins d'une façon plus ou moins saine, plus ou moins conforme aux nécessités de l'existence.

L'École doit le guider à cet égard. Elle fournit à l'enfant un aliment, mais l'aliment qui convient le mieux aux exigences de la vie sociale. Si l'enfant n'a ni goûts ni aptitudes, il s'agit d'en faire naître; s'il a des goûts et des aptitudes, il s'agit de les orienter et de les développer. Combinant ainsi les conditions imposées par la nature de l'enfant à celles qu'impose l'état civilisé, on fait que cet enfant, à l'école, au lieu de se sentir forcé (on pourrait dire faussé), éprouve le bien-être de l'appétit satisfait, ce qui néanmoins n'exclut pas le travail et l'effort.

2° *Les bases d'appréciation pédagogique* (Dr Bérillon). — La connaissance des conditions intellectuelles et morales, l'étude (diagnostic, pronostic) et la direction de l'enfant à cet égard sont du ressort de la psychologie. Ces conditions étant d'ailleurs intimement liées aux conditions physiques et matérielles, leur domaine est également du ressort de la médecine.

Donc, en matière de pédagogie, on devra se placer sur le terrain de la psychologie et de la médecine autant que sur celui des *matières* du programme; le psychologue et le médecin devraient être les collaborateurs du maître, dans une entente comparable à celle qu'on a voulu réaliser entre parents, médecins et professeurs pour l'hygiène scolaire au sens habituel du mot.

3° *Actions instructrice et éducatrice.* — L'action instructrice, c'est-à-dire celle qui tend à développer la connaissance, doit être sobre, mais répétée et continue. L'action éducatrice, c'est-à-dire celle qui tend à développer les qualités intellectuelles et morales autres que la connaissance, est la principale; elle doit s'exercer de même.

4° *Liberté individuelle.* — Toutes deux doivent d'ailleurs laisser place à l'école de la liberté individuelle, tout en se poursuivant pendant toute l'adolescence de l'individu.

II. — CE QU'IL FAUT ÉTUDIER ET CULTIVER.

1° La nature physique de l'enfant, tant en elle-même qu'au point de vue pédagogique;

2° La connaissance qui convient; elle comporte :

A. Connaissances spéciales à la pratique matérielle d'une profession.

B. Instruction générale :

a. Instruction technique, c'est-à-dire la partie intellectuelle et scientifique de la profession.

b. Instruction générale proprement dite :

α. Connaissances sanitaires;

β.   »   biologiques;

γ.   »   sociales;

δ.   »   géographiques;

ε.   »   historiques;

ζ.   »   diverses, dont il en est qui préparent à a;

η.   »   sexuelles.

a et b comportent trois degrés.

3° Les qualités spéciales : goûts, aptitudes.

4° Les qualités générales : goût de l'instruction, sens de l'observation, raisonnement, initiative, volonté, sens moral.

Cette liste (1°, 2°, 3°, 4°) est commune à l'homme et à la femme, commune à toutes les professions.

III. — LES ÉTAPES, LES VOIES.

Voici comment nous les comprenons :

1. Études primaires.

Culture de la connaissance. — Instruction générale du premier degré :

α. Le corps humain. Propreté.

β. Étude d'un animal, étude d'une plante. Exemples d'animaux, de plantes.

γ. Le bien, le mal. L'organisation du pays.

δ. La région où l'on est. Le sol, la montagne, la plaine, les eaux, la rivière, la mer. L'atmosphère. La Terre. Le Soleil, la Lune. Le Nord, le Sud, etc. La Carte géographique. Le jour, la nuit. Les saisons. Les principaux pays (situation, populations, faune, flore).

ε. Origine du peuple français, des autres peuples. Principaux régimes. Les grands hommes.

ζ. Lire, écrire, compter. Mesures.

Culture des qualités spéciales. — Travaux manuels.

Culture des qualités générales. — La culture de la connaissance, faite judicieusement, c'est-à-dire avec sobriété, avec précision, avec accompagnement non seulement d'images, mais d'objets concrets, alimente, développe ou même fait naître les qualités énumérées; c'est une culture éducative. Mais il y a d'autres moyens éducatifs : le dessin, les interrogations ou mieux échanges de questions entre maître et élèves, les récits par l'élève, enfin les travaux manuels ou d'une manière générale les travaux pratiques.

2. Après le primaire.

Les individus se répartissent aujourd'hui comme il suit :

A. Individus entrant immédiatement dans l'exercice d'une profession.

Les causes déterminantes sont de trois ordres : aptitudes, préférences, raisons matérielles (absence d'école, prix des études, besoin de gagner, aider les parents, biens à gérer plus tard).

B. Individus n'entrant pas immédiatement dans l'exercice d'une profession :

1º Se dirigeant vers les cours complémentaires, les Écoles pratiques (instruction technique du premier degré);

2º Entrant dans les Écoles primaires supérieures, puis dans les Écoles techniques du deuxième degré;

3º Entrant dans l'Enseignement secondaire.

Or il faut offrir les moyens de développer les aptitudes et les goûts possibles, il faut que tous les individus continuent à recevoir l'instruction et l'éducation.

Il faut que, pour chacun, il y ait au moins, quant à la culture de la connaissance :

a. Apprentissage, qui se fait à l'atelier, à l'usine, au comptoir, aux champs, etc.;

b. Instruction technique du premier degré, complément nécessaire de l'apprentissage, qui spécialise trop tôt l'individu;

c. Un minimum d'instruction générale nécessaire à *b*,

b et *c* s'accordant avec l'exercice de la profession.

Il faut que tout individu puisse s'élever davantage :

1º En instruction, au moins en instruction générale, qui pour certaines parties au moins pourra être poussée au troisième degré;

2º Surtout en éducation,

Et cela tous ceux qui le désirent, soit capables, soit douteux, soit même jugés (trop tôt peut-être) incapables; car les capacités souvent ne se révèlent qu'à l'exercice ou même c'est l'exercice qui les détermine. On doit y engager tous ceux qui ne le désirent pas.

Il faut que tout individu désireux de recevoir l'instruction professionnelle du deuxième degré ou du troisième en ait la facilité.

Mais alors il est indispensable :

1º Qu'il y ait des organismes d'instruction et d'éducation à portée de toute localité;

2º Que l'utilisation n'en soit point coûteuse;

3º Que l'enseignement ne soit pas inutilement chargé et par conséquent rebutant;

4º Qu'il ne faille pas absolument choisir entre l'École et l'exercice immédiat d'une profession.

On peut organiser partout

1º Un enseignement qui fasse :

a. L'apprentissage (lequel se continue par l'exercice du métier);

b. L'instruction technique du premier degré : b_1;

c. L'instruction générale (au moins le minimum d'instruction générale nécessaire à b_1) : c_1,

b_1 et c_1 se poursuivant, nous verrons comment, avec l'éducation, pendant tout le temps où un individu a besoin d'être dirigé.

2º Un enseignement c_2 qui développe d'une façon semblable l'instruction générale au deuxième degré, tout au moins d'une façon partielle; et même

3º Un enseignement c_3 pour le troisième degré.

Ces enseignements, dont nous désignerons l'ensemble par A, laissant d'autre part une grande place à l'exercice de la profession.

De la sorte, ceux qui ne pourront pas ou ne voudront pas prendre l'instruction technique du deuxième degré auront la faculté de s'élever à tous autres égards.

Considérons maintenant l'enseignement complet du second degré, que nous désignerons par B. Il doit comprendre :

a. Travail à l'atelier, etc.;

b. Instruction technique du deuxième degré : b_2;

c. Instruction générale du deuxième degré (en particulier les connaissances nécessaires à b_2) : c'_2.

Nous le concevons, comme les précédents, sobre et surtout éducatif,
laissant par conséquent beaucoup de temps à la liberté de l'élève.
Donc dans certains cas au moins, un individu exerçant une profession
pourra l'utiliser. Nous comprenons cependant que cet enseignement
absorbe, pendant une certaine période, qui n'a pas besoin d'être longue,
la plus grande partie du temps; mais l'enfant pourra pendant 3 à 4 ans
se contenter de l'enseignement c_2 qui le préparera partiellement, qui le
tiendra « au niveau », et dès que cela lui sera possible, il passera dans l'enseignement B. D'ailleurs B et A ont en commun une instruction générale
du deuxième degré, qui pourrait être aussi complète dans le second que
dans le premier : ils ne différeraient alors que par l'instruction technique,
laquelle évidemment peut être prise en une somme de temps bien inférieure à ce que l'on croit quand on envisage la scolarité de nos écoles;
B serait alors encore plus accessible à tous ceux qui peuvent y prétendre.

Il pourra être complété par un enseignement c'_3 au troisième degré.

D'après ce qui vient d'être dit, B pourra être, dans sa partie c_2,
représenté partout; mais ce n'est pas nécessaire, car l'instruction générale que n'aura pas ou que n'aura pas pu donner A peut être acquise
assez vite pour que l'élève quitte sans inconvénient, pendant ce temps
relativement court, ses occupations pour la prendre. Il n'est pas davantage nécessaire que l'instruction technique du deuxième degré ait l'extension de A, car si cette instruction, comme l'instruction générale, a besoin
d'être entretenue pendant une assez longue période (très sobrement
d'ailleurs), sa partie fondamentale n'exige que quelques mois, pendant
lesquels l'individu pourra, sans difficulté, et devra s'y consacrer entièrement. La partie c'_3 pourra être remplacée par c_3.

Un troisième enseignement, C, donne l'instruction technique du
troisième degré. Il doit comprendre :

a. Atelier, etc.;

b. Instruction technique du troisième degré : b_3;

c. Instruction générale du deuxième degré : c''_2, puis du troisième
degré : c''_3 (en particulier les connaissances nécessaires à b_3).

Il serait en général impossible de suivre cet enseignement dans toute
son étendue tout en exerçant le métier correspondant. Mais, comme les
précédents, il réalise cet accord entre l'École et la pratique que nous
avons voulu jusqu'à présent, tant pour la bonne qualité de l'enseignement
que pour des raisons d'ordre social. En tous cas, un individu qui aura
suivi l'enseignement A pendant 3 à 4 ans ou l'enseignement B y sera
préparé.

En résumé, trois enseignements A, B, C, qu'on peut schématiser par
le Tableau de la page 1096.

Il est indispensable qu'aucune profession, l'agriculture entre autres, ne soit délaissée, à aucun degré. Les causes déterminantes de la répartition entre les diverses professions sont, ici encore, de trois ordres : aptitudes, préférences, raisons matérielles. Nous dirons simplement qu'un ensei-

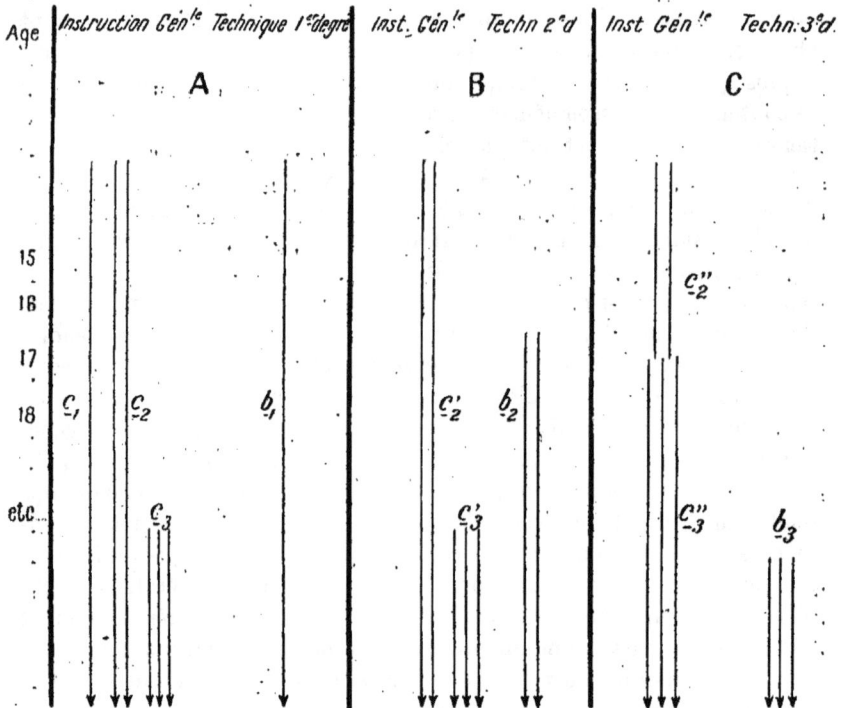

Age	Instruction Gén^{le} Technique 1er degré	Inst. Gén^{le} Techn 2^d	Inst Gén^{le} Techn. 3^d
	A	B	C

c''_2 (15, 16)

15 / 16 / 17 / 18

c_1 c_2 b_1 c'_2 b_2

etc. c_3 c'_3 c''_3 b_3

gnement bien fait, c'est-à-dire répondant aux desiderata exprimés à propos de la répartition entre les trois degrés, contribuera à assurer une bonne répartition entre les diverses professions.

IV. — LES RÉALISATIONS.

1. Études primaires.

On enseignera peu à la fois par la parole ou le livre. La *classe* sera surtout occupée par l'exercice des facultés de l'enfant, et le reste du temps laissé à la liberté de ce même exercice, plus ou moins provoqué, plus ou moins dirigé (*L'art à l'école*, les *Kindergarten*).

Le travail de l'enfant étant ainsi compris (en se reportant d'ailleurs à ce que nous avons dit au début), on a pu se demander : pourquoi des vacances? Sans doute elles sont nécessaires au maître. Mais celui-ci ne peut-il être remplacé à certains moments? Ne convient-il pas — nous l'avons déjà dit et le dirons encore — qu'il soit aidé par des praticiens ou autres personnes connaissant très bien telle question, pour le meilleur enseignement de certaines parties, pour le jugement des aptitudes, pour l'établissement du diagnostic et du pronostic pédagogiques (rôle du médecin)?

2. Après le primaire.

L'instruction et l'éducation doivent se poursuivre au moins plusieurs années.

L'idéal est loin d'être que ces années se passent — pour qui que ce soit — dans ou près l'École (collège, lycée ou toute école) au sens habituel du mot : tout le monde critique l'école ainsi comprise; à l'égard des principes exposés plus haut et des desiderata émis ensuite au cours de ce travail, elle présente de graves inconvénients.

Deux solutions sont possibles :

. **a.** Transformer « l'École » en un organisme plus largement adapté aux besoins. Plusieurs fois la semaine ont lieu des classes qu'occupe un enseignement sobre, éducatif; il faut aussi des « cours », exposés plus suivis, plus condensés, de « matières » : au cours on ne consacrera qu'une période relativement courte, le cours n'étant pas à « apprendre » mais étant plutôt à recueillir comme « provision », bien classée, bien cataloguée dans l'esprit de l'individu.

Et l'École comprise de la sorte, tout individu devra pouvoir la trouver à sa disposition, sans discontinuité, sous un nom ou sous un autre, depuis la sortie du primaire jusqu'à l'entrée dans la vie active, lui assurant le degré d'instruction générale ou d'instruction technique auquel il peut prétendre.

b. Réduire « l'École » à la période de « cours ». Mais la précéder et la prolonger par un autre organisme instructeur et éducateur.

Quoi qu'il en soit, voici une esquisse des réalisations pour l'enseignement A :

Les individus sont groupés par âge et par profession.

Âge.	GROUPES agricole.	industriel.	commercial.	Les trois groupes.
15 ans				
16 ans	Instruction	Instruction	Instruction	Instruction
17 ans	technique	technique	technique	générale
18 ans	deux fois	deux fois	deux fois	deux fois
19 ans	par semaine.	par semaine.	par semaine.	par semaine.
etc				
	et un cours, par exemple à 17 ans.			à 16 ans.

Et, quelle que soit la modalité de l'organisme enseignant, quel que soit son nom, nous pourrons dire que l'instruction technique sera donnée

par un « groupe technique », l'instruction générale par un « groupe enseignant », simplement.

Ces deux groupes enseignants font eux-mêmes leurs programmes :
ce serait de la vraie et utile décentralisation (que rien n'empêche de
contrôler). N'est-ce pas ainsi que procèdent les sociétés d'enseignement
professionnel? lesquelles vont même jusqu'à organiser des cours sur
demande.

D'autre part, lesdits groupes sont composés :

a. De praticiens ou connaisseurs en telle ou telle branche.

b. De professeurs.

Inutile en effet de créer une légion de « professeurs » ou de surcharger
les professeurs quand on peut disposer d'hommes — en nombre considérable — capables d'enseigner, mieux que personne, certains faits,
capables de bien juger et de bien diriger des individus. Nous avons fait une
remarque analogue à propos des études primaires. Au reste, la tâche
du professeur et de l'instituteur étant, dans notre façon de voir, considérablement allégée par rapport à ce qu'elle est aujourd'hui, le même
maître pourra s'occuper de plus d'un groupe d'élèves : un maître de la
catégorie B pourra s'occuper d'élèves de la catégorie A.

Les groupes enseignant et technique, à l'égard de la catégorie A, doivent *fusionner;* rien ne s'y oppose pratiquement. Et ainsi, en chaque
localité se trouverait non seulement un organisme enseignant, bien
adapté aux besoins, mais un organisme hautement qualifié pour juger
et diriger les enfants, qui le plus souvent choisissent mal leur voie ou ne
savent pas s'y conduire.

V. — L'ÉTAT ACTUEL.

1. L'Enseignement primaire.

L'enseignement de l'école primaire a été suffisamment bien critiqué
par le Dr Beauvisage pour que nous renvoyions aux publications de
l'éminent maître; notre exposé (III) est d'ailleurs une réponse à ses
critiques.

On range dans le primaire tout ce qu'on fait pour l'individu qui rentre
immédiatement dans l'exercice d'une profession : cours d'adultes, œuvres
post-scolaires. S'il s'agit d'études du deuxième degré, pourquoi ce nom
de primaire? En réalité, ce sont plutôt des études du premier degré post-
primaires.

A ce même degré post-primaire appartiennent les Écoles pratiques,
si bien jugées par M. Frixon, les Écoles ménagères, les Écoles ambulantes,
infiniment mieux comprises.

Une partie importante de l'enseignement primaire est l'École primaire
supérieure. N'est-ce pas cependant plutôt une école de deuxième degré,

puisqu'elle donne l'instruction générale qui prépare aux écoles techniques
du deuxième degré? Peut-être devrait-on ranger les Écoles primaires
supérieures, dans l'enseignement secondaire; mais on peut les considérer
comme donnant une instruction intermédiaire entre celle du premier
degré et celle du deuxième. En tous cas, elles pourraient contribuer à
réaliser notre enseignement A et notre enseignement B, par exemple en
perdant leur forme « école », ouvrant de bonne heure leurs portes aux
enfants pour les diriger jusqu'à la fin de leur adolescence, l'école technique du deuxième degré ne donnant alors que l'instruction technique.
Mais il faudrait des conditions, déjà vues, et que nous allons retrouver
semblables pour les collèges et lycées qui, eux, donnent bien l'instruction du deuxième degré.

2. L'Enseignement secondaire : collèges, lycées.

Ces établissements ont été créés pour donner l'instruction du deuxième
degré à tous ceux qui en sont capables ou désireux, de même que les Écoles
primaires supérieures ont été créées pour donner une instruction post-
primaire à tous ceux qui en sont capables ou désireux. Or ni les uns ni
les autres ne satisfont suffisamment à ce *desideratum*. Il faudrait qu'il
y eût beaucoup plus de ces établissements, que leurs programmes ne
fussent pas imposés dans leur totalité et fussent moins chargés. La
charge des programmes, la nécessité de les absorber dans leur totalité
ferait, en admettant que tous les individus capables ou désireux de
recevoir une instruction et une éducation du deuxième degré, partielle
ou complète, pussent entrer au lycée, que beaucoup de ces individus
seraient enlevés à l'atelier, aux champs, etc. et la plupart pour devenir
quoi? D'ailleurs nous avons vu ce qu'il en est des capacités au sortir
du primaire : que de capables resteraient en dehors, que d'incapables
entreraient ! En fait, un grand nombre d'enfants sont privés de l'enseignement secondaire, soit que leur aptitude paraisse contraire, soit qu'ils
aient un empêchement matériel, soit qu'ils reculent devant le programme.
Donc l'enseignement secondaire, qui par là qualité de l'instruction du
deuxième degré qu'il donne a bien sa raison d'être, élimine quantité
d'individus capables de s'élever au-dessus du primaire ou désirant le faire
et auxquels on n'offre après « l'école » que du primaire.

On peut adresser le même reproche aux Écoles primaires supérieures;
en outre, après avoir pris les élèves pendant une certaine période, elles
les laissent le plus souvent, sauf ceux qui entrent dans les écoles techniques
du second degré, à eux-mêmes, avant qu'ils puissent se passer de toute
action instructive et éducative.

3. L'Enseignement supérieur.

Au troisième degré, nous avons l'Enseignement supérieur : Écoles,
Facultés, etc., dont l'enseignement est comme ailleurs, trop peu éducatif;

d'autre part, il faut souhaiter que l'enseignement du troisième degré se développe à l'égard de toutes les professions (André Blondel), et, comme pour celui du deuxième degré, que tout individu puisse en profiter : or, naturellement, il n'est ouvert qu'à ceux qui ont pu suivre la filière de classes des lycées.

Donc les enseignements primaire, secondaire, supérieur sont plutôt trois ordres que trois degrés; il faut choisir de bonne heure entre deux voies, le primaire et le secondaire, sans que ce soit surtout une question de capacité. On a parlé de la « fusion » des trois enseignements : il ne saurait être question d'empêcher qu'il y ait des études primaires, secondaires, supérieures; il ne peut s'agir que de substituer à deux escaliers un seul que chacun gravira aussi haut qu'il en sera capable.

Voici un Tableau montrant comment on pourrait adapter les organismes existants aux desiderata que nous avons exposés ou comment on pourrait les compléter :

A

1. Préapprentissage (a, b_1, c_1).

2. Apprentissage (a) : à l'atelier, etc., suivi de l'exercice du métier (a). Parallèlement à (a) :

C_1 = Écoles pratiques :

α) Rendues adéquates à notre programme;

β) Rendues adéquates à notre programme, mais limitées à leur scolarité actuelle et prolongées par d'autres organismes;

γ) Limitées à la période de cours, et prolongées par d'autres organismes.

A leur défaut : œuvres post-scolaires, cours complémentaires ou autres organismes.

c_2 = Écoles primaires supérieures $(α, β, γ)$; à leur défaut, autres organismes.

c_3 = Écoles primaires supérieures $(α, γ)$; à leur défaut, autres organismes.

b_1, = Écoles pratiques $(α, β, γ)$.

B

a. Parallèlement à (a) :

c'_2 = Écoles primaires supérieures $(α, β, γ)$, Collèges $(α, β, γ)$, Lycées $(α, γ)$.

c'_2 = Écoles primaires supérieures $(α, γ)$, Collèges $(α, γ)$, Lycées $(α, γ)$.

b_2 = Écoles techniques du deuxième degré

1º Ne donnant que l'instruction technique $(α, β, γ)$.

2º Donnant en même temps l'instruction générale $(α, β, γ)$.

VI. — Un organisme collaborateur de l'école.

Prenant les choses telles qu'elles sont actuellement, nous avons tenté — en y réussissant d'ailleurs — de combler quelques lacunes de la manière suivante :

Depuis 1904, nous nous efforçons de réaliser à l'égard de l'individu, futur ouvrier, futur agriculteur, suivi au cours de son adolescence, pendant son service militaire, et après s'il y a lieu, une *direction* qui, sans surcharge, sans accaparement, par de simples interventions régulières d'une fois la semaine, hiver et printemps chaque année, et d'ailleurs sans préjudice d'un séjour possible dans une école ou de la fréquentation de certains cours, assure à cet individu la possession parfaite des quelques principales connaissances dont il a réellement besoin, qui surtout s'attache à cultiver en lui les qualités intellectuelles et morales, qui enfin l'éclaire (par là même déjà du reste) dans le choix de sa voie ou dans sa marche en la voie qu'il suit.

Nous l'avons fait en suscitant la formation de groupements locaux de professionnels ; chaque professionnel (médecin, agriculteur, industriel, etc.) intervient plusieurs fois de suite ou quand il le faut pour traiter (avec documents concrets, avec échange de questions entre l'auditoire et lui) d'un fait bien choisi, ressortissant à sa compétence. Les auditoires sont de petits groupes homogènes, les individus ayant été préalablement classés de la sorte.

Nous avons obtenu d'excellents résultats, avec une assiduité bénévole parfaitement soutenue.

M. le Dr ZIPFEL.

(Dijon).

Et

M. LEMONIER.

(Paris).

L'ÉCOLE : CE QU'ELLE EST ; CE QU'ELLE DEVRAIT ÊTRE.
EXPOSÉ CRITIQUE.

37 (01)

2 *Août.*

« Après le pain, l'éducation est le premier besoin du peuple. »

L'éducation doit être à la fois physique et intellectuelle et morale. C'est le but que s'est proposé l'État en créant l'obligation scolaire et en établissant les lois organiques sur l'enseignement primaire. Le but est-il atteint? Nous ne le croyons pas. On a fait beaucoup déjà, il reste encore plus et mieux à faire. La formule définitive est loin d'être trouvée.

Depuis 30 ans, la Science a révolutionné le monde par ses découvertes et ses inventions déconcertantes, le machinisme s'est transformé, la technique s'est perfectionnée, seule l'école est restée à peu près ce qu'elle était il y a trente ans : installation, matériel, méthodes, procédés sont sensiblement les mêmes.

Il faut que l'école, comme les organismes vivants, suive la loi d'évolution, qu'elle se modifie; qu'elle se transforme au fur et à mesure des besoins. Le premier besoin, c'est l'éducation. L'éducation a pour base la propreté, l'hygiène et la culture physique. L'instruction ne vient qu'après. Si l'école peut suffire à donner l'instruction, elle est impuissante à donner seule l'éducation, la collaboration de la famille est indispensable. A cette heure, cette « collaboration harmonieuse » n'existe pas, il faut la créer.

En se substituant par l'école à la famille, l'État a assumé des responsabilités redoutables. Il doit d'abord et avant tout « assurer à l'enfant, pendant sa présence à l'école, la sécurité la plus absolue et montrer aux parents, toujours soupçonneux, que tout a été fait pour protéger l'enfant contre l'invasion des maladies contagieuses ».

Il doit ensuite « surveiller le développement physique ».

« Ce n'est pas au moment où l'école est attaquée de différents côtés qu'il faut qu'on puisse dire que l'écolier n'est pas suffisamment protégé contre les contagions d'origine scolaire. »

Pour cela, l'examen individuel des enfants doit avoir lieu à leur entrée et doit être renouvelé fréquemment durant la scolarité. D'où nécessité d'étendre et de perfectionner l'inspection médicale.

Un article du règlement scolaire prescrit que l'enfant « devra se présenter dans un état de propreté convenable et que ceux qui seraient malpropres pourront être renvoyés de l'école ». Cet article est en général inappliqué; aussi a-t-on pu voir un publiciste courageux, M. J. Wogue, engager dans la grande presse une croisade méritoire contre ce qu'il appelle *la Crasse à l'École*. Il y a là un péril auquel il est urgent de remédier sans retard.

Au point de vue de l'installation et du matériel, nous sommes loin encore de pouvoir supporter la comparaison avec l'étranger. Les écoles urbaines ne sont souvent que des casernes étriquées, malsaines, malpropres, dénommées par Lucien Descaves *les écuries d'Augias*. Quant aux cours de récréation, le même auteur a pu les dénommer avec l'approbation publique en leur appliquant un nom qui a fait fortune, il les appelle *des fosses aux ours*.

En parcourant nombre d'écoles à l'intérieur, on ne cesse de faire des constatations lamentables sur lesquelles il serait trop long de s'étendre, relativement à la disposition, l'aménagement, la surface, le cube d'air, l'éclairage, le chauffage, etc. Certes, la République a fait de gros efforts, mais ces efforts sont encore insuffisants, il faut les renouveler et les soutenir, sous peine d'aggraver la crise scolaire.

Dans le domaine de l'enseignement proprement dit, instituteurs, pédagogues, publicistes, tous s'accordent en général à reconnaître aux programmes actuels de graves défauts, sur lesquels il faudrait longtemps discuter et dont le moindre est qu'ils sont trop touffus, trop encyclopédiques, trop abstraits. L'enseignement est resté dogmatique, basé sur la mémoire; la méthode est restée plutôt didactique, encombrée de fadaises. On veut enseigner trop de choses en trop peu de temps. Le certificat d'études est un leurre plus nuisible qu'utile, les soi-disant résultats ne sont au plus qu'un mirage trompeur. Les programmes sont à remettre sur le chantier, suivant l'esquisse merveilleuse de simplicité et de bon sens qu'en a tracée réellement M. Gabriel Hanotaux.

Les horaires sont impraticables et ne tiennent aucun compte des services nouveaux d'assistance, de mutualité, etc., dont l'École a été surchargée, et négligent trop les besoins d'expansion physique de l'enfance.

Le temps est si employé que l'instituteur se trouve obligé de pratiquer une discipline étroite, souvent ridicule, parfois tracassière, qui ne fait pas aimer l'école, parce qu'elle est basée sur la contrainte.

L'enfant n'a pas son franc-parler, il est gêné dans son expansion naturelle, les relations du maître et de l'élève manquent de cette familiarité de bon aloi si désirable, le maître n'est souvent malgré lui qu'un « garde chiourme ».

L'école-caserne, rébarbative, dénuée d'art et de vie, ne satisfait pas l'imagination et ne peut être moralisatrice.

Elle est, de plus, encombrée de poids morts : malades, prétuberculeux, lymphatiques, scrofuleux, rachitiques, nerveux, agités, arriérés, anormaux et infirmes de toutes sortes, tous entassés et mélangés pêle-mêle au hasard des nécessités des effectifs.

Le classement est défectueux, le développement intellectuel n'entre pas en ligne de compte; dans une même classe, la distance, entre la tête et la queue est extrême, ce qui oblige à des répétitions fastidieuses pour les sujets normaux et bien équilibrés.

Le silence et l'attention sont exigés parfois démesurément hors de propos; d'autre part, ils ne sont pas suffisamment respectés quand il y a lieu.

D'ailleurs, on demande aux instituteurs trop de capacités différentes; l'attribution des postes est plutôt chanceuse, les classes sont réparties sans tenir compte des aptitudes.

Enfin, le classement des instituteurs en deux catégories, directeurs et adjoints, ne paraît pas avoir donné des résultats heureux. Il n'y a pas entre eux cette harmonie, cette confiance réciproque, cette collaboration intime et de tout instant sans laquelle il n'y a pas d'éducation possible.

Les professeurs spéciaux sont considérés comme étrangers à l'école, ils n'ont pas place au Conseil des maîtres. Leur enseignement n'est pas coordonné avec les autres.

Dans beaucoup d'endroits, il n'y a pas de médecin inspecteur. Là où il existe, il n'y a aucune collaboration entre le médecin et le personnel. Il se borne à traverser les classes deux fois par mois, ses constatations sont généralement insignifiantes, elles sont d'ailleurs sans sanctions.

Aussi l'hygiène la plus élémentaire est fréquemment transgressée. Dans certaines écoles, on pratique encore le balayage à sec, des enfants y participent, même à Paris; on découvre des peintures datant de dix ans, jamais lessivées, des tablettes de pupitre sont essuyées avec le torchon humide qui sert à laver par terre, même les déjections, etc.

Les enfants sont admis à l'école sans examen médical préalable, sans déclaration des parents : antécédents, tares, dispositions, sont passés sous silence.

En dépit des vœux émis dans les Congrès par les hygiénistes et les pédagogues, les bains-douches sont inexistants. Rarement il y en a dans le voisinage des écoles. La population les ignore ou ne les utilise pas.

Certains élèves se présentent dans un état de saleté répugnant, corps et vêtements. Beaucoup sont remplis de vermine. Certains refusent de faire couper leurs cheveux. Les tabliers scolaires cachent plutôt la saleté que la misère. Les visites de propreté sont très insuffisantes et superficielles. Souvent les lavabos manquent ou sont inutilisés. La pharmacie scolaire la plus urgente fait défaut.

Là où la gymnastique est enseignée, il n'y a ni sélection, ni éliminations, pas d'exercices correctifs individuels. Souvent, d'ailleurs, c'est la leçon sacrifiée aux horaires impraticables, en faveur des leçons intellectuelles.

En somme, l'école remplie d'impedimenta est restée surtout scolastique; tout ce qui touche au corps est pour elle un objet, sinon de mépris, du moins d'indifférence relative.

En conséquence, nous prions la 18ᵉ Section d'adopter les vœux suivants :

VŒUX ET RÉSOLUTIONS. — 1º *Aucun enfant ne sera admis à l'école avant d'avoir été l'objet d'un* examen médical *individuel.*

2º *Pour faciliter cet examen, la famille sera invitée à remplir une déclaration rédigée sous forme de* questionnaire.

3º *Dès la rentrée scolaire, le directeur provoquera et présidera une* assemblée familiale *au cours de laquelle le médecin inspecteur expliquera le sens et la portée du questionnaire et de l'examen individuel. Le directeur profitera de cette réunion familiale pour donner des indications pédagogiques et répondre aux questions des parents.*

4º *A cet effet, le directeur dressera la* liste nominative des pères, mères *ou préposés ayant un enfant inscrit dans l'école. Cette liste servira aux* convocations.

5° *Afin d'entretenir un contact permanent entre les familles et l'école, les assistants seront invités à choisir parmi eux trois, quatre ou cinq* délégués familiaux.

6° *Les* délégués familiaux, *nommés pour la durée de l'année scolaire, auront à toute heure le droit de visite, pur et simple.*

7° *Il y aura au moins une fois par mois une réunion du* Conseil de l'école.

8° *Le* Conseil de l'école *comprendra : le directeur, les instituteurs, les professeurs spéciaux, le médecin inspecteur et les délégués familiaux.*

9° *Le directeur sera président de droit.*

Le maire et l'inspecteur primaire pourront y assister chaque fois qu'ils le jugeront utile.

10° *Le Conseil de l'école délibérera sur tout ce qui concerne l'organisation matérielle et le fonctionnement de l'école. En matière d'hygiène et d'enseignement il émettra des vœux.*

11° *La durée des enseignements théoriques sera réduite à 3 heures pour le cours élémentaire, à 4 heures pour le cours moyen; le reste du temps sera employé à des exercices pratiques, travaux personnels, études, promenades, excursions, visites d'ateliers, de chantiers locaux, etc.*

12° *Dès maintenant, et toutes les fois que les circonstances le permettront, certains enseignements pourront être donnés en plein air, dans les cours de récréations.*

13° *Il y aura une salle de bains-douches par école et, provisoirement, on favorisera des bains-douches dans le voisinage.*

14° *Les bains-douches fonctionneront dans l'école à jour fixe : 1° facultativement pour les amateurs; 2° obligatoirement pour les sujets malpropres ou réfractaires, après avis du médecin et avertissement à la famille.*

15° *Les cheveux des réfractaires seront coupés d'office dans l'école à jours fixés sur avis du médecin.*

16° *Le port de tabliers ne sera autorisé que pendant la journée scolaire; ils resteront à l'école.*

17° *Pour la leçon de gymnastique, les élèves seront groupés par sections, suivant leurs aptitudes physiques et non suivant leur classe.*

18° *Ce sélectionnement sera poursuivi toute l'année d'après les résultats; les inaptes formeront une section spéciale et seront l'objet d'exercices correctifs individuels.*

19° *La leçon de gymnastique ne sera jamais sacrifiée : elle sera placée au début d'une séance.*

20° *Dans les écoles urbaines, il y aura un professeur spécial par établissement.*

21° *Il pourrait être chargé avantageusement des services d'ouverture, mouvements, récréations, interclasses, jeux et promenades.*

22° *En attendant la création d'écoles de plein air, il y a lieu de créer partout, dès maintenant, des classes de plein air dans les jardins et parcs publics (emplacements réservés).*

23° *Il y a lieu de décharger les classes urbaines en déracinant les sujets délicats, nerveux ou anormaux pour les placer individuellement chez les instituteurs de campagne, qui manquent d'élèves, six mois de l'année (voyage à prix réduit, pension en partie à la charge de la famille).*

24° *Il y a lieu d'établir une école centrale d'anormaux psychiques par arrondissement ou par canton.*

25° *Il y a lieu d'en déraciner le plus possible en les plaçant dans les familles d'instituteurs de campagne.*

26° *Provisoirement, il y a lieu de créer dans chaque école urbaine une ou deux classes d'anormaux en supprimant au besoin un cours supérieur ou moyen qui serait reporté dans une école centrale.*

27° *Les anormaux psychiques devraient être enlevés à la famille toutes les fois qu'il serait établi qu'ils sont moralement abandonnés par suite de l'inconduite ou de l'incapacité des parents (déchéance paternelle).*

M. LE Dr JARRICOT,

Chef de Laboratoire à la Faculté de Médecine (Lyon).

SUR L'ENSEIGNEMENT DE LA PUÉRICULTURE AUX INSTITUTRICES.

613.95 (07)

2 Août.

On ne découvre pas sans surprise peut-être que sur ce terrain de l'enseignement de la puériculture aux institutrices la pédagogie touche aux plus hauts horizons de la morale. N'est-ce pas cependant un impératif catégorique que celui de sauvegarder, dans la mesure où cela dépend de nous, la vie du petit enfant?

Ainsi le cours naturel des choses ayant dévolu un rôle de choix à l'institutrice, ce n'est point dilettantisme, mais devoir impérieux, de lui donner une éducation solide en puériculture, un enseignement de l'hygiène infantile en rapport vraiment avec la tâche qui lui incombera dans sa carrière.

Quand les programmes nouveaux prévoient que les principes de la puériculture seront exposés dans toutes les écoles de filles, il n'est pas indifférent de rechercher quelle sera la culture en hygiène infantile des maîtresses chargées de ce nouvel enseignement. Leur savoir tiendra-t-il dans la lettre d'un manuel qu'elles répéteront de mémoire? Et n'auront-elles connu que l'illusoire leçon de choses où l'on manipule une poupée?

Il n'est pas besoin de pousser très avant cette étude pour être amené à conclure qu'un tel enseignement ne doit pas être donné de seconde main et qu'il ne doit pas être théorique seulement. Comme le demandait, l'an dernier déjà, le IIIᵉ Congrès international d'Hygiène scolaire, cet enseignement doit être confié à des médecins; et, comme j'ai été parmi les premiers à essayer de le démontrer, seule une collaboration active aux Consultations de nourrissons permettra aux futures institutrices d'acquérir les connaissances pratiques qui leur sont nécessaires.

Quand je réclame pour le médecin l'enseignement de la puériculture dans les écoles normales d'institutrices, est-il besoin de dire que je ne suis pas guidé par l'arrière-pensée d'un privilège corporatif? Je crois seulement qu'il faut obéir aux mobiles élevés qui ont inspiré le Conseil supérieur de l'Instruction publique et qu'il faut se garder d'accorder à l'opinion publique une satisfaction trop facile.

Au fond, en effet, il ne s'agit nullement de donner à l'institutrice des clartés sur un point laissé dans l'ombre jusqu'ici par les programmes. Le but à poursuivre n'est point du tout que l'institutrice possède des notions d'hygiène infantile, des teintes de diététique du premier âge. Il y a une différence radicale entre l'enseignement de la puériculture qui doit être ménagé à l'institutrice et l'enseignement des autres matières de son programme d'étude. Cette différence a pour mesure le degré d'utilité pratique des connaissances qu'on lui impose de posséder. Et c'est le cours naturel des choses qui impose aussi ce critérium.

Quand l'institutrice vivra sa vie, quand elle occupera son poste à l'école du petit village bressan ou à la « maternelle » d'un faubourg parisien, ses connaissances pourront être tout à fait superficielles sur les enzymes ou sur le roman russe sans qu'il en résulte le moindre dommage autour d'elle. Mais il n'en va pas de la puériculture comme de la chimie biologique ou de l'étude des littératures étrangères. L'institutrice peut ignorer les saccharomyces et confondre Gogol avec Tolstoï, parce que personne n'attend d'elle d'éclaircissement là-dessus. Au contraire, elle ne doit pas ne pas être à même de fournir une réponse opportune et précise à la mère de famille qui l'interroge sur un point précis de l'hygiène des petits enfants.

En somme, je soutiens cette idée que l'enseignement de la puériculture qui doit être donné aux institutrices est plus qu'un exposé théorique des rudiments. Plus explicitement, j'estime que l'institutrice ne doit pas borner ses connaissances spéciales à apprendre quelles sont les coutumes rationnelles; elle doit s'efforcer à connaître les pourquoi de la doctrine et s'exercer aux applications.

Admet-on ces prémisses, il semble difficile de ne pas faire appel au médecin. Cet enseignement, qu'est-ce autre chose, en effet, que de la médecine?

Et comment, d'autre part, se refuser à admettre la nécessité d'expliquer la doctrine et de s'exercer à la pratique?

Ne pas étudier les bases physiologiques de la puériculture, c'est aller presque fatalement au devant d'erreurs dans les applications. Au surplus, c'est rendre l'enseignement insipide pour le public cultivé des écoles normales. Ne pas consacrer des séances à des manipulations, ne pas confronter les élèves avec la réalité, c'est stériliser l'enseignement. La doctrine ne vaut que par ses applications intelligentes, par la manière dont on utilise les connaissances théoriques.

Aussi bien un autre argument s'ajoute à ceux que je viens d'esquisser, et ce n'est pas le moins décisif, pour démontrer combien est nécessaire la collaboration du médecin à cet enseignement particulier de l'hygiène infantile. N'est-ce pas le médecin qui dirige la consultation de nourrissons et peut-on concevoir, en dehors des consultations, un enseignement complet de la puériculture?

Je ne crois pas qu'il soit besoin de reprendre ici cette démonstration. Peut-être, au contraire, n'est-il pas inutile d'examiner, car sur ce point les avis se partagent, comment on doit comprendre la collaboration des élèves elles-mêmes aux Consultations de nourrissons.

A l'examen des faits et des tendances que nous font connaître les publications de ceux que la question intéresse, on trouve que trois méthodes ont été proposées.

Dans le cas le plus simple, les élèves des écoles normales d'institutrices assistent par séries, comme visiteuses, aux séances de consultation.

Certains avantages de cette manière de faire sont évidents et très appréciables. Aucune entrave sérieuse n'est apportée aux études proprement dites; aucune installation spéciale n'est exigée, car il serait sans doute possible de trouver ou d'installer dès maintenant des Consultations de nourrissons dans toutes les villes qui possèdent une école normale d'institutrices.

Je dirai même, je l'ai écrit d'ailleurs (¹), qu'il faut ouvrir ainsi le plus largement possible les portes des Consultations et s'efforcer de faire profiter des leçons qui s'y donnent le plus grand nombre possible de jeunes filles. Mais, il faut bien reconnaître aussi que c'est là un pis aller. Divisées par petits groupes, les jeunes élèves-maîtresses assistent, de loin en loin, à une séance. Elles apprennent peut-être ce qu'est une Consultation de nourrissons; mais, à tout prendre, un film cinématographique donnerait plus simplement ce même résultat. Elles n'y apprendront certainement pas, parce que cela est impossible, dans ces quelques heures prises au cours d'une année, ce que seule peut donner une longue fréquentation des enfants et des mères, une longue suite de tableaux cliniques commentés par le médecin en vue de l'enseignement et servant de thème à ses leçons théoriques.

Dans le cas le moins simple, les élèves feraient un stage dans un institut de puériculture, du type de Porchefontaine, je suppose (²).

(¹) JARRICOT, *Sur l'enseignement appliqué de l'hygiène infantile dans les consultations de nourrissons* (*IIIᵉ Congrès d'Éducation familiale.* Bruxelles, t. VII, 1910, n° 6, p. 65).

(²) PR. PINARD, *Des instituts de puériculture après la naissance* (*Bul. de l'Acad. de Méd.*, 1911, n° 7).

Si le stage peut être suffisamment prolongé, je crois que ce mode d'enseigner la puériculture touche à la perfection. Mais serai-je taxé de pessimisme si j'estime qu'il y a des difficultés pratiques insurmontables à réaliser d'un jet cet idéal dans chacune des 87 villes françaises qui possèdent une école normale d'institutrices. Il est aisé de se rendre compte combien, même sans copier l'admirable Porchefontaine, de telles conditions seraient dispendieuses et combien aussi il s'agit d'entreprises difficiles à mener à bien en dehors des générosités et des ingéniosités de l'initiative privée. Je crains fort que le vœu, si justement motivé du reste, de M. le professeur Pinard, ne dépasse pas de longtemps la tribune de l'Académie de Médecine.

A côté de ces deux méthodes extrêmes de faire participer aux consultations de nourrissons les élèves des écoles normales d'institutrices, il y a place pour un dispositif intermédiaire; et c'est le système auquel irait ma préférence (¹). On pourrait le définir ainsi :

A chaque école normale d'institutrices, il est annexé une consultation de nourrissons. — Goutte de lait. Le médecin directeur de la consultation est chargé du cours théorique de puériculture. Les élèves de la dernière année assistent à toutes les séances de consultation. La consultation a lieu, du reste, dans une véritable petite salle de clinique et chaque enfant présenté sert de matériel d'enseignement. Aux séances, quelques élèves manipulent les enfants, les pèsent, mettent au net les fiches, les graphiques du poids, les carnets individuels, etc. A l'issue de chaque séance, les faits les plus intéressants qui ont été observés forment le thème d'une leçon familière. Entre les séances, le local de la Goutte de Lait sert aux manipulations : préparation effective des régimes, c'est-à-dire stérilisation du lait, confection des bouillies, des bouillons de légumes, etc. (²).

Ce projet, à mon sens le projet de choix, est-il irréalisable, insuffisant, trop dispendieux? Je ne sache pas qu'une objection sérieuse lui ait été opposée.

Il ne se heurte qu'à une seule difficulté, celle de ne pas dépendre d'une volonté unique. A l'inverse des Consultations de nourrissons, qu'une décision fait naître et qu'un peu de dévouement et de ténacité fait vivre, la réalisation de ce projet dépend de l'assentiment de nombreuses personnes, instruites d'ailleurs, altruistes en général et bien intentionnées, mais qui semblent demeurer à peu près étrangères aux préoccupations récentes de l'hygiène sociale.

Je souhaite que l'idée philosophique très haute qui domine tous les efforts de la puériculture moderne incline à s'occuper de ce projet modeste tous ceux qui pourraient, et bien facilement, en assurer le succès.

(¹) J. JARRICOT, *Consultation de nourrissons et écoles normales d'institutrices* (*Association française pour l'Avancement des Sciences*, Congrès de Toulouse, 1910).

(²) J. JARRICOT, *Rapport à M. le Préfet du Rhône sur l'école limousine des mères et sur la création d'une œuvre analogue à Lyon*, in *Rôle social et pratique du fonctionnement des consultations de nourrissons et des gouttes de lait*. Baillière, à Paris, p. 279 et suivantes.

Mlle TARY.

LES ÉCOLES AMBULANTES MÉNAGÈRES ET AGRICOLES EN FRANCE.

37 : 63 + 64

? Août.

Il existe en France deux sortes d'écoles ambulantes :

1° Les écoles ambulantes ménagères et agricoles pour jeunes filles;

2° Les écoles ambulantes d'agriculture pour jeunes gens.

Ces deux catégories d'écoles partent du même principe. Elles ont pour but de donner une instruction agricole et ménagère aux jeunes filles et aux jeunes gens, en allant au-devant d'eux, sans leur faire perdre contact avec la campagne.

Quelle est l'origine de ces écoles ? quelle en est l'organisation ? Quel en est le fonctionnement ? Autant de points sur lesquels nous nous arrêterons successivement.

ÉCOLES FRANÇAISES AMBULANTES MÉNAGÈRES ET AGRICOLES
POUR JEUNES FILLES.

L'école pratique de laiterie pour jeunes filles de Kerliver, dans le Finistère, fondée en 1884, celle de Coëtlogon (Ille-et-Vilaine), en 1886, enfin l'école ménagère agricole de Monastier, dans la Haute-Loire, peuvent être considérées comme autant d'antécédents des écoles ambulantes françaises.

En 1907, la première Commission du Comité d'organisation et de perfectionnement de l'enseignement de l'agriculture émit le vœu qu'on organisât des cours temporaires spécialement agricoles et ménagers.

La même année, une somme de 40 000 fr a été votée pour être attribuée à ces cours.

En 1910, M. Fernand David, rapporteur du budget de l'agriculture, disait « Je crois qu'il faut s'occuper de la femme, qui est la gardienne du foyer et de laquelle dépend le bonheur familial ». Il proposait à son tour de créer des écoles ménagères agricoles temporaires fixes et des écoles temporaires volantes.

La Société nationale d'encouragement à l'agriculture, ayant cette question à l'ordre du jour de son assemblée générale de février 1911, vota à l'unanimité que les écoles ménagères agricoles ambulantes soient créées dans tous les départements; qu'il soit créé un cours normal ménager pour la préparation des maîtresses des écoles ambulantes ménagères agricoles; qu'il y a lieu d'y envoyer les élèves-maîtresses sortant des écoles normales d'institutrices; que l'école ménagère agricole ambulante tienne chaque année une session de trois mois à l'École normale pour les élèves de troisième année en vue de la vulgarisation aussi rapide que possible de l'enseignement ménager agricole à l'école primaire.

M. J.-M. Guillon, inspecteur de la viticulture, dans un article publié en juin 1911 par le *Bulletin mensuel de l'Office de renseignements agricoles*, a donné des écoles ambulantes la définition suivante : « On appelle ainsi une École ménagère agricole départementale qui se fixe, pendant une durée variable dans une commune rurale, à la demande de la municipalité et par décision du préfet, et qui est ensuite déplacée, à la fin de la session d'études, pour être transportée dans une autre commune rurale. Cette école donne un enseignement ménager agricole adapté aux conditions économiques de la région où elle se trouve. »

Un des caractères de l'enseignement ménager ambulant est donc sa souplesse, la facilité avec laquelle il s'adapte aux besoins locaux. Suivant que la région est à production fourragère ou à céréales, la laiterie ou l'agriculture y occupent une place plus ou moins grande.

On distingue deux types d'écoles ambulantes :

1° Les écoles volantes d'une durée de trois semaines environ;
2° Les écoles ménagères agricoles d'une durée de trois mois.

Les premières ont l'avantage d'être plus économiques et de donner dix sessions par an. C'est le cas des écoles volantes de l'Ardèche, des Côtes-du-Nord.

L'école ambulante fixe se déplace tous les trois mois environ. Il y a habituellement trois sessions par an, car il faut tenir compte du temps nécessaire au déménagement et, d'autre part, il est difficile d'obtenir, pendant les vacances, une fréquentation régulière.

Le lieu et la durée de chaque session sont fixés par arrêté préfectoral, après examen des demandes formulées.

Les communes doivent fournir les locaux ainsi que le chauffage et l'éclairage. Elles doivent aider à l'installation et à l'emballage du matériel et fournir les matières nécessaires aux exercices pratiques.

Le traitement du personnel, l'allocation au professeur départemental, les indemnités aux professeurs chargés des cours de jardinage et d'élevage sont à la charge du département.

L'État accorde généralement à chaque département qui organise l'enseignement ménager une subvention.

Chaque école ambulante ménagère agricole est placée sous la surveillance du professeur départemental d'agriculture et d'un délégué nommé par le préfet. Elle doit comprendre 15 élèves au moins, 25 élèves au plus. Le régime est l'externat. Les cours sont gratuits. Les conditions d'admission sont au nombre de trois : 1° être âgée de 15 ans au moins; 2° posséder une bonne instruction primaire; 3° prendre par écrit l'engagement de suivre régulièrement le cours et d'exécuter tous les travaux pratiques.

Le matériel nécessaire doit être celui qui permet l'exécution de tous les travaux de la ferme. Il doit comprendre :

1º Un matériel de cuisine (cuisinière, buffet, batterie de cuisine, service de table, boîtes de conserve);

2º Les objets nécessaires à la lessive, au repassage du linge;

3º Pour la couture : machine à coudre, mannequin, patrons, vêtements confectionnés, collection de tissus;

4º Les objets nécessaires à la réception et au contrôle du lait (matériel d'analyse, crémomètres, densimètres, pèse-acides, produits chimiques), ainsi qu'à la fabrication du beurre et du fromage (écrémeuses, barattes, malaxeuses, tables, moules, spatules);

5º Pour l'élevage : couveuses et éleveuses, ruches, outils d'horticulture, instruments nécessaires aux soins du bétail;

6º Enfin, un matériel de classe, tables, chaises, bibliothèques, tableaux d'enseignement, armoire-musée avec pharmacie de ménage, herbier, collections de graines.

Ce matériel, placé sous la responsabilité du personnel de l'école ambulante est transportable d'une localité à l'autre.

Le personnel enseignant est nommé par le préfet.

Le professeur d'agriculture départemental est chargé des cours de zootechnie, d'agriculture, d'aviculture et de tenue du jardin potager.

Le personnel comprend en outre deux maîtresses spécialement préparées à cet enseignement, aidées d'une sous-maîtresse pour les travaux de laiterie et les autres exercices pratiques.

Dans presque toutes les localités, il est facile de s'assurer la collaboration d'un médecin qui donnera avec autorité quelques conférences sur l'hygiène.

A l'exception des samedis, dimanches et fêtes, les élèves sont exercées de 8 h à 11 h du matin à tous les travaux pratiques de la ferme, aux travaux du ménage; l'après-midi, de 1 h à 4 h, se font les leçons théoriques, avec démonstrations pratiques aussi nombreuses que possible. Trois fois par semaine, les élèves sont tenues de prendre le repas de midi à l'école, repas préparé par leurs soins; les frais sont partagés également entre elles.

Une fois par semaine, de préférence le jour du marché de la localité, l'école reste ouverte au public et les maîtresses fournissent des renseignements à ceux qui s'intéressent à l'enseignement ménager.

Le programme des écoles ménagères et agricoles ambulantes, pour répondre au but qu'elles se proposent, doit comprendre l'hygiène et l'économie domestique.

Celui qui est actuellement suivi comprend en outre l'éducation morale, la laiterie, l'agriculture et le jardinage, la production et l'exploitation du bétail, l'aviculture, l'agriculture, la comptabilité agricole et ménagère.

A la fin de chaque session, il est procédé à des examens passés devant un jury composé généralement du professeur départemental d'agriculture, de la directrice de l'école ambulante, de l'inspecteur primaire de la circonscription et de quatre personnes désignées par le préfet, parmi les membres du Conseil général et parmi les présidents des comices agricoles du département.

L'examen porte sur toutes les matières du programme. Le classement s'établit par l'addition des notes de l'examen aux notes des travaux pratiques de l'année et des interrogations de classe.

Les résultats obtenus déjà dans l'Ardèche et les Côtes-du-Nord par les écoles ambulantes ménagères et agricoles sont très encourageants. Ils méritent d'attirer l'attention des autres régions. Il faut remarquer cependant que si l'organisation de ces écoles est simple en apparence, elle nécessite pour leur bon fonctionnement des professeurs habiles, des maîtresses capables et dévouées, et ce personnel ne peut être préparé que dans une école normale spéciale.

M. Duclos, inspecteur général de l'agriculture, écrivait en 1908, à propos des qualités que doit posséder le personnel enseignant des écoles ménagères ambulantes :

« Il faut que les maîtresses réunissent toutes les qualités qui leur permettent de s'imposer dans toutes les communes où elles passeront, qui leur permettront d'obtenir des élèves un travail régulier et soutenu, car, il ne faut pas l'oublier, trois mois sont vite écoulés et pas une minute ne doit être perdue.

» Les maîtresses devront posséder, en outre d'une forte instruction générale, indispensable à tout professeur, une instruction technique qui leur assurera la réussite dans toutes les démonstrations pratiques exécutées à l'école.

» Elles devront encore avoir toutes les qualités qui font de la femme la meilleure maîtresse de maison et la meilleure fermière, afin de montrer toujours aux élèves l'exemple de l'ordre, de l'activité, de la vigilance, de l'économie. Elles s'attacheront à ce que l'école soit toujours dans un état de propreté parfaite et que l'ordre règne partout. Enfin, elles devront surtout s'imposer par une tenue irréprochable à tous les points de vue, par la simplicité qui n'exclut pas le bon goût, par leur humeur égale, leur bonté pour toutes les élèves indistinctement.

» Il faut lorsqu'elles quittent la commune que les maîtresses soient regrettées par tous ceux qui les ont connues. »

Pour répondre réellement à leur but, les écoles ménagères ambulantes devraient, il me semble, limiter de plus en plus leur programme.

M. Pierre Joigneaux écrivait en 1882 : « La fermière aussi a besoin de souplesse d'esprit, d'intelligence, d'activité, de toutes les connaissances qui font une ménagère accomplie. Non seulement la laiterie, mais la cuisine, le potager sont naturellement à sa charge. » Soit. Mais qui trop embrasse mal étreint. Excès de bien ne nuit jamais en effet, et qui peut parler de la femme sans vouloir qu'elle soit parfaite? Cependant, nous croyons que les écoles ambulantes répondraient à leur but en se bornant simplement à enseigner par la pratique les quelques notions qui permettraient à leurs élèves d'être à hauteur de leur tâche journalière : économie domestique, pédagogie maternelle et hygiène, enseignement agricole. « Donner aux jeunes filles de la campagne une bonne, judicieuse et saine éducation, compléter leur instruction primaire, leur faire acqué-- rir, en outre, les connaissances techniques théoriques et pratiques, aujourd'hui indispensables à la femme, tel est le triple but à atteindre. » De ce programme, qui peut se résumer en ces trois termes : éducation, instruction générale, culture professionnelle, retenons surtout le dernier.

Peu importe que les élèves des cours ambulants ne possèdent pas déjà une bonne instruction primaire, si notre ambition se borne simplement à la vulgarisation des notions d'hygiène et d'agriculture, il suffit qu'elles sachent lire et écrire.

A l'exemple de la Belgique, accueillons toutes les jeunes filles désireuses d'apprendre à mieux faire, même si leur trop court séjour à l'école primaire ne leur a permis d'en emporter qu'un faible bagage de sciences. Un enseignement simple et pratique, se limitant aux seules notions utiles, est accessible pour toutes les intelligences.

D'autre part ne peut-on pas faire plus simplement ? avec un matériel plus restreint, dans un local déjà aménagé : école normale, écoles primaires supérieures, où l'on mettrait une salle, à certains jours, à la disposition de l'école ambulante : jeudis et dimanches, certains soirs. On a pu réaliser presque sans frais ce genre d'enseignement à l'École primaire supérieure des jeunes filles de Jussey (Haute-Saône).

L'examen de fin d'études devrait récompenser le mérite à l'égal du savoir, tenir compte de l'assiduité au cours, de la tenue et de la bonne volonté. A côté du diplôme, il devrait y avoir le certificat d'assiduité.

ÉCOLES AMBULANTES D'AGRICULTURE POUR JEUNES GENS.

L'enseignement agricole ambulant est très en honneur à l'étranger.

Au Danemark, les cours sont de deux semaines et se terminent par des voyages d'instruction. 40 à 50 propriétaires ruraux visitent les fermes bien tenues, les champs d'expériences où sont appliquées les théories qu'ils viennent d'apprendre.

En Suède, depuis 1835, des instituteurs spécialisés dans l'élevage, l'industrie laitière, donnent l'enseignement agricole ambulant, payés par l'État ou subventionnés par des sociétés.

En Italie, il se crée chaque jour de nouvelles chaires ambulantes d'agriculture, de viticulture, de zootechnie.

En France, cet enseignement a d'abord existé, sous forme de conférences données par les professeurs départementaux et spéciaux d'agriculture. Ainsi son moyen d'action a été fort limité. On a voulu y joindre de véritables cours donnés par les écoles ambulantes d'agriculture. Le département du Nord fut le premier à les organiser afin de « donner aux fils de cultivateurs, possédant déjà une certaine pratique des choses agricoles, ou aux cultivateurs eux-mêmes les connaissances théoriques élémentaires qui leur manquaient ».

Pendant l'hiver de 1909, deux sessions à Cambrai et à Hazebrouck donnèrent d'excellents résultats, avec environ 36 leçons d'agriculture et de zootechnie suivies de quatre excursions.

A Hazebrouck, sur 46 auditeurs inscrits, 25 ont pris part aux examens : 23 ont obtenu le diplôme, 2 le certificat d'assiduité.

A Cambrai, 51 auditeurs furent inscrits : 42 se présentèrent aux examens; sur 35 admissibles, 32 obtinrent le diplôme, 3 le certificat d'assiduité.

Deux autres sessions furent tenues à Valenciennes et à Douai.

C'est au professeur d'agriculture qu'il appartient de préparer les sessions après entente avec la municipalité qui doit recevoir l'école.

Le local, les frais de chauffage et d'éclairage sont à la charge des communes. Sont admis de préférence les cultivateurs ayant déjà fait de la pratique. Le cours doit comprendre 30 élèves au moins. Il est forcément limité à l'hiver, temps durant lequel les cultivateurs ont quelque loisir. Chaque séance comprend deux leçons et a lieu de préférence le dimanche et de 1 h à 4 h de l'après-midi.

Les programmes tiennent compte des besoins locaux, suivant qu'il s'agit, comme à Cambrai, d'un pays de céréales et de cultures industrielles, ou comme à Hazebrouck, pays d'élevage, de production de bétail, une plus grande place est faite à l'agriculture ou à la zootechnie.

On ne saurait trop appeler la sollicitude administrative et privée sur l'enseignement agricole ambulant et préconiser cet enseignement, seul moyen pratique, à mon sens, de « vulgariser les connaissances scientifiques nécessaires à tout bon cultivateur ».

Mˡˡᵉ TARY.

(Lyon).

L'ENSEIGNEMENT MÉNAGER EN BELGIQUE.

37 : 64 (493)

2 Août.

I. — ÉCOLES NORMALES MÉNAGÈRES.

Il n'existe pas en Belgique d'Écoles normales ménagères proprement dites. Les Écoles normales de Liège et de Wavre-Notre-Dame, la première relevant du Ministère des Sciences et des Arts, l'autre du Ministère du Travail et de l'Industrie, préparent pendant les vacances le personnel des Écoles ménagères. Ces deux établissements rivalisent de zèle et, chaque année, le nombre de diplômés augmente.

En général, ce sont les professeurs attachés à ces écoles qui, moyennant une allocation et sur leur demande, sont chargés des cours de vacances. Les programmes sont à peu près les mêmes avec, cependant, quelque différence de degré à l'avantage de l'École normale de Liège.

Programme des examens de capacité pour l'enseignement de l'économie domestique et des travaux de ménage en Belgique. — L'examen comporte une épreuve écrite et orale et des épreuves pratiques et didactique.

Les deux premières portent sur l'hygiène, l'économie domestique et l'horticulture. Une question au moins sur chacune de ces trois branches doit être posée par le jury, à chaque aspirante.

Les épreuves pratiques consistent dans l'exécution de travaux : 1º de nettoyage, lavage, repassage; 2º de raccommodage, rapiéçage d'un vêtement et d'une pièce de lingerie; 3º les épreuves culinaires consistent dans la préparation d'un menu pour famille ouvrière et de petite bourgeoisie, avec détermination des prix de revient.

L'épreuve didactique consiste en une leçon faite par chaque aspirante, sur un sujet choisi parmi les matières du programme d'économie domestique des écoles primaires élémentaires. Le sujet de cette leçon, de même que ceux des autres épreuves, sont désignés par le sort.

II. — COURS NORMAL MÉNAGER DE LA PROVINCE DE BRABANT.

Malgré le fonctionnement annuel des deux Écoles normales ménagères belges de Wavre-Notre-Dame et de Liège, le personnel, préparé en vue de l'enseignement ménager, ne répond pas encore aux besoins des communes rurales dans toutes les provinces. Comme le faisait remarquer M. Beco, gouverneur du Brabant, dans une circulaire du mois de juillet dernier : « Si les sommes mises à la disposition des communes pour faciliter la création des classes ménagères, ne sont pas utilisées, c'est parce que les maîtresses compétentes font défaut. »

Mais le Brabant vient de combler cette lacune en organisant, pour la formation de ce personnel, des Cours normaux de vacances absolument gratuits.

Inauguré à Bruxelles avec 30 élèves, le 16 août 1911, dans les locaux spacieux et modernes de l'École ménagère nº 10 de la rue Locquenghien, mis gracieusement à la disposition de la province par la ville, le Cours normal ménager du Brabant eut lieu tous les jours, du 16 août au 9 septembre, de 8ʰ à 12ʰ et de 2ʰ à 6ʰ du soir. Il se poursuivit ensuite jusqu'à Pâques, tous les jeudis après midi, soit une moyenne de 280 à 285 heures de leçons par an.

Le personnel préposé à ces cours se compose de la directrice, Mlle Wauters, professeur d'École normale, chargée de l'enseignement de l'hygiène et de l'économie domestique; de deux maîtresses ménagères pour la cuisine et le blanchissage, d'un professeur d'horticulture.

Théoriques et pratiques, les programmes comprennent :

1º *a. Des cours d'hygiène* : hygiène corporelle, de l'habillement, de l'habitation, de l'alimentation; les soins à donner en cas d'accidents; la prophylaxie des maladies contagieuses; l'hygiène infantile, l'hygiène professionnelle;

b. Des cours d'économie domestique : entretien de l'habitation, du linge, des vêtements; chauffage et éclairage; choix, conservation des substances alimentaires;

c. Des cours de cuisine : théorie des cuissons; valeur nutritive des aliments; préparations alimentaires pour enfants, malades et convalescents;

d. Des cours d'horticulture : établissement et entretien d'un jardin potager et d'agrément; exposition, forme, étendue, distribution, succession des cultures; culture des plantes, fleurs et légumes de la contrée.

2º *Des exercices pratiques de cuisine,* lavage, repassage, raccommodage, nettoyage, couture, coupe, mode, horticulture, pansements.

A tour de rôle, le groupe qui cuisine prend le repas de midi à l'École ménagère. Les élèves établissent le menu, justifient leur choix, vont acheter les éléments qui doivent le composer, évaluent la dépense totale, le prix de revient par plat et par personne. Elles s'entendent pour mettre le couvert, laver et ranger la vaisselle, frotter les casseroles, nettoyer le fourneau.

Les recettes sont écrites au tableau noir. Chaque élève les copie avec soin sur son cahier.

Les jeunes institutrices dont la tendance fâcheuse est de se contenter de trop peu, de négliger leur cuisine, sont par cela même incitées à s'occuper de préparations culinaires en dehors du Cours ménager. Chez soi, on a hâte de refaire le plat qu'on vient d'apprendre à préparer si méthodiquement. On consulte ses notes, on se met à l'œuvre et l'on recommence autant de fois qu'il est utile pour réussir telle ou telle sauce, conduire à bien telle ou telle préparation. Ainsi, on s'entraîne, on s'habitue à préparer soi-même ses repas, à soigner comme il convient son alimentation. Ce résultat est précieux entre autres. L'enseignement et la santé s'en ressentent pour le plus grand bien des élèves et de la maîtresse.

J'ai eu l'avantage de suivre le Cours normal ménager de la province de Brabant, à Bruxelles, du 20 août au 9 septembre 1911, et j'en ai retiré grand profit. Je remercie l'administration centrale d'avoir bien voulu m'accorder cette faveur; Mlle Wauters, la Directrice, dont la bonté a été pour moi un encouragement, la haute compétence un guide; Mme Quaivrin, Mme Smeeters, M. Buyssen, professeurs; les élèves, mes compagnes, toujours si empressées à m'aider, tous sont priés d'agréer l'expression de ma bien vive gratitude.

Les élèves s'exercent à tour de rôle à faire des exposés oraux sur des sujets empruntés aux programmes d'enseignement ménager des Écoles primaires élémentaires; exposés suivis de remarques critiques de l'auditoire, de mise au point par le professeur, s'il y a lieu.

Les élèves du Cours ménager visitent par groupes de dix des consultations de nourrissons, des crèches, des pouponnières; elles sont admises dans différents services hospitaliers.

Un examen de capacité sanctionne ces études. Il se fait à la fin des vacances de Pâques, devant un jury désigné par la députation permanente.

Des cours si bien compris ne peuvent que répondre au but qui a présidé à leur organisation : former un personnel capable de faire pénétrer dans les campagnes les notions d'hygiène et d'économie domestique, l'art de conserver la santé et l'art de savoir utiliser les ressources du milieu ambiant. Là, en effet, est peut-être la solution du problème économique la sauvegarde contre la menace incessante de l'enchérissement de certaines denrées. Une ménagère avisée ne sera pas tout à fait désarmée en présence de la vie chère, si d'un minimum de dépenses elle sait tirer un maximum de profits, faire choix, à bon escient, des aliments à sa portée, les moins coûteux et les plus nutritifs.

III. — ÉCOLES MÉNAGÈRES FIXES.

La création des écoles ménagères est considérée, en Belgique, comme une des mesures qui peuvent le plus rapidement contribuer à améliorer la condition morale et matérielle des familles ouvrières.

Aussi, ces écoles, déjà très nombreuses, augmentent-elles chaque jour, se multipliant, se développant sous les formes les plus diverses. Les unes fixes, les autres ambulantes relèvent tantôt du ministère des Sciences et des Arts, tantôt du Ministère du Travail et de l'Industrie; ayant des buts différents, elles s'adressent à des catégories différentes d'élèves.

Les premières sont destinées à initier aux travaux du ménage les jeunes filles qui fréquentent les classes supérieures des écoles primaires communales; les autres sont destinées aux adultes. Dans le courant d'une année scolaire, les élèves des classes supérieures des écoles primaires passent à tour de rôle, plusieurs jours de suite, en tout cinq semaines complètes à l'une des trois écoles ménagères de la ville de Bruxelles. Ce roulement est établi de telle sorte que les mêmes élèves des différentes écoles de la ville reviennent toutes les quatre ou cinq semaines.

Un cours du soir est annexé à chacune des trois écoles ménagères de la ville. Il se donne le mercredi et le vendredi, de 5 h à 7 h.

Le programme comprend des cours pratiques : cuisine, lessivage, repassage, nettoyage, raccommodage des vêtements, préparation des remèdes familiers... Des cours théoriques : notions très simples d'hygiène, d'économie domestique, de pédagogie maternelle.

Le programme des cours du soir est essentiellement pratique.

Le personnel se recrute parmi les maîtresses diplômées de l'École normale ménagère de Liége, qui, chaque année, organise à cet effet des cours de vacances suivis par les institutrices ayant accompli un stage dans l'enseignement ménager. L'examen a lieu à Pâques.

**

Des cours ménagers pour adultes sont aussi organisés dans les Écoles ménagères.

Ils se donnent une ou deux fois par semaine de 5 à 8 ou 9 h du soir.

Les auditrices sont, en général, réparties en trois groupes. Chaque groupe s'occupe, pendant la première semaine, de cuisine et de nettoyage; pendant la deuxième, de lavage et de repassage; enfin, pendant la troisième, de raccommodage et de couture.

Pendant le travail à l'aiguille, une causerie est faite avec les élèves sur l'économie domestique. Elles écoutent tantôt une lecture ayant trait à l'hygiène et à la la puériculture, tantôt elles reçoivent des conseils intéressant la conduite morale.

Elles apportent le linge et les vêtements à raccommoder et sont tout heureuses de rapporter à la maison les pièces d'habillement remises à neuf par leurs soins. Celles qui le peuvent confectionnent des layettes destinées à des crèches ou à d'autres œuvres d'assistance, vont les porter elles-mêmes et assistent aux consultations de nourrissons.

Les élèves, mariées ou jeunes filles, suivent régulièrement les cours. Elles prennent vite goût à ces exercices qui sont, pour les unes, le moyen de savoir tirer parti d'un modeste budget; pour les autres, une véritable préparation à la vie, un gagne-pain.

**

Les écoles et classes ménagères du Ministère du Travail et de l'Industrie sont très nombreuses. Établies dans toutes les provinces, ces utiles institutions s'élèvent actuellement à plus de 200 et le nombre de leurs élèves dépasse 9000.

Instituées par la circulaire ministérielle du 26 juin 1889, elles sont actuellement régies par les dispositions de la circulaire du 21 janvier 1899.

Elles ont pour but d'assurer l'éducation ménagère aux jeunes filles d'au moins 14 ans, qui n'ont pu bénéficier de l'enseignement ménager donné à l'école primaire.

Elles ne font pas double emploi avec les écoles ménagères du Ministère des Sciences et des Arts, mais comblent fort heureusement une lacune en assurant l'éducation ménagère de toutes les fillettes de 14 ans, qu'elles aient ou non suivi les cours supérieurs des écoles primaires.

L'enseignement donné ne diffère guère, dans son esprit du moins, de celui des autres écoles ménagères. Il a une tendance plus exclusivement pratique; les cours théoriques sont moins nombreux.

On y exécute simultanément tous les travaux du ménage : cuisine et nettoyage, lessivage, repassage, raccommodage et entretien des vêtements et du linge.

Les jeunes filles sont divisées en quatre groupes, dont chacun exécute les travaux d'une des catégories précitées. Un roulement a lieu chaque semaine entre ces quatre groupes, de telle sorte que chacune des élèves exécute successivement tous les travaux du ménage. Les travaux pratiques sont toujours précédés d'un exposé théorique relatif aux travaux à exécuter. L'école fonctionne tous les jours de la semaine pendant toute la journée, ou pour le moins quatre jours par semaine.

Les classes ménagères constituent pour la plupart des cours spéciaux pour adultes. Leur programme est moins étendu. Chaque séance comporte des exercices théoriques et pratiques. Les travaux de coupe et de confection sont facultatifs. Deux années sont nécessaires pour, à raison de deux classes de 3 heures et demie par semaine, parcourir tout le programme.

Les classes et les cours ménagers sont confiés à un personnel spécial. Un cours normal est organisé depuis 1898 à Wavre-Notre-Dame, pendant les grandes vacances, pour la formation du personnel enseignant des écoles et des classes ménagères. Un examen de capacité a lieu chaque année, pendant les vacances de Pâques, devant un jury nommé par le Ministère du Travail et de l'Industrie.

Les écoles ménagères professionnelles ne diffèrent de nos écoles primaires supérieures que par la moindre durée de la scolarité et aussi par ce fait qu'elles placent l'enseignement ménager au même rang que les autres branches de leur programme.

Elles visent avant tout à donner aux jeunes filles de la petite bourgeoisie une éducation ménagère complète.

Leur programme comprend des cours théoriques : notions élémentaires de français et de flamand, d'arithmétique, de comptabilité ménagère, d'économie domestique, et d'hygiène. Des cours pratiques : couture, raccommodage, coupe et confection, lingerie, cuisine, lessivage, repassage, entretien de la maison et du mobilier. La durée de ces études est de deux ans.

Enfin, même dans les écoles professionnelles, l'enseignement ménager ne perd point ses droits en Belgique. Si les cours d'enseignement professionnel ne comportent pas l'économie domestique, ils comprennent toujours la coupe, la confection, la cuisine.

L'enseignement ménager a également droit de cité dans les études secondaires. Il fait partie intégrante de l'éducation des jeunes filles et partout il est donné de la façon la plus conforme à la situation sociale des élèves auxquelles il s'adresse.

IV. — ÉCOLES MÉNAGÈRES AMBULANTES.

Les premières écoles ménagères ambulantes de Belgique datent de 1890. Ces écoles se transportant, chaque année, dans une région différente, font mieux constater les avantages de l'enseignement ménager; elles préparent des maîtresses capables de donner cet enseignement, provoquent l'initiative des municipalités en vue de la création de nouvelles classes ménagères fixes.

Organisée en octobre 1908, l'école ménagère ambulante de la province de Liège commença à fonctionner en janvier 1909. Ce fut la commune de Herstal, centre populeux et essentiellement ouvrier, qui fut choisie pour les débuts de l'œuvre.

Une propagande aussi active qu'intelligente assura le succès de l'école.

Les cours furent répartis en deux catégories :

1° Les cours ménagers proprement dits, comprenant des cours du jour et du soir;

2° Les cours de coupe et de confection.

A l'ouverture de l'école, les cours du soir comptaient 80 élèves; les cours du jour, 45; les cours de coupe et de confection, 30.

L'horaire de ces cours fut ainsi fixé: cours ménagers du jour, de 8 h 30 m à midi; cours ménagers du soir, de 5 h 30 m à 8 h 30 m. Les élèves sont réparties en groupes de 8 à 12 élèves, cuisine, lavage, repassage, nettoyage. Le groupe qui cuisine consomme gratuitement ou au prorata des dépenses les mets qu'il a préparés.

Les cours de coupe et de confection ont lieu de 2 h à 5 h du soir, avec congé le samedi.

Le programme comprend dans ses grandes lignes les notions d'économie domestique et d'hygiène, ainsi que les travaux de couture que toute femme doit savoir exécuter.

Choix, achat, conservation et préparation des aliments.

Notions de physiologie nécessaires pour rendre intelligibles les phénomènes de la nutrition, les fonctions de la peau, l'hygiène des organes des sens, etc.

Puériculture et pédagogie du premier âge.

Hygiène de l'habitation, hygiène corporelle. Lessivage, lavage, et repassage du linge.

Un peu de droit usuel, de morale et d'économie sociale.

L'enseignement donné par les Écoles ambulantes belges diffère de celui qui est donné dans les autres écoles ménagères. Il comporte, chaque jour et pour chaque cours, 1 heure d'enseignement théorique, pendant laquelle on apprend occasionnellement le français et l'arithmétique appliqués, pourrait-on dire, car c'est à propos de la correction d'un problème se rapportant à la vie domestique que la maîtresse apprend à appliquer les règles de calcul, d'un devoir écrit ou d'un exposé oral, ayant trait à l'hygiène, à la puériculture, qu'elle a l'occasion de faire des leçons de français.

Cet enseignement, rendu aussi intuitif que possible, est encore facilité par l'organisation de l'école elle-même. Les élèves vivent en quelque sorte de la vie des maîtresses, durant le temps passé à l'école ambulante, dans le local mis à leur disposition par l'administration communale. Elles ne sont jamais seules ou abandonnées à elles-mêmes. Elles travaillent avec les maîtresses. Il est, en effet, de bonne pédagogie là-bas d'exécuter d'abord soi-même ce qu'on veut que les élèves fassent ensuite.

Le silence n'est pas non plus de rigueur. Les élèves causent entre elles et avec les maîtresses, les tiennent au courant de leurs préoccupations, reçoivent des explications complémentaires. Quand elles prennent un repas à l'école, elles mangent avec les maîtresses. Elles tiennent en un mot « ménage avec les maîtresses » selon l'expression de M. Henrard, échevin de l'Instruction publique.

Dès la première année (1909), ces études eurent leurs sanctions. 45 élèves des cours ménagers du jour et du soir, 20 des cours de coupe et de confection se présentèrent aux examens qui eurent lieu du 23 août au 1er septembre 1909. 42 obtinrent le diplôme.

L'examen comprend des épreuves théoriques écrites et orales et des épreuves pratiques.

Les épreuves écrites portent sur un problème dont la solution comporte l'exposé résumé du cours d'alimentation et d'économie domestique, et dix questions écrites portant sur l'ensemble du cours.

Les épreuves pratiques permettent à la Commission de voir au travail les élèves des différents groupes, de les questionner en même temps et successivement sur le pourquoi et le comment des opérations auxquelles elles participent.

Les questions posées donneront mieux que tout commentaire une juste idée de cet enseignement.

Questions posées.

1. *Problème.* — Une famille se compose de six personnes : le père, la mère et quatre enfants. Le père, qui travaille régulièrement, gagne 5 fr par jour. L'aîné des enfants, âgé de 17 ans, travaille et gagne 1,50 fr par jour. Établissez pour cette famille :

1º Son budget hebdomadaire;
2º Son budget mensuel;
3º Son budget annuel.

Établissez un menu journalier.
Motivez vos préparations.

Ce qui suppose, en outre des quatre premières réponses, la détermination des rations d'entretien, de croissance, de travail.

Les questions posées aux élèves du cours du jour sont celles-ci :

1º *Alimentation.* — Se nourrit-on de la même façon en hiver qu'en été? Dites pourquoi?

2º *Préparation.* — Comment fait-on le boudin blanc?

3º *Choix et achats.* — Quels morceaux de viande emploierez-vous pour faire du bouillon?

4º *Conservation.* — Comment conserve-t-on la verdure étuvée?

Phénomènes de la nutrition. — Expliquez la grande circulation du sang.

Puériculture. — Que savez-vous de la mortalité infantile? Quelles en sont les causes? Comment peut-on les diminuer?

Hygiène. — Comment désinfecterez-vous une chambre de malade? Quels sont les effets du bain? Les bains sont-ils nécessaires?

Repassage. — Comment repasserez-vous un vêtement fripé par la pluie?

Droit usuel. — Que savez-vous du paiement à crédit?

Aux élèves des cours du soir on a posé ces autres questions :

1º Comment falsifie-t-on le beurre, le café, le lait? Expliquer comment on reconnaît ces falsifications.

2º Comment prépare-t-on la soupe verte avec légumes frais?

3º Comment doit-on faire une provision de pommes de terre?

4º Comment fait-on la gelée aux petites groseilles?

5º Combien y a-t-il de sortes d'allaitement? Quel est le meilleur et pourquoi?

6º Quel est l'entretien journalier et hebdomadaire d'une chambre à coucher?

7º Quelles précautions doit-on prendre pour se conserver une bonne ouïe?

8º Comment lessiverez-vous du linge blanc?

9º Quelles précautions prendrez-vous pour repasser?

10º Exposez brièvement ce que vous savez du sevrage.

11º Quels sont les devoirs des enfants envers leurs parents?

Épreuves pratiques comportant pour chaque élève :

1º Une préparation culinaire désignée par le tirage au sort et suivie d'une causerie;

2º Le lavage d'une pièce d'habillement et d'une paire de bas;

3º Lessivage d'une chemise;

4º Repassage d'un jupon ou d'une blouse, d'une chemise d'homme ou d'une paire de draps;

5° Raccommodage d'une paire de bas;

6° Placement d'une pièce à un tissu finement quadrillé.

Les épreuves orales ont porté sur les diverses opérations pratiques. Chaque élève a dû expliquer sa préparation culinaire, déterminer les quantités de matières employées, en faire la justification, en calculer le prix de revient.

« Le jury a assisté à la préparation de 39 mets différents; au lavage, lessivage, repassage de 120 pièces d'habillement; au raccommodage de 21 paires de bas et au placement de 42 pièces sur un tissu offrant le maximum de difficultés à vaincre. Il a goûté tous les mets et questionné sur toutes les préparations », dit le rapporteur.

Coupe et confection. — Pour la coupe et la confection, l'examen a porté d'abord sur la visite des travaux exécutés à l'école par les élèves, pendant la durée des cours et qui devaient être pour chacune d'elles : 1° tablier de ménage; 2° taie d'oreiller; 3° chemise de femme; 4° pantalon; 5° jupon; 6° tablier fantaisie; 7° pantalon d'ouvrier; 8° chemise d'homme; 9° cache-corset; 10° robe de jeune fille.

Ensuite les élèves ont eu à établir, d'après les mesures prises, plusieurs patrons de corsage, brassière, couche-culotte, etc., qu'elles ont ensuite coupés et confectionnés.

Épreuves sérieuses, démonstratives, s'il en fut, et témoignant du souci de donner aux jeunes filles le goût des travaux du ménage.

L'enseignement pouvait souffrir du peu d'instruction des élèves; mais on a pensé, avec raison, que la bonne volonté et l'application suppléeraient, du moins dans une certaine mesure, à cet inconvénient.

« Sans doute, dit le président du Comité de surveillance de l'école, une sérieuse préparation préalable des élèves est désirable, mais elle n'est pas indispensable et vraiment il y aurait de la cruauté et de l'injustice à se montrer impitoyable vis-à-vis de fillettes désireuses de s'instruire, appliquées au travail, en ne les admettant pas au cours ménager, parce que leur situation de fortune ne leur a pas permis de suivre les cours complets de l'école primaire. »

Ainsi organisée, l'école ménagère ambulante de la province de Liége ne pouvait que répondre au but que se proposaient ses fondateurs, en répandant l'enseignement ménager : contribuer à le faire apprécier. L'année suivante une classe ménagère fut fondée à Herstal et l'école ménagère ambulante fonctionna à Jemmapes, où elle reçut un fort bon accueil.

Mˡˡᵉ MARCELLE VERMARE,

Maîtresse adjointe à l'École primaire supérieure. Villefranche (Rhône).

L'ENSEIGNEMENT MÉNAGER EN SUISSE.

37 : 64 (494)

2 Août.

L'enseignement ménager est d'origine française; le premier cours ménager fut fondé, en 1870, à Reims. La Belgique, l'Allemagne, la Suisse suivirent successivement l'exemple donné par la France. L'école de Fribourg date de 1900. Elle était, à ses débuts, une école de domestiques où les élèves étaient admises gratuitement. Peu à peu, l'établissement s'est transformé; des élèves payantes y sont venues, envoyées par leurs familles soucieuses de faire donner aux jeunes filles une éducation pratique.

En 1904 fut créé le cours normal, qui compta 24 élèves dès la première année de son fonctionnement. Le but initial était de préparer des directrices d'écoles ménagères capables d'installer et de faire fonctionner d'autres écoles.

En Suisse, l'école ménagère est obligatoire; son enseignement est mis à la portée de tous, et il touche presque à la perfection... Tout d'abord, la Suisse s'est préoccupée de former des maîtresses capables de donner l'enseignement ménager. Pour cela, des jeunes filles furent envoyées dans les pays où existaient déjà des écoles ménagères, c'est-à-dire en Belgique et en Allemagne. Ces maîtresses formées à l'étranger fondèrent alors des écoles ménagères. Ces écoles étaient primitivement destinées à la classe ouvrière; elles se transformèrent peu à peu et des jeunes filles appartenant à des familles aisées les fréquentèrent.

Il existe, en Suisse, différentes sortes de cours ménagers :

1º Les écoles ménagères avec internat; durée des cours : 6 mois;

2º Les cours ménagers du soir, faits à partir de 8 h, pour les ouvrières ou les employées occupées pendant la journée;

3º Les écoles volantes (¹). Une maîtresse devait suffire pour toute une région, en s'installant pendant 1 ou 2 mois dans un pays, avec tout le matériel nécessaire au bon fonctionnement des cours. L'enseignement est donné dans une salle appartenant à la commune;

4º Les cours de cuisine donnés à l'école secondaire, auxquels assistent les jeunes filles, élèves de l'école, âgées de 14 et 15 ans;

5º Les écoles ménagères de la campagne, dont les élèves sont astreintes

---

(¹) Ou ambulantes.

à suivre les cours pendant 2 années, avec une présence de 1 jour par semaine, pendant 40 semaines. Souvent, une école dessert plusieurs communes et, à un jour déterminé, ce sont les élèves de tel village qui suivent les cours. On admet un maximum de 12 élèves par groupe. Les élèves apportent chacune 0,50 fr (pour le dîner et le goûter de 4 h 30 m); la commune paie pour les indigentes. Toute élève ayant une absence non justifiée rend ses parents passibles d'une amende.

Actuellement, pour former des maîtresses compétentes, il existe en Suisse des cours normaux d'enseignement ménager, entre autres ceux de Fribourg, Berne, Zurich.

Organisation. — Pour organiser un cours d'enseignement ménager, on tient compte du but à atteindre et du milieu social auquel appartiennent les élèves.

Il importe d'abord de commencer par l'enseignement destiné au peuple. Le local choisi, l'ensemble de l'école, l'installation sont d'une grande simplicité. C'est, en fait, la maison de famille en plus grand. Il convient de donner aux enfants du peuple le goût d'un intérieur modeste, mais aussi d'un certain confort. Les locaux et l'installation varient de contrée à contrée. Les dimensions de ces locaux sont naturellement en rapport avec le nombre des élèves. L'hygiène est l'objet de soins attentifs. Les locaux comprennent : *a.* une cuisine où sont installés les appareils de chauffage les plus pratiques usités dans le pays; *b.* une salle à manger pouvant servir de salle de cours; on peut aussi y faire le repassage, en l'établissant sur des tréteaux; *c.* la buanderie ; *d.* le logement de la maîtresse.

La cuisine est la pièce importante de la maison; elle doit être suffisamment vaste, bien ventilée et munie d'eau potable. Elle prend directement le jour à l'air libre; elle est dallée plus souvent que planchéiée; des carreaux de revêtement sont placés au-dessus de l'évier et du fourneau, quand le fourneau est adossé au mur. Dans une école ménagère, il est préférable de placer le fourneau au milieu de la cuisine ([1]). Les murs sont, de préférence, peints à l'huile. On veille à avoir un excellent tirage de la cheminée. Il faut prendre soin de faire les lavages avec des antiseptiques, parce que la cuisine est exposée aux fermentations.

Dans tous les cas, la cuisine est suffisamment spacieuse, aérée; le mobilier, en rapport avec les leçons qui s'y donnent.

On inspire toujours aux élèves des principes d'ordre, d'hygiène et de propreté.

Programme. — On ne saurait donner aux jeunes filles un savoir-faire universel; il faut apprendre le nécessaire en peu de temps. On vise d'abord à la préparation de cuisinières, bonnes d'enfants, garde-malades, lingères, couturières, blanchisseuses, repasseuses. A la campagne, la jeune

---

([1]) Il l'est le plus souvent.

fille doit connaître les travaux de la ferme. Dans les divers milieux, elle acquiert les connaissances théoriques et pratiques d'une femme d'intérieur : achat et conservation des aliments, préparation des mets, règles d'économie et d'ordre, art de mettre la table et de la desservir, entretien des meubles, coût des denrées, etc.

En résumé, l'enseignement ménager s'appuie sur des connaissances déjà acquises.

Les conditions d'admission dans les écoles ménagères varient, suivant les localités. En général, il faut avoir au moins de 14 à 15 ans; il vaudrait mieux être âgée de 16, 17 ou 18 ans, pour suivre les cours avec fruit.

On attire l'attention des élèves sur l'importance qui s'attache à l'équilibre du budget de la ménagère, au bon entretien des locaux et du matériel, aux achats de provisions.

Utilité de la méthode. — On apprend, à l'école ménagère, le pourquoi des choses. L'enseignement s'adresse à l'intelligence, au jugement, autant qu'à la mémoire. Pour faire une bonne institutrice d'école ménagère, il est indispensable d'avoir le goût de l'enseignement et celui des choses du ménage. Les leçons sont préparées avec soin. Les diverses matières du programme sont réparties suivant le temps fixé pour la durée du cours. Les élèves sont réparties en groupes, ordinairement 12 à la fois, pour les cours pratiques.

Les leçons ont toujours un caractère pratique. Il y en a de différentes sortes :

1º Les *leçons théoriques.* — Il faut que tout soit prêt et le menu préparé. Un enseignement théorique est indispensable. L'élève a entre les mains un manuel ou un résumé des leçons faites par la maîtresse.

2º Les *leçons pratiques.* — Un plan est nécessaire. La maîtresse prépare le matériel dont elle a besoin. Elle s'aide de tableaux spéciaux. La maîtresse travaille sous les yeux des élèves; elle démontre, en même temps qu'elle exécute. Elle fait répéter les explications données, puis exécuter à nouveau, par une ou plusieurs élèves, le travail fait.

Exemples de leçons pratiques : a. Leçons de coupe; 2 heures consécutives au moins [1]. — Les jeunes filles sont installées autour de grandes tables plates. Chaque élève a à sa disposition un grand cahier ayant les dimensions des patrons. Chaque patron porte le nom de l'élève. Pour les plus habiles, la maîtresse donne des travaux supplémentaires.

But : application et travail personnel de l'élève. L'élève doit vaincre les difficultés qui se présentent.

b. Leçons de cuisine; durée 3 ou 4 heures. — Les élèves confectionnent elles-mêmes les repas.

Au début de chaque leçon, la maîtresse donne l'explication du menu,

---

[1] La leçon peut être plus longue.

répartit le travail et en surveille l'exécution. Elle doit avoir l'œil à tout, placer à propos une remarque et, au besoin, poser quelques questions.

Chaque groupe de 12 élèves est subdivisé à son tour en sous-groupes de 2, 3, 4 ou 6 élèves, s'occupant plus spécialement d'un plat. (Dans la plupart des cas, 2 élèves seulement s'occupent de la confection d'un plat.) Les élèves établissent elles-mêmes le prix de revient de chaque repas et sa valeur nutritive, sous le contrôle de la maîtresse.

Chaque élève a deux cahiers pour les leçons de cuisine : l'un renferme les recettes; l'autre, les prix de revient et la valeur nutritive des menus.

But : obtenir une cuisine simple, rationnelle, peu coûteuse. On étudie tout spécialement l'art d'accommoder les restes. Le programme est fixé à l'avance; le voici, au point de vue général :

1º Passer en revue les méthodes de cuisson;

2º Valeur nutritive et digestibilité des aliments.

Sanction des études. — A la fin de chaque scolarité ménagère, les élèves subissent un examen devant une commission spéciale. Au cas où les résultats de l'examen sont jugés insuffisants, l'élève doit recommencer une nouvelle scolarité. Dans les certificats délivrés aux élèves qui réussissent, on fait mention de la façon plus ou moins satisfaisante dont l'examen a été passé.

On attache, en Suisse, une extrême importance à l'enseignement ménager. C'est ainsi qu'il figure au programme de l'examen du brevet d'institutrice. Les candidats subissent, en plus de l'épreuve de couture qui existe chez nous, une épreuve de coupe (lingerie ou confection) et une épreuve pratique de cuisine.

En Suisse, l'enseignement ménager est utilisé pour l'étude des langues. C'est ainsi que des jeunes filles des cantons allemands font leurs études ménagères dans les cantons français, et réciproquement.

Mlle ANDRÉE DERVIEUX,

Oullins (Rhône).

L'ENSEIGNEMENT MÉNAGER A L'ÉCOLE NORMALE DE LYON.

373 : 64 (44.582 Lyon)

2 *Août.*

L'enseignement ménager à l'École normale de Lyon se donne d'une façon simple et pratique. Il comprend un cours d'économie domestique et d'hygiène, des exercices pratiques de lavage, de repassage, de cuisine, de couture et de broderie; la tenue de notre chambre en fait partie et à juste titre.

Nous ne parlerons pas ici de la couture et de la broderie.

Notre cours d'économie domestique et d'hygiène a lieu chaque semaine pendant 2 heures consécutives; notre professeur nous donne surtout des conseils pratiques pour ce que nous aurons à faire nous-mêmes quand nous serons institutrices. A côté des chapitres obligatoires, concernant l'alimentation, l'habitation, les vêtements, on nous a donné des renseignements très précis sur ce qu'il faudra faire dans les cas d'accidents plus ou moins graves qui se produiront parmi nos élèves; ceci nous sera très utile, aussi nous avons été très intéressées. Pendant le cours, nous prenons des notes sur deux cahiers spéciaux, un d'économie domestique et un d'hygiène; nous ne notons que ce qui est nouveau pour nous, notre professeur n'exige pas que son cours y paraisse en entier. Nous avons un livre que nous garderons à la sortie de l'école (*Hygiène nouvelle*, par le Dr GALTIER-BOISSIÈRE; Librairie Larousse).

Mais, le plus intéressant de ce cours, ce sont les exercices pratiques de jardinage et les visites à l'Hôtel-Dieu de Lyon. Pendant le deuxième trimestre, notre professeur nous y conduit par petits groupes pour assister à une consultation de nourrissons, là nous entendons le docteur donner des conseils aux mamans pour l'alimentation de leurs bébés ou pour soigner de petites maladies. Malheureusement, l'exiguïté du local nous oblige à assister à ces consultations en trop petit nombre, ce qui fait que chaque élève n'y passe qu'une seule fois pendant l'année scolaire; il est vrai que ce que nous voyons nous intéresse tant que nous le retenons bien, et, qu'entre élèves, nous nous faisons part de ce qui a été vu chaque fois.

Pendant le troisième trimestre, depuis cette année seulement, nous nous occupons de jardinage. On nous a réservé dans le jardin de l'école une petite surface de terrain dans laquelle nous plantons des légumes et des fleurs. Nous ne bêchons pas nous-mêmes, notre travail consiste à planter, à arracher les mauvaises herbes, à enlever les nombreux cailloux, et enfin à arroser. Le terrain est très mauvais et n'est guère constitué que des matériaux de la construction de l'école, néanmoins, notre récolte a été belle et nous a édifiées sur la facilité d'avoir de bons légumes avec relativement peu de peine et de soins. Nous avons récolté des salades, des pommes de terre nouvelles, des radis; nous les avons apprêtés nous-mêmes au cours de cuisine et pendant nos récréations, et nous les avons mangés à dîner avec beaucoup de satisfaction.

Ces exercices de jardinage nous ont appris qu'il est facile de faire pousser soi-même ses légumes; ils nous ont procuré en outre un véritable délassement et nous ont agréablement reposées de notre travail de classe.

Passons maintenant au blanchissage et repassage. Les élèves n'aiment

guère cet exercice, car la plupart n'ont jamais lavé et beaucoup s'écor-
chent les doigts à faire cette opération. Le blanchissage a lieu chaque
semaine le mercredi pendant 2 heures 3o m, 1 h le matin et 1 h 3o m
le soir, prises sur les études libres. Les deux élèves de service doivent laver
deux paquets de linge, préparés à l'avance par Mme l'Économe, où se
trouvent les choses les plus variées.

Pendant une heure le matin, nous savonnons le linge sous la direction
de Mme l'Économe qui nous donne beaucoup de conseils, car nous sommes
très maladroites. Nous mettons notre linge dans une lessiveuse et nous le
laissons bouillir jusqu'à la fin de la matinée. Le soir, nous revenons finir
notre lessive, la rincer et l'étendre. Tout ceci se passe dans le local qui
sert de cuisine aux élèves.

Deux jours après, nous repassons le linge que nous avons lessivé;
nous nous en acquittons bien, car ce n'est pas la première fois que nous
repassons.

Comme deux élèves seulement peuvent participer à ces exercices chaque
semaine, nous ne pouvons aller plus de deux fois au blanchissage
pendant l'année scolaire. Mais cela suffit, car ce n'est pas très difficile
à apprendre.

Le cours de cuisine est plus fréquent : 8 élèves y passent chaque semaine
4 les mercredis soir, 4 les vendredis soir; les exercices durent 1 heure 3o minutes chaque fois : de 6 h à 7 h 3o m, ils se prolongent de 8 h à 8 h 3o minutes
du soir, afin que nous puissions ranger les ustensiles, balayer et mettre
en ordre la cuisine et faire briller quelques robinets de cuivre.

Nous préparons le souper de 6 élèves (4 de la cuisine, 2 du blanchissage),
il est à peu près semblable à celui des autres élèves de l'école. Les matières principales employées sont les mêmes, mais nous les assaisonnons
comme nous le voulons; nous avons à faire une soupe, un plat de viande,
un plat de légumes et un dessert au choix des élèves de service. Chacune
d'elles doit se charger spécialement de la confection d'un plat, mais, dans
la pratique, nous nous aidons les unes les autres. Nous opérons dans la
vaste cuisine dons nous avons déjà parlé; elle est placée au-dessus de la
grande cuisine de l'école où se trouvent les provisions. La nécessité de
descendre un petit escalier très incommode pour se procurer les moindres
choses nous rend ingénieuses et nous fait réfléchir avant d'agir. Notre
matériel, lui aussi, n'est pas très bien conditionné, mais nous nous accom-
modons de ce que nous avons; d'ailleurs, nous sommes ainsi dans la
réalité.

Les exercices de cuisine sont dirigés par l'Économe, son service étant
très chargé, elle ne peut guère s'occuper de nous. Nous nous tirons tout
de même d'affaire : nous avons toutes fait la cuisine dans nos familles.
Nous cherchons nous-mêmes la façon d'apprêter nos aliments, et nous en
rédigeons ensuite la recette; nous calculons aussi le prix de revient de
notre souper.

J'ajouterai que ce cours de cuisine, quoique mal organisé, a de bons résultats, car les plats que nous préparons sont presque toujours réussis.

Je ne dirai qu'un mot de la tenue de notre chambre. Nous ne disposons que d'une heure pour l'arranger, faire notre toilette et raccommoder nos vêtements. A 7 h du matin, le dortoir est fermé à clef, jusqu'à 8 h 45 m du soir, heure du coucher. Nous devons donc faire vivement notre travail, si nous voulons être prêtes à l'heure (Mme l'Économe surveille ce travail et le note).

Je terminerai en disant que toutes les élèves ne sont pas enthousiastes de l'enseignement ménager, ce n'est pas qu'elles le dédaignent, mais elles lui préfèrent leur travail de classe.

Mlle B. BIGOUDOT,

Professeur au Lycée de jeunes filles (Dijon).

A TRAVERS L'ALLEMAGNE :
OBSERVATIONS SUR LES KINDERGARTEN SELON FRŒBEL ET PESTALOZZI.

372.21 (43)

Je remercie M. le Dr Beauvisage, président de la Section de pédagogie, au Congrès de l'Association française pour l'Avancement des Sciences, de l'honneur qu'il a bien voulu me faire, en me demandant d'adresser au Congrès, qui se tient cette année à Dijon, un rapport sur les Kindergarten d'Allemagne.

Au premier rang, parmi les œuvres sociales de l'Allemagne moderne, se place celle de l'éducation populaire, et depuis l'époque où Fichte prêchait par elle la régénération nationale, la jeunesse ne cessa d'inspirer la pédagogie allemande. Toutefois, avant d'être *matière scolaire*, l'enfant vit quelques années, que l'on ne saurait sans danger détacher de son développement général et abandonner au caprice. Rabel, reconnaissant la nécessité d'un lien entre ces deux moments de son existence créa son *Kindergarten* ou *jardin d'enfant* afin que, selon son expression, l'enfant pût, comme la plante, y croître librement selon les *lois de la nature*.

Ce fut vers 1840 que Frœbel, réunissant autour de lui, dans une des plus pittoresques vallées de Thuringe, les enfants pauvres de la petite ville de Blankenburg, voulut appliquer à l'enfance de 3 à 6 ans un système d'éducation basé sur le travail manuel et le contact incessant avec la nature et qui, par certains côtés, rappelait celui que, 13 ans auparavant, Pestalozzi avait essayé à Yverdun. Mais, malgré son appel si vibrant aux mères de famille, malgré le dévouement dont il fit preuve et l'admiration qu'il excitait chez ses visiteurs, le Kindergarten ne fit pas son chemin. Longtemps il resta ignoré ou méprisé, ou même, en Prusse, proscrit par le parti de la réaction, qui lui reprochait des tendances religieuses peu orthodoxes. Mais lorsque l'évolution réaliste de l'Allemagne se fit sentir plus vivement au lendemain de 70, il profita de ce retour aux méthodes concrètes, reparut dans quelques villes d'Allemagne, passa la frontière, s'installa en Belgique, en Angleterre, en Italie, aux États-Unis et même en Australie. Maintenant, il a l'opinion pour lui. Sans cesse mieux accueilli, il s'ouvre sur tous les points de l'Allemagne, déjà ancien en Thuringe, son pays natal, parfaitement organisé dans les grands centres de la Bavière, de la Saxe et de la Prusse, enrichi de récentes et intéressantes tentatives dans les villes du Rhin, Dusseldorf, Mayence, Cologne et Berne. Les plus petites cités s'ouvrent à lui.

Une satisfaction pourtant manque encore à ses partisans, car malgré son succès il est resté jusqu'à présent établissement libre, en dehors des programmes officiels, sans contact avec l'école qui parfois ne continue pas son œuvre. Mais les dernières circulaires de 1908 sur l'enseignement secondaire en Prusse, qui le mentionnent, et une nomination officielle, l'an dernier, à Berlin, semblent ranimer les espoirs et faire croire au jour où l'État prenant en main le Kindergarten le reconnaîtra comme l'introduction nécessaire à la vie scolaire.

Pour l'instant, à part les institutions libres, réservées à l'enfant de la bourgeoisie ou de l'aristocratie qui ne les fréquente que 2 heures le matin et rarement l'après-midi, il vit des ressources que lui vaut cet esprit de solidarité si vivace chez les Allemands, unis dans leurs devoirs sociaux. Il est alors le produit de vastes associations comme le *Frœbelverband* qui l'étendent aux enfants du peuple dans toutes les grandes villes de l'Empire. Et si l'on s'arrête à des centres comme Leipzig, qui compte jusqu'à 34 Kindergarten, on sent le rôle social joué en Allemagne par ces groupements puissants qui travaillent, les uns dans un but philanthropique, les autres en vue d'un idéal pédagogique et se rencontrent tous dans la même œuvre d'éducation nationale.

Il faudrait parler aussi des associations locales, des comités d'hygiène scolaire, des *Vereine*, à caractère confessionnel, enfin des industriels, comme Krupp à Posen, Hentschel à Cassel ou Thiessen à Bruckhausen qui en installent de luxueux dans leurs cités ouvrières.

Ce Kindergarten populaire est de physionomie variée suivant ses ressources et le lieu où il agit. Ouvert tous les jours de 9 h du matin à midi, et de 2 h à 4 h, avec rétribution scolaire de 1 m 50 par mois, y compris la tasse de lait du matin ; il est, dans les quartiers ouvriers et populeux des grandes villes, ouvert gratuitement de 7 h du matin à 7 h du soir et complété par une cantine qui, pour 10 pf donne à l'enfant son déjeuner de midi.

A ce dernier se rattache souvent une école d'anormaux ou un *Kinderhort*, sorte de home pour l'après-midi, doublé d'une école de perfectionnement où l'élève des classes primaires, libre à 1 h, trouve un milieu hospitalier et s'essaie, son travail de classe achevé, à quelque apprentissage de reliure, de menuiserie, de vannerie ou de brosserie.

On sait le goût de l'Allemagne pour les architectures imposantes, les écoles *palais* ouvertes à l'air, à la lumière et dont l'installation satisfait à toutes les lois de l'hygiène. Au jardin d'enfants, le même souci se retrouve; et si, quelques-uns, à défaut d'argent ou de place, sont encore resserrés et sombres, c'est, je dois le dire, un cas fort rare. Partout où je les ai visités, de Freiburg à Berlin, ou de Leipzig à Hambourg, ils m'ont frappé par leur installation rationnelle et leur agréable situation. Les uns, aux abords des villes, dans un quartier paisible et retiré, les autres en annexes aux écoles qui leur donnent l'hospitalité. Enfin toute *École normale de jardiniers* a son Kindergarten modèle. Deux de ces derniers méritent quelques mots : le nouveau Kindergarten municipal de Francfort et celui de *Pestalozzi-Frœbelhans*, œuvre philanthropique dont le siège est à Berlin.

A Francfort, point de jardin, une cour seulement plantée d'arbres ombreux, aux pieds desquels se trouvent des tas de sable. Une jolie entrée et à droite de celle-ci, orientées au soleil, une succession de vastes salles, avec chauffage central, bien aérées, aux fenêtres hautes, aux murs clairs. Les unes sont réservées aux *occupations* des grands et des petits, les autres aux mouvements d'ensemble, au jeu, à la musique. Rien de scolaire, partout des fleurs; des plantes aux fenêtres jettent une note gaie et chaude, des oiseaux chantent dans une cage et des poissons aux reflets d'or filent entre les herbes d'un aquarium; une installation de poupées, un théâtre de marionnettes disent l'atmosphère de jeu et de liberté apparente dans laquelle vit l'enfant. Point de pupitres, mais de petits fauteuils de bois clair disposés tantôt autour d'une longue table pour le travail, tantôt autour d'une *tante*, en train de raconter une histoire. C'est le domaine des enfants, leur salle, dont ils doivent prendre soin, qu'ils doivent ranger, orner et décorer, puisant là pour l'avenir le sens de l'ordre et de l'arrangement. Aux murs, quelques jolies lithographies en couleur représentent des scènes, chères aux enfants. Ils y retrouvent le loup et le renard, le petit agneau, la douce figure de Cendrillon. Puis les ouvrages, les mieux réussis, tressages compliqués, horloges de papier, application sur carton de sujets découpés. Enfin une armoire aux trésors laisse voir derrière ses vitres le matériel frœbelien et les travaux des petits, reproduction en modelage de fruits, de fleurs, d'animaux, d'objets usuels où apparaît le caractère nettement réaliste de cette pédagogie. Mais ici ne s'arrête pas le Kindergarten qui fait également œuvre d'éducation physique et l'on passe ensuite dans une installation de bains, de douches à eau chaude et eau froide où les enfants trouvent les soins que ne sauraient leur donner leurs parents trop pauvres ou trop occupés. Même, une cuisine, parfaitement agencée, avec quantité d'ustensiles modernes, permet aux enfants de préparer leur déjeûner, de laver leurs tasses et de cuisiner. Et c'est dans cette jolie maison qu'une centaine d'enfants d'ouvriers vient vivre une vie de famille sous une tutelle affectueuse.

A Berlin, de même, 350 enfants quittent les logis étroits et abandonnés des parents pour venir chaque jour à Pestalozzi-Frœbelhaus. Ici, l'installation est presque luxueuse. Dans le joli quartier de Schöneberg, au milieu d'un jardin d'arbres et de fleurs, s'élève un immense édifice de briques rouges percé d'une infinité d'ogives et de larges baies qui jettent à profusion la lumière sur les couloirs carrelés et nets, dans les salles à l'enfilade, s'ouvrant de chaque côté du bâtiment. Ces dernières sont très nombreuses, par suite de la théorie du groupement pratiquée ici et qui ne réunit jamais plus d'une douzaine d'enfants, afin de leur donner davantage l'impression de la famille ; du reste, comme partout, elles sont ornées, vivantes et confortables. Et ici encore, l'admiration de l'étranger va à toutes ces installations de bains, de douches, de lavabos où chaque enfant retrouve les objets de toilette que lui donne l'œuvre, à ce hall spacieux, centre des jeux par le mauvais temps et où ceux qui restent au déjeûner de midi font la sieste sur des matelas, en hiver fenêtres ouvertes, tout envelop pés de couvertures.

Mais au moindre rayon de soleil, l'enfant vit dehors, de là tous ces jardins qui ne sont pas là pour ajouter à la somptuosité du lieu, mais parce qu'ils font partie de sa vie. Il y trouve des tas de sable, des pelouses dont l'accès ne lui est pas défendu, même des habitations de lapins, de poulets et de pigeons.

D'ailleurs je n'ai pas décrit des établissements d'exception et j'ai visité une foule d'installations plus modestes qui toutes remplissent les mêmes devoirs vis-à-vis de l'enfance. Partout l'enfant est suivi de près, nourri pour peu de chose, raccommodé même, et examiné chaque semaine par un médecin. Partout, j'ai rencontré le même dévouement, la même joie chez l'enfant qui ne fait que quitter une famille pour en retrouver une autre.

Tous n'en ont pas le même besoin et le Kindergarten réfléchit assez bien la société allemande, si consciente de ses classes et attachée à leurs traditions, et, si enfants du peuple et de la bourgeoisie se mêlent dans les premières années, le Kindergarten aristocratique fait toujours bande à part. De là son intérêt moindre pour l'étranger qu'attire surtout le caractère social de l'éducation. Un lien pourtant existe entre tous, puissant malgré des caractères extérieurs différents. Et ce lien c'est la méthode elle-même.

On l'appelle *frœbelienne*, mais l'expression en est quelque peu exclusive, car si le Kindergarten fut l'œuvre de Frœbel, elle n'en a pas moins de lointaines origines et il est juste d'associer au nom de Frœbel ceux de Comenius, de Basedorp et des philanthropinistes, de Rousseau, de Pestalozzi, de tous ceux enfin qui, avec plus ou moins de mesure et de succès, ont fait du concret la base de l'enseignement. Avec Frœbel ce fut peut-être quelque chose de plus, car le Kindergarten, ce lien entre la famille et l'école, seconde étape dans la vie de l'enfant, celle où il prend peu à peu connaissance de ce qui l'entoure, n'est pas un *enseignement*. Ce qu'il veut, c'est mettre l'enfant en état de découvrir par lui-même un peu de la vie qui évolue autour de lui, l'amener progressivement de la sensation à la notion réfléchie.

Méthode avant tout *concrète*, c'est-à-dire que liant la connaissance des choses à celle des mots, elle commence par initier l'enfant aux objets qui frappent ses sens et à former sa vue et son toucher. Exercer son œil par l'observation de l'objet et de ses qualités, fortifier et assouplir sa main, c'est là ce qu'elle se propose au début, et elle a recours pour cela, dans le domaine réel, à la chose elle-même. Le contact direct avec la nature est donc la condition première de cette éducation. Et l'enfant qui, dans la vie, est au centre des choses, le Kindergarten a bien soin de ne pas l'enlever à son milieu, il se plaît à le faire vivre non seulement dans la société enfantine, mais près des bêtes, des plantes, des choses qu'il connaît et qu'il aime. Formes, couleurs, sons, il apprend par ce qui l'entoure.

Mais une perception précise chez l'enfant s'accompagne presque toujours du désir de refaire, d'imiter. Instinctivement, après avoir touché ou même brisé, non pour détruire, mais pour mieux voir, il voudrait se mettre à l'œuvre et créer à son tour. Le Kindergarten, après l'avoir amené à regarder, prend soin de susciter et de diriger en lui ce besoin d'activité et la méthode qu'il emploie, toujours concrète, se fait de plus *expérimentale* : dès que les doigts de l'enfant ont acquis une forme suffisante, il s'exerce sur une sensation, non à l'aide de lignes qui sont pour lui des abstractions, mais à l'aide de formes. La méthode de Frœbel, trop longue à exposer dans toute sa propension, lui réserve des *dons et occupations*. D'abord, par un procédé analytique, on amène l'enfant de la sensation du corps *à la notion du point*, en passant par la surface et la ligne : la balle, le dé, puis les quatre boîtes de construction et le jeu de patience en sont les formes concrètes. Puis, dans la seconde période, en sens inverse, l'enfant est amené par une sorte de synthèse, du point au corps par la ligne et la surface. Alors il expérimente, il construit à l'image de ce qu'il voit. Grossièrement d'abord, puis avec plus de sûreté et d'observation, il manie la terre glaise, tantôt tresse le jonc ou les bandes de papier suivant des formes géométriques, tantôt pointille le carton suivant des formes vivantes qu'il souligne d'un trait ou d'un fil de couleur, découpe, plie et colle. Plus tard seulement, vient le dessin qui, fait de lignes, ne satisfait pas autant l'enfant, car il ne lui laisse pas entre les mains des formes palpables. S'il est vrai que l'enfant ressent déjà tous *les besoins de l'artiste qui crée*, il faut savoir gré au Kindergarten de les cultiver. Dans cette observation et cette initiation constantes de la nature, l'enfant acquiert une initiative peu à peu consciente d'elle-même. C'est l'éducation en vue de l'action, entrevue par Pestalozzi et formulée par Frœbel. Le mot et la chose ne sont qu'un, la parole et l'acte ne sont également qu'un.

Mais, si l'enfant doit avoir sans cesse les yeux fixés sur la nature, il importe non moins de ne pas laisser ses forces naissantes s'éparpiller au hasard et de concentrer son attention à son insu, sur quelque objet déterminé, pour lui source d'observations, de tentatives et de réflexions nouvelles. Savoir choisir et savoir diriger est l'art du Kindergarten, comme celui de toute école et la méthode, ne vaut que si elle est aussi *progressive*. On travaille au Kindergarten sur un plan d'ensemble ou *Ein Gartoplan*. Pendant un mois, quelquefois davantage, la vie évolue autour d'un même sujet, enfantine et vaste leçon de choses, adaptée aux saisons et à laquelle se rattachent toutes les occupations de l'enfant, ses promenades, ses jeux, ses chants, les histoires qu'il entend et celles qu'il raconte. Quand je visitai à la fin d'août le Kindergarten municipal de Francfort, le thème sur lequel on travaillait était alors la récolte. Au début, les enfants conduits à la campagne s'étaient promenés dans les champs et, en contact immédiat avec la nature, les plus grands avaient appris à reconnaître le blé, l'avoine, le seigle, à distinguer les différentes parties de la plante. Puis, la récolte venue, ils avaient suivi les moissonneurs, regardé leurs instruments et les voitures chargées rentrer à la ferme. Une autre fois, ils avaient visité celle-ci, vu les granges pleines, les batteuses et chaque fois, de retour au Kindergarten, avec une gerbe d'épis, un bouquet de fleurs ou une poignée de grains, on avait refait l'histoire de ce qu'on avait vu, essayé de modeler quelque instrument, dessiné un épi et chanté une chanson de moissonneurs. Enfin, une visite des grands chez le boulanger avait terminé cette longue et attrayante leçon de choses, et fillettes et garçons avaient fait, sous la direction d'une *tante*, une tarte dont on avait régalé les petits. Ailleurs, les fruits avaient fourni une étude semblable et dans un Kindergarten de Cassel, sans grande ressource, mais admirablement dirigé, on était en train de parler de l'eau. Ses aspects à la surface de la terre, ses usages dans la maison, les plantes et les animaux qui l'habitent avaient été pour les enfants une source d'occupations et de connaissances nouvelles. Une visite aux cygnes du parc, le modelage d'un poisson, le dessin d'un nénuphar, le récit d'une fable *Le Renard et les Poissons*, puis, pour finir, une carte de Grimm, *Le pêcheur et sa femme*, avaient tenu tour à tour en éveil leur esprit et leur imagination. Ainsi chaque saison ramène au Kindergarten un autre moment dans la vie de la nature : l'automne, la récolte et les fruits; le printemps, les abeilles, les oiseaux et les arbres.

Le Kindergarten n'oublie pas davantage que le travail du premier âge doit éveiller non une impression de contrainte, mais un sentiment de libre initiative et l'idée exagérée de Rousseau, sur le caractère *récréatif* de la méthode, semble avoir atteint avec Frœbel une plus juste mesure. Une large place est faite au jeu sous sa double forme, jeu d'ensemble et jeu libre. C'est par le premier que s'ouvre le matin le Kindergarten, combinant les premiers éléments de la gymnastique, de la danse et du chant. Pendant trois quarts d'heure, suivant un rythme marqué par le piano ou la voix, les enfants s'exercent à des mouvements variés de flexion et d'extension de nature à donner de la force et de la grâce à leurs membres si souples. Exercices respiratoires, exercices de marche, tout se fait par jeu. Parfois les mouvements tiennent davantage de la danse et la ronde se développe, se resserrant, s'élargissant en spirale compliquée, mais toujours soutenue par le chant qui lui donne vie et signification. Le chant, du reste, qui, en Allemagne, joue un si grand rôle dans l'éducation, tient au Kindergarten une place plus grande encore. A lui d'éveiller l'enfant aux premières émotions du sentiment religieux et du patriotisme. De bonne heure, il chante les grands thèmes du lyrisme germanique, le printemps et la forêt, le sapin et le tilleul, la hardiesse du chasseur et les joies du *Wandern*, et, de bonne heure aussi, on lui apprend à chanter la patrie allemande invincible...

Une autre forme de ce jeu d'ensemble et qui répond heureusement à la nature de l'enfant est la mise en action d'un drame qu'il peut sentir, vivre, et extérioriser dans un geste ou une attitude : drame de la réalité, telle la fable *Le loup et l'agneau*; drame de l'imagination, comme *La Belle au bois dormant* ou *Cendrillon*. On y sent les acteurs d'une sincérité parfaite. Ce sont ces jeux qui, alternant avec les occupations manuelles, donnent au Kindergarten ce caractère de liberté et de gaîté qui en fait le charme.

Quant au jeu libre, qui termine généralement la journée, il semble éveiller chez l'enfant une joie moins pure. Poupées, soldats, chevaux et bergeries sont tirés des armoires, mais tous ces jouets finis et achevés ne valent pas ceux que dans un élan de son imagination, il se forge à lui-même.

Telle est dans ses grands traits la méthode du Kindergarten, méthode reconnue, pratiquée par tous et dominée par les deux noms de Pestalozzi et de Frœbel. Les uns pourtant semblent vouloir s'en tenir aux idées du pédagogue suisse. L'occupation y est avant tout manuelle et l'on cherche du moins à mon sens, à y réaliser le milieu simple et religieux qu'évoque Pestalozzi dans *Léonard et Gertrude*. Mais adoptant le principe du groupement, ils rendent la question du local difficile et nécessitent un personnel très nombreux d'aide-maîtresses. Les autres, par contre, plus près de Frœbel, laissent les enfants tous ensemble, règlent davantage leurs occupations et donnent au jeu une double raison.

Mais tous se réunissent dans la triple influence physique, morale et intellectuelle qu'ils exercent, avec tant de bonheur, sur l'enfance, car le côté admirable de cette pédagogie est de faire de ce milieu, où vit l'enfant, un milieu d'activité joyeuse, où il apprend à connaître la loi du travail et à sentir son inéluctable nécessité. Poussé par le spectacle de tous les êtres qui travaillent, il prendra à leur contact un besoin d'activité qui peut-être ne le quittera plus et, à coup sûr, lui épargnera le passage si funeste de la maison, où, oisif, il eût vécu sans règle, à la classe qui ne saurait se passer d'elle. Désormais, l'habitude sera en lui de suivre une loi, de se plier à une discipline, d'aimer la soumission qui n'exclut pas la liberté.

Et, ce qu'il puise au Kindergarten, ce n'est pas un exemple de travail égoïste, mais de travail solidaire, car tous en même temps ont les mêmes joies, les mêmes occupations, les mêmes jeux. Tout est à tous, mais jouissant des mêmes droits, ils ont les mêmes devoirs et chacun apporte sa part de travail en proportion de ses forces. Du reste, ce sont les heures presque les plus gaies que celles où, tous ensemble, ils travaillent pour le Kindergarten. Le matin, après les exercices de gymnastique, tout le monde s'agite, les moins expérimentés lavent les plantes, les autres soignent tourterelles et canards, d'autres enfin préparent les plateaux du déjeuner. En été et au printemps, le jardin est le centre des opérations. Tandis que les plus petits jouent sur leur tas de sable, les plus grands, au milieu des bêches, des arrosoirs et des brouettes travaillent aux plate-bandes, les unes propriété commune, les autres propriété particulière, que chaque enfant a le droit d'orner et d'exploiter à sa guise. Il apprend là à semer, replanter, bêcher, et... à partager avec les autres ses récoltes de fleurs, de légumes et de fruits.

L'enfant qui, à 5 ou 6 ans, quitte le Kindergarten ne sait pas lire. Mais il est riche d'observations justes, adroit de ses membres, ouvert d'esprit et de cœur et il sait s'occuper. Mieux préparé que son petit compagnon, qui n'aura fait qu'une besogne mécanique de lecture et d'écriture, il entrera — et assez tôt encore — dans le domaine des abstractions.

Le Kindergarten, longtemps incompris en France, semble, grâce à d'intelligents et vigoureux efforts, en voie de succès. Une « Union frœbelienne » existe depuis l'an dernier et Paris et Versailles comptent quelques essais en pleine prospérité. Souhaitons que le mouvement se propage et qu'à défaut du Kindergarten *palais*, capable de rivaliser par leur installation avec Pestalozzi-Frœbelhaus, on transporte de plus en plus les méthodes concrètes dans les premières années d'enseignement. Enfin, qu'à l'exemple du lycée de Versailles, du Collège Sévigné, on réalise un vœu souvent émis : la transformation en jardins d'enfants de la classe enfantine des lycées de jeunes filles et des écoles normales d'institutrices, qui réunit souvent garçons et fillettes. On lui donnerait plus d'espace et de vie.

La question du personnel soulèverait peut-être quelque difficulté, mais cela n'est pas irréductible, comme le prouve l'exemple de l'Allemagne et de ses nombreux séminaires où les futures institutrices du Kindergarten ont fait dix-huit mois d'études théoriques (littérature pédagogique, sciences, hygiène), d'études techniques (couture, modelage, dessin, chant), de travaux pratiques au Kindergarten, où en contact avec les enfants, elles ont appris à exercer leur cœur et leur intelligence, à les comprendre, les soigner et les aimer. Car ici, on touche au point délicat de sa tâche : se mettre spontanément au niveau de l'enfant afin que partout il la sente près de lui, prête à partager ses joies et chagrins, car « celui qui ne sait pas jouer avec les enfants et est assez insensé pour

croire cet amusement au-dessous de lui, ne doit, comme l'écrivait Salz-
mann, pas se faire éducateur ».

Quant au caractère allemand du Kindergarten, qu'on ne le craigne pas.
Rien n'empêcherait, sans toucher à la méthode qui, elle, est internationale,
d'adapter aux habitudes françaises une excellente institution. Car il
est certain qu'il est presque toujours pour l'enfant non seulement la
continuation de la famille, mais une école de joie douce et saine, où,
sans éveiller l'idée de sanction, il apprend à vivre avec les autres et
pour les autres — une école où s'épanouit son instinct d'observation,
où s'éveille sa raison, où se forme sa conscience, — celle où s'affirme un
individu qu'il s'agit de former pour la société.

<hr />

Mlle Anna AMIEUX,

Professeur au Lycée Victor-Hugo (Paris).

L'ENSEIGNEMENT DES LEÇONS DE CHOSES DANS LES CLASSES PRIMAIRES DES LYCÉES DE JEUNES FILLES ET DANS LES ÉCOLES PRIMAIRES DE FILLES.

372.3

De tout temps, le but de l'éducation a été de préparer l'enfant à la vie
de l'adulte. Des deux termes du problème, l'enfant d'une part, le but
de l'autre, le second a d'abord préoccupé les éducateurs. Quelles sont
les connaissances qui, étant utiles à l'adulte, doivent être acquises par
l'enfant? s'est-on demandé. Et de siècle en siècle, ces connaissances se
sont accumulées, leur ancienneté au programme marquant leur ordre
d'importance. Parallèlement à l'enseignement formel de la lecture, de
l'écriture, de la langue maternelle et du calcul, s'est établi l'enseignement abstrait de la religion, de la morale, de l'histoire, de la géographie.
Puis, sous la poussée des idées de Coménius, de Rousseau et de Pestalozzi, s'est ajouté timidement, sous le nom de *Leçons de choses*, une sorte
de recueil des connaissances concrètes, puériles et honnêtes qu'un jeune
écolier ne doit pas ignorer.

Sous une forme ou sous une autre, c'est toujours un résumé du savoir
humain qu'on présente à l'enfant, ce sont les procédés de travail de
l'adulte, ses synthèses, ses jugements qu'on lui impose.

En établissant les programmes élémentaires d'après une classification
des connaissances humaines, on est arrivé à faire de l'élève un simple
appareil récepteur et enregistreur. On se plaint de toutes parts qu'il
apprend des mots sans les comprendre, mais pourrait-il faire autrement?

L'énorme stock de bonnes semences déposé dans sa mémoire doit germer un jour, se dit-on, et l'on attend que le miracle s'accomplisse, sans rien faire pour le préparer. Hélas, les efforts des enfants et des maîtresses, le temps considérable employé, aboutissent à des résultats si modestes que le miracle demeure incertain.

Cela ne tient-il pas, du moins en partie, à ce qu'on a trop négligé, le premier terme du problème, l'enfant?

Un enfant, qui arrive à six ans à l'école, nous apporte son besoin impérieux d'activité physique et cérébrale, de sociabilité, de fraternité instinctive pour tout ce qui vit, son insatiable curiosité, son esprit d'observation déjà exercé, une mémoire fraîche, une imagination ardente, une mobilité d'impressions, de sentiments, de pensées, qui nous déconcerte souvent, et qui est sans doute son moyen infaillible d'éviter la fatigue et l'ennui. Que faisons-nous de tout cela? Nous réduisons l'enfant pendant de longues périodes à l'immobilité et au silence, nous endormons sa faculté d'observation et son activité cérébrale par nos affirmations perpétuelles, nous ne donnons pas de véritable aliment concret à sa curiosité, nous faisons travailler son imagination à vide, nous abusons de son attention et de sa mémoire; nous ne l'entretenons pas des êtres vivants et des faits actuels qui l'intéressent, nous l'isolons de son milieu; au lieu de le conduire progressivement, par le jeu de ses propres forces, à la conquête du savoir, nous l'accablons de notre science; sans le vouloir, nous l'habituons au moindre effort et nous étouffons sa personnalité.

Si l'esquisse est poussée au noir, l'observation est malheureusement exacte. Nous laissons dormir une partie du trésor de jeunes forces qui nous est confié. C'est maladroit, parce que nous nous privons d'outils d'une valeur inestimable, et c'est cruel, parce que nous imposons à l'enfant une gêne et parfois une souffrance inutiles. Employer ces outils, éviter cette gêne et cette souffrance, tel est le problème qui se pose, à l'heure actuelle, à peu près pour toutes les branches de notre enseignement élémentaire. Si nous voulons mettre en œuvre toutes les dispositions naturelles de l'enfant et lui permettre de se développer harmonieusement, il faut que nous fondions nos programmes élémentaires sur l'*évolution de ses facultés*. C'est au nom de cette évolution encore imparfaitement connue, que nous voulons faire une large place à la Leçon de choses.

Il ne s'agit plus de notre vieille leçon de choses qui est tantôt un procédé destiné à rendre attrayants tous les sujets, y compris la langue et la morale, tantôt une leçon d'information encyclopédique, tantôt un abrégé des classifications naturelles, tantôt une leçon de science, que ne désavouerait pas le professeur de troisième secondaire.

Il s'agit d'une leçon qui se donnera pour but de cultiver les sens de l'enfant, sa curiosité, son esprit d'initiative, de l'aider à continuer la découverte du monde extérieur qu'il a commencée sans nous, de l'accoutumer à dégager lui-même les idées des faits, à passer des idées particulières aux idées générales, des idées concrètes aux abstraites, à fonder ses jugements sur des concepts qu'il a élaborés, à penser par lui-même et à compter sur lui. *Il s'agit de l'étude, par l'observation, des objets et phénomènes naturels les plus répandus dans le milieu où vit l'enfant, en vue de lui faire acquérir une connaissance personnelle de ce qui l'intéresse en tant qu'être humain.*

En disant que la leçon de choses doit être, avant tout, une leçon d'observation, je donne sans doute l'impression d'enfoncer une porte ouverte; y a-t-il terme plus en honneur à notre époque que celui d'observation? Et cependant, quand on essaie de l'appliquer aux leçons de choses, on s'aperçoit que, dans notre enseignement féminin, tout est à faire, au point de vue de la méthode, du choix des sujets, du programme et du matériel.

La *Méthode* d'observation appliquée aux enfants doit être une méthode de gymnastique intellectuelle et se fonder sur des données psychologiques tout comme la méthode rationnelle de gymnastique proprement dite se fonde sur l'anatomie et la physiologie humaines. Observer, c'est faire une analyse suivie d'une synthèse; observer conduit à comparer; comparer à généraliser; généraliser à juger, à passer des idées concrètes aux abstraites. Quels seront pour nous les éléments de l'analyse? Dans quel ordre les emploierons-nous : Comment? Quels seront nos termes de comparaison? Comment généraliserons-nous? Que ressortira-t-il de nos leçons?

Autant de questions à l'étude !

Des expériences déjà faites semblent se dégager certains résultats bien acquis, dont voici quelques-uns :

1º L'analyse doit consister d'abord à exercer les sens à l'aide des idées générales de couleur, de nombre et de forme qui sont le plus accessibles à l'enfant.

2º Peu à peu, sans négliger les idées de couleur, de forme et de nombre, l'analyse s'appliquera à la découverte des rapports de grandeur, de position, de cause à effet. Il s'agit là d'exercices plus délicats que les précédents, et pour lesquels nous n'avons rien de précis .

3º Pour le travail d'analyse, et pour la synthèse qui suivra, l'enfant agira, guidé par la maîtresse. Comment celle-ci dirigera-t-elle l'observation? Une leçon d'observation dans les petites classes est plus difficile à faire qu'un cours dans les classes secondaires ! La maîtresse doit non seulement posséder son sujet et voir nettement le but à atteindre, mais encore avoir pensé aux divers chemins qui mènent à ce but; car dans la joûte joyeuse que doit être la leçon, tant d'attaques imprévues viennent du côté des enfants, tant d'associations d'idées qui surprennent ou déconcertent et qu'il faut capter pour en tirer parti ! La classe dialoguée est la seule possible, mais le succès de la leçon dépend de la façon dont les questions sont posées. Il faut, au début, des questions faciles, jetant un pont entre les connaissances acquises et celles que l'on veut acquérir; puis des questions claires, précises, portant l'attention sur un point bien déterminé; des questions ordonnées, qui donnent à l'enfant l'impression de progresser dans la voie de la découverte; des questions posées de façon sérieuse, simple et naturelle, pour que l'enfant sente l'effort qu'on lui demande et la responsabilité qu'on lui laisse. L'effort n'ira jamais jusqu'à la fatigue, les leçons seront courtes. La responsabilité croîtra graduellement de classe en classe, et les questions, tout en demeurant précises, exigeront un examen plus étendu ou plus minutieux, se feront plus rares.

Les conclusions (synthèses) seront sincères, c'est la condition primordiale du succès de la méthode. On dira ce que l'on a vu, quitte à rechercher ensuite pourquoi les résultats ne concordent pas, ce qui accroîtra encore l'intérêt des observations individuelles simultanées, ouvrira le champ à la discussion, et contribuera à donner aux enfants le sentiment de la probité intellectuelle qui est d'un prix inestimable.

4° On habituera l'enfant à résumer son observation, soit oralement, soit par écrit, soit à l'aide du dessin, du modelage, ou de tout autre travail manuel.

5° Aussitôt que possible, on l'exercera à comparer, et l'on respectera sa disposition naturelle à constater les différences plutôt que les ressemblances; il faut pour saisir les analogies une maturité d'esprit qu'il n'aura que plus tard.

6° On ne l'amènera que lentement à généraliser et avec une extrême prudence. La méthode d'observation ne permet à l'enfant que des généralisations peu étendues, et ne le conduit qu'à des conclusions incomplètes. C'est là un inconvénient passager, et sur lequel je reviendrai plus loin. L'essentiel est que l'enfant prenne d'abord de bonnes habitudes d'esprit.

Faute d'utiliser les facteurs ci-dessus indiqués, la leçon d'observation risque de dégénérer en un pur amusement. Mais si la maîtresse n'a que ces facteurs dans l'esprit, elle risque de transformer la leçon de choses en leçon de sciences. La leçon amusante, qui éveille au début l'intérêt de l'enfant, mais qui ne le nourrit ni le cultive par l'effort gradué, finit par l'anémier; la leçon savante, qui substitue un intérêt d'adulte à un intérêt d'enfant, dessèche celui-ci. Dans les deux cas la valeur éducative de la leçon est réduite au minimum.

Tout autre est le résultat lorsqu'on assigne comme but immédiat à l'observation de faire acquérir à l'enfant une connaissance personnelle de son milieu. Alors l'intérêt aiguise la faculté d'observation, l'observation alimente l'intérêt, et l'habitude de bien observer se développe en même temps que devient plus intime le contact de l'enfant avec le milieu extérieur qu'il subit et sur lequel il doit constamment réagir. «Les abeilles pillottent de çà, de là, les fleurs; mais elles en font après un miel qui est tout leur, ce n'est plus thym ni marjolaine». La connaissance personnelle que les jeunes enfants doivent avoir du monde extérieur, c'est celle qu'ils acquièrent en pillottant autour d'eux, celle qui part d'un

point de vue humain, complexe, dans lequel entrent autant de sensibilité que d'intelligence, d'imagination que de bon sens et de sens pratique. A nous d'observer les enfants pour savoir ce qui les attire, de les
guider dans leurs investigations, d'élargir et de creuser le champ de
leur curiosité, de l'orienter du point de vue humain.

. Ce qui les attire? Tout ce qui vit, tout ce qui est susceptible de mouvement, de changement, le tic-tac de la montre, l'apparition des étoiles
dans le ciel; et, plus tard, par une sorte de réflexion sur eux-mêmes, les
manifestations de la vie et de l'activité humaines. Dans les êtres vivants,
ce qui les attire, c'est la vie : vie individuelle, vie familiale, relations
d'un animal avec son milieu et avec l'homme. Ils aiment les plantes pour
les cueillir, les collectionner, puis les cultiver, et dès qu'ils cultivent une
plante annuelle de la graine à la graine, ils l'observent avec autant de
plaisir que les animaux nourris en classe ou à la maison. Ce même intérêt
intelligent et affectueux se reporte aux êtres vivants du jardin, du parc
ou du bois. De cette connaissance personnelle, humaine et précise, se
dégage parfois pour l'enfant, une impression de beauté, et d'harmonie
qui, pour fugitive qu'elle soit, vaut bien, à cet âge, les règles sèches de la
nomenclature ou la classification des êtres vivants en utiles et nuisibles
à l'homme ! D'ailleurs, entre les divers éléments de la connaissance,
il n'y a pas incompatibilité, mais simple question de mesure.

· Le monde inanimé, qui offre autant de sujets d'observations que ·
l'autre, est moins accessible à l'enfant. La maîtresse doit le guider de près
et orienter ses observations à un point de vue pratique et utilitaire;
par exemple, elle peut rattacher l'étude du temps, des agents atmosphé-
riques, des pierres, à la géographie physique locale qui tient réellement
trop peu de place à l'École élémentaire; elle doit renoncer à tout dire sur
les vêtements, l'alimentation, l'habitation, les moyens de transport
et choisir parmi les sujets observables dans le milieu ambiant ceux qui
offrent la plus grande valeur éducative et qu'elle possède le mieux;
enfin, à l'occasion, elle doit initier les enfants aux questions économiques,
les habituer aux données numériques, leur apprendre le prix des choses.
Tout cela fait partie de leur connaissance personnelle du milieu extérieur.

L'idéal est que les matériaux choisis dans le milieu de l'enfant soient
groupés autour de *véritables centres d'intérêt*. Aux programmes actuels
figurent bien, à titre d'indication, quelques centres, la ferme, le ruisseau,
le pain, mais ce sont en général des centres fictifs, tout au plus bons pour
les leçons d'information, non pour les leçons d'observation. Ce sont des
centres réels d'intérêt qu'il faut trouver, pour les écoles urbaines, comme
pour les écoles rurales; et c'est possible, quelque difficile que cela paraisse.

Dans cet enseignement par l'observation, le besoin du livre ne se fait
pas immédiatement sentir : pour observer, pour comparer, le livre est
inutile; mais quand l'enfant veut généraliser et qu'il est doucement
invité à la prudence, il va d'instinct au livre qui lui dira si le moustique

se développe comme le hanneton, si tous les arbres fleurissent chaque année, si le coton se teint comme la laine, etc. Nos petites élèves de la classe élémentaire, et de première préparatoire n'ont pas de livres, et n'en réclament pas, mais les élèves de deuxième et surtout de troisième préparatoire m'assaillent de demandes, réclament des livres sur les insectes, les pierres. Cela ne veut pas dire qu'elles lisent toutes, qu'elles lisent beaucoup ou longtemps, bien que les plus zélées cherchent dans le *Petit Larousse illustré*, les termes nouveaux pour elles ! Cela montre simplement que le travail personnel par le livre commence là, que la raison d'être du *Livre de Sciences*, apparaît là. A partir de ce moment, et à condition que les exercices d'observation se poursuivent, l'étude dans les livres, dans de bons livres écrits pour renseigner les enfants, devient une aide puissante, indispensable.

Ainsi la leçon d'observation conduit au livre de sciences, et par la suite à la leçon d'information.

Cette dernière est nécessaire, mais comme corollaire de la leçon d'observation. Quand la leçon d'observation a créé de bonnes habitudes d'esprit, de solides points de repère et de comparaison, l'élève peut suivre avec profit des descriptions d'objets ou de phénomènes lointains, se représenter les choses qu'elle ne voit pas, retenir plus facilement et mieux.

Enfin, si la leçon de choses est donnée par la maîtresse de la classe, et non par une *spécialiste*, elle peut être sans difficulté rattachée aux autres enseignements, lecture, récitation, rédaction, arithmétique, dessin, travaux manuels. L'enseignement formel peut alors prendre aux yeux de l'enfant, sa vraie valeur d'instrument : on apprend à calculer pour connaître des résultats numériques qui intéressent, à dessiner, à parler, à rédiger pour communiquer à d'autres ce qu'on a vu ou pour conserver ses propres souvenirs. On reporte sur les autres matières de l'étude les habitudes de méthode, d'ordre, de clarté, de précision que l'on acquiert en observant. On a eu l'air de perdre du temps, on en a gagné; l'enfant s'est développé d'une façon plus normale.

A tous points de vue le résultat immédiat est meilleur.

Et la préparation aux études secondaires?

Et la préparation à la vie?

Une fillette qui entrerait en première année secondaire avec quelques connaissances concrètes bien acquises, habituée à observer et à réfléchir, l'esprit ouvert et curieux, passerait naturellement, pour peu que nous sachions ménager la transition, des leçons de choses aux cours de sciences proprement dits. Ces cours eux-mêmes prendraient un tout autre essor; cessant d'être un perpétuel recommencement, ils deviendraient une suite, un complément, un développement, une synthèse.

Nous pourrions peu à peu dégager ce faisceau d'idées générales qui doit être le but de notre enseignement secondaire. Notre arbre de la Science, pour humble qu'il soit, plongeant de solides racines dans les classes préparatoires, dresserait son tronc résistant dans nos classes secondaires, et pourrait étendre ses rameaux sur toute la vie de nos élèves.

Pour les enfants qui abandonnent définitivement l'école primaire à 12 ou 13 ans, la dernière année du cours supérieur deviendrait une année de revision, de classification, de synthèse des connaissances précédemment acquises. Pour elles, le tronc serait plus court, mais la même sève circulerait des racines aux feuilles.

Dans tous les cas, l'École élémentaire, au lieu d'être une vaste parenthèse entre la première enfance et l'adolescence, serait un élargissement de la vie de l'enfant, une préparation directe à la vie de l'adulte.

Ce qui précède n'est pas une simple vue de l'esprit. La réorganisation de nos leçons de choses s'impose; des divers essais individuels tentés jusqu'ici, il résulte que les premières questions à résoudre sont les suivantes :

1º Préparation des maîtresses.

2º Élaboration des programmes locaux.

3º Choix des êtres vivants, animaux et plantes que l'on pourra observer en classe. Soins à leur donner.

4º Matériel scolaire.

5º Organisation systématique d'excursions, de visites d'usines, de manufactures ou de magasins. Ces excursions et visites ayant lieu à époques déterminées et devant être considérées comme des exercices scolaires obligatoires.

6º Modification de l'emploi du temps général, afin de permettre, au moins dans les petites classes, des exercices d'observations fréquents et de courte durée.

Ne nous le dissimulons pas : il s'agit presque d'un travail d'Hercule. Mais ce travail a déjà été entrepris aux États-Unis, au Canada, dans plusieurs grands États d'Europe. Nous ne pouvons rester plus longtemps en arrière.

M. E. ROUX.

RAPPORT. — OBSERVATIONS FAITES DANS LES RÉCENTES CLASSES ET ÉCOLES DE PERFECTIONNEMENT DE LYON. POPULATION SCOLAIRE. RÉSULTATS GÉNÉRAUX. HÉRÉDITÉ. MOYENS SPÉCIAUX D'ENSEIGNEMENT. OPINIONS DIVERSES.

371.93 (44.582 Lyon.)

Dans ces dernières années, la question de l'éducation des enfants anormaux scolaires a fait en France un progrès considérable. Il est inutile de rappeler ici grâce à quels efforts un enseignement spécial a été officiellement créé pour eux par la loi du 15 avril 1909. Avant le vote de cette loi, l'éducation des arriérés scolaires était déjà entrée dans la voie des réalités puisqu'il existait sur divers points de notre pays des classes de perfectionnement fondées par les municipalités. Actuellement Paris en compte 3, Levallois-Perret 2, Bordeaux 3, Tours 2, Angers 1 ; Rouen aura 1 classe de filles au 1er octobre prochain ; Montpellier prépare la création prochaine de 2 classes, 1 de garçons, 1 de filles ; le Conseil municipal de Poitiers et le Conseil général de la Charente-Inférieure ont décidé chacun la création d'un internat. Notre ville compte 7 classes, 4 de garçons et 3 de filles ; de plus, elle envoie un certain nombre de boursiers dans un internat privé situé à Villeurbanne et dirigé par M. Lafontaine, ancien instituteur public, muni du diplôme spécial ; cet internat comprend 3 classes spéciales de perfectionnement, 2 de garçons, 1 de filles ; c'est donc un total de 10 classes qui se trouvent dans notre région.

On peut donc dire sans crainte que la ville de Lyon tient la première place pour l'importance des sacrifices consentis en faveur des anormaux scolaires ; disons tout de suite que c'est à la générosité de la Municipalité et surtout à l'inlassable activité et à la ténacité de M. le sénateur Beauvisage que nous sommes redevables de ce résultat. Il a su intéresser au sort des arriérés, grouper et retenir en une florissante société de plus de 110 membres, « l'Œuvre de l'Enfance anormale », des savants, des médecins, des membres des trois ordres d'enseignement, des philanthropes. Par sa propagande, cette société est arrivée à créer à Lyon le mouvement dont nos classes sont les résultats. Modestes collaborateurs de son œuvre, nous vous soumettons les observations que nous avons pu faire dans l'enseignement spécial.

Ces observations ont surtout le mérite de la personnalité. Notre méthode de travail a été en effet assez différente de celle de nos collègues. A Paris et à Bordeaux en particulier, les instituteurs de classes de perfectionnement ont travaillé sous le contrôle, très souvent même sous la direction de leur directeur d'école et aussi de leur inspecteur primaire ; nous ne pouvons que les féliciter d'avoir eu pour guides des personnes aussi autorisées ; ils n'ont pas connu les hésitations, les tâtonnements, les faux pas. A Lyon au contraire, et sur l'avis de M. Beauvisage, nous avons volé de nos propres ailes, avec seulement pour soutien la bienveillante sympathie de nos chefs qui se sont plutôt intéressés à nos travaux pour en constater les résultats que pour leur imprimer une direction spéciale. Par contre, nous avons eu un avantage très appréciable ; grâce à l'admirable société dont j'ai parlé plus haut, nous avons eu un local particulier pour nous réunir, une bibliothèque composée exclusivement d'ouvrages spéciaux sur la question de l'enfance anormale, à notre disposition ; nous avons pu assister à de nombreuses conférences faites au siège et sous les auspices de la Société [1] et participer à des expériences faites à son laboratoire de Psychologie. En résumé, nous avons eu la possibilité d'une bonne préparation générale, que nous avons complétée par des études en commun, causeries et discussions sur un sujet donné.

Étant toujours restés unis, nous avons pu fréquemment échanger nos impressions, nous faire part de nos déboires et de nos succès ; nous avons pu aussi nous tenir au courant de ce qui se faisait ailleurs ; nous avons expérimenté les méthodes ou procédés nouveaux, nous avons fait un choix. De cette étroite et

---

[1] *Voir* les *Comptes rendus annuels de la Société*, rue de la Tunisie, 7, Lyon.

amicale collaboration, il n'est pas toujours résulté une idée unique sur nos classes, une façon unique de procéder; cette diversité d'opinions qu'on retrouvera dans la suite de notre Rapport prouve tout au moins que la question de l'éducation des enfants arriérés n'est pas encore complètement au point.

Nous n'avons pas pour but de vous faire part des résultats de l'œuvre entreprise à Lyon, mais plutôt des résultats que nous a donnés une expérience de trois années de pratique de l'enseignement. Trois points nous ont paru présenter un intérêt plus directement utilitaire : 1º ce que sont nos élèves au point de vue de l'hérédité; 2º procédés spéciaux qui nous ont paru propres à faciliter la tâche de l'institution; 3º ce qu'on pense et dit de notre œuvre.

Toutefois, avant de traiter ces divers points, nous avons cru indispensable de montrer par quelques chiffres l'état général de l'enseignement spécial à Lyon. Ces chiffres sont fournis par le Tableau ci-dessous.

Les 154 élèves actuellement présents soit dans les classes, soit dans l'internat peuvent se décomposer ainsi :

50 o/o d'élèves agités, indisciplinés, instables, mauvais élèves ou rebut des classes ordinaires;

20 o/o d'ignorants par suite de non fréquentation.

15 o/o d'imbéciles.

15 o/o d'inéducables.

A signaler une douzaine d'épileptiques répartis dans les divers groupes.

A l'internat ne sont pas reçus les imbéciles et les épileptiques; les inéducables sont renvoyés après une période d'essai, rendus à leur famille ou placés dans un hospice d'incurables.

L'enquête faite sur l'hérédité ne porte que sur 103 élèves seulement, 53 provenant de l'internat et 50 de la classe de la rue Bossuet. Les instituteurs ou institutrices des autres classes ont déclaré n'avoir pu se procurer des renseignements assez certains ou assez nombreux pour les faire figurer de façon utile dans ce Rapport.

Sur les 50 élèves qui ont été inscrits à la classe de perfectionnement (et dont une dizaine n'y ont fait qu'un très court séjour) le maître n'a de renseignements à peu près certains que sur 22; pour les 28 autres, il n'a que des doutes vagues sans aucune précision. Ces 22 cas se décomposent ainsi :

Alcoolisme des deux parents........................ 4
—   du père seul................................... 8
—   de la mère seule .... o

Total................. 12

Tuberculose des parents ou dans la famille........... 4

Nervosisme des deux parents........................ 2
—   de la mère seule............................. 6

Total.................. 8

Syphilis du père avouée par la mère.................. 1

L'internat de perfectionnement donne les chiffres suivants : sur 33 élèves dont 41 sont encore présents, il y a 28 cas pour lesquels l'hérédité est certaine, dont 12 cas pour les deux parents à la fois, 7 provenant du père, 9 de la mère

ÉCOLES.	GARÇONS OU FILLES.	ÉLÈVES INSCRITS.		ÉLÈVES AYANT QUITTÉ.				INTERNÉS.	ÉLÈVES (1) déférés aux tribunaux.	SANS RENSEIGNEMENTS.	OBSERVATIONS.
		depuis la création.	actuellement.	pour travailler.	pour rentrer à l'école ordinaire.	décédés.	rendus à la famille pour diverses causes.				
Internat de Villeurbanne	g.-f.	53	41	1	1	1	3	6	»	»	Pour l'école de Villeurbanne les élèves portés dans la colonne « internés » ont été placés :
Rue Bossuet............	g.	50	17	6	6	2	4	3	3	9	3 au Perron,
Place Morel..........	g.	43	18	»	»	1	»	»	»	»	3 à Meyzieu,
Rue de la Part-Dieu...	g.	47	16	9	10	2	»	3	»	7	1 à Bron, c'est-à-dire dans des hospices ou asiles d'incurables
Rue du Chapeau-Rouge.	g.	30	15	5	7	»	»	»	»	3	ou d'incapables.
Grande-Rue Guillotière.	f.	44	16	5	2	2	3	3	3	10	Les 3 rendus aux familles l'ont été pour incapacité,
Rue Montgolfier.......	f.	25	15	»	»	»	»	»	»		mais pour raisons diverses n'ont pas été placés dans
Rue Jacquard..........	f.	16	16	»	»	»	»	»	»	»	des hospices.
Totaux......		308	154	26	26	8	10	15	6	29	Renseignements incomplets pour les classes de la place Morel, de la rue Montgolfier. La rue Jacquard est nouvelle.

sur un effectif de 224 inscrits depuis la création.

(1) Ou ayant une mauvaise conduite notoire.

(dont 3 avec père inconnu); dans 5 autres càs l'hérédité est douteuse par manque de renseignements avoués, mais presque certaine par suite de manifestations physiologiques anormales (nombreuses morts prématurées, nombreuses fausses couches, etc.); 2 autres élèves sont pupilles de l'Assistance publique, aucun renseignement. 6 cas peuvent se rattacher à des accidents pendant la grossesse; enfin, chez 12 élèves l'état anormal peut être attribué à des accidents de la première enfance, en particulier 8 ont eu des convulsions.

Les cas pour lesquels l'hérédité est certaine peuvent se grouper ainsi :

```
Alcoolisme des deux parents.....................        2
     —      du père seul .........................   .  11
     —      de la mère seule....,.................      1
(à signaler aussi une fillette nourrie à l'alcool pendant 6 mois).
Tuberculose des deux parents....................        2
     —      du père seul .........................      0
     —      de la mère (dont 1 avec hérédité).........   3
Nervosisme des deux parents.....................        1
     —      du père seul (non compris les alcooliques).  2
     —      de la mère seule.....................       13
Syphilis ......... aucune avouée, mais une bien certaine.
Misère physiologique des deux parents.................   2
     —           de la mère seule..............    11
     —           du père seul ....................      2
```

Ces chiffres sont assez éloquents par eux-mêmes sans qu'il soit nécessaire de les interpréter longuement. Toutefois une remarque s'impose: il est bien difficile aux instituteurs des classes spéciales de se renseigner sur les choses qui touchent à l'hérédité; un seul maître sur sept arrive à se documenter et sur 50 o/o de ses élèves seulement. Le directeur de l'internat, au contraire, obtient beaucoup plus facilement les renseignements qu'il désire, parce qu'il remplace complètement la famille qui est presque obligée de se confier à lui. Ainsi tel élève actuellement pensionnaire à l'internat, mais précédemment inscrit dans une classe, avait été présenté comme appartenant à une famille de santé ordinaire; on accusait seulement l'accouchement défectueux de l'état de l'enfant; or, au directeur de l'internat on avoue que cet enfant est le seul vivant de six, qu'il a eu des convulsions jusqu'à sept ans, que la mère est très anémiée et que dans la famille de la mère il y a eu plusieurs décès prématurés d'enfants en bas âge (quelques mois).

Ces renseignements sur l'hérédité sont cependant absolument nécessaires, parfois aussi bien à l'instituteur qu'au médecin, pour instituer un traitement physique, moral ou intellectuel. Aussi nous essayons de nous éclairer par tous les moyens en notre pouvoir en faisant subir un véritable interrogatoire aux parents, tout en le leur présentant aussi adroitement qu'il est possible et en faisant ressortir surtout l'intérêt de l'élève. On se renseigne sur les maladies de l'enfant, son alimentation, ses habitudes, sur la santé de la mère, du père, des frères et sœurs, de la famille en général, sur les aptitudes des frères et sœurs, leur état, etc., en un mot tout ce qui peut mettre sur la trace de la tare héréditaire. On y arrive parfois à l'insu des parents; ainsi tout dernièrement je recevais un élève présentant tous les signes d'une bonne santé et j'hésitais même à poser à la mère des questions inutiles; à un moment donné je demande s'il a des frères et des sœurs; j'apprends qu'il a deux sœurs et un frère plus âgés, les deux sœurs sont dans un sanatorium de la région parce qu'elles « toussaient beaucoup » me dit la mère. Et ainsi j'obtins un renseignement qui peut avoir une grande valeur.

Une expérience de trois années nous a permis de classer les enfants, au ·point de vue de l'hérédité, en deux grandes catégories : d'un côté, nous plaçons les enfants d'alcooliques ou de nerveux; de l'autre, les enfants de tuberculeux ·ou syphilitiques. Les premiers ont surtout besoin d'être surveillés dans leur alimentation, dans leurs jeux et leurs fréquentations; leurs facultés intellectuelles ne sont·pas équilibrées. Les seconds ont surtout besoin d'une application rigoureuse des règles de l'hygiène; leur facultés sont plutôt endormies, il faut les réveiller, les stimuler. Dans cet ordre d'idées, on comprend immédiatement que la classe de perfectionnement ne peut rivaliser avec l'internat. La discipline dans la ration alimentaire, dans l'emploi du temps, dans les jeux, dans les habitudes, est bien souvent le meilleur médecin de nos pauvres déshérités. Nous avons pu en faire l'expérience quelquefois. Tel nerveux nourri chez lui de café et parfois d'alcool, et que la classe spéciale ne pouvait modifier, a trouvé à l'internat de bonnes soupes fumantes qui ont fortement contribué à améliorer sa santé d'abord et son caractère ensuite. Telle fillette n'était plus reconnue, au bout de six mois d'internat, par le médecin qui l'avait soignée précédemment, tellement elle avait repris bonne mine. Tel autre garçon qualifié « enfant terrible » devient de plus en plus sage, car, à la place de l'absinthe du samedi, il.trouve.tous les jours à son réveil un petit verre ... d'huile de foie de morue.

Pour aussi minime qu'elle soit, l'expérience acquise nous permet dans les classes de perfectionnement de diagnostiquer presque à coup sûr dans laquelle des deux grandes catégories doivent être placés nos élèves, et, en même temps, nous indique notre attitude ou notre ligne de conduite; car, comme le dit l'un des nôtres, M. Picornot, « avec ces enfants, il faut être tour à tour patient et sévère, pacifique et inflexible; tâche qui n'est pas toujours aisée. » Cette expérience nous a montré les meilleurs moyens d'éducation développant l'intelligence et la moralité tout en améliorant la santé. En première ligne nous plaçons l'enseignement de la gymnastique dont notre collègue Mᵐᵉ Chaillet, dit : « Elle est fort goûtée, surtout des instables. Aux mouvements lents et silencieux de la gymnastique suédoise succèdent les mouvements rythmés de la gymnastique ordinaire officielle. Les mouvements sont fréquemment accompagnés de chant; la gymnastique est un puissant moyen de discipline et aide à la formation de la volonté ... » Les instituteurs de l'internat en vantent également les bienfaits.

Noterai-je ici tout le bien que nos collègues disent de la leçon de choses qui consiste à mettre entre les mains des élèves les objets mêmes : sucre, sel, pain, charbon, allumettes, chandelle, etc. pour les leur faire voir, observer, toucher, palper, sentir, goûter, etc. ? C'est presque inutile; cette leçon est pour nous toute là base de l'enseignement : « elle concourt non seulement à l'acquisition de connaissances générales, mais aussi à l'étude de la langue. Elle permet d'excellentes leçons d'élocution, de rédaction, de vie pratique. »

Un enseignement dont l'importance est primordiale aussi dans l'éducation ·des arriérés est celui du travail manuel. Des communications ont été faites sur ce sujet dans différents congrès par M. le sénateur Beauvisage. D'autres avec lui ont cité ce qui avait été fait dans cette voie dans plusieurs villes. On a peu parlé de ce qu'avaient fait.les instituteurs lyonnais (je prie de considérer que je parle surtout pour mes collègues); cependant si l'on réunissait tous les exercices qu'ils ont fait exécuter, toutes les remarques qu'ils ont pu faire, tous les modèles qu'ils ont créés, on aurait une collection comparable à n'importe quelle autre du même genre. Tous les genres de travaux y sont représentés : pliage et découpage du papier, cartonnage, fil de fer, travaux en raphia, travaux en bois, vannerie, modelage, couture, broderie, etc. Nous avons là encore conservé notre liberté d'allures.

Quelques-uns parmi nous ont pensé que le travail manuel des arriérés scolaires devait surtout être une préparation générale à l'apprentissage et non pas un commencement d'apprentissage, puisque nous n'avons pas d'ateliers, et par conséquent, s'en tenir à l'éducation de l'œil et de la main. D'autres, au contraire, pensent avec M. Chaillet « que c'est dans l'éducation manuelle que réside le problème de l'utilisation de ces déchets scolaires qu'on appelle les anormaux. Vouloir les instruire, c'est trop souvent perdre son temps et j'estime, dit-il, que la plus grande partie de notre emploi du temps doit être absorbée par l'éducation manuelle. Il faut faire confectionner aux enfants des objets réellement utiles. Le travail manuel doit toujours être dirigé du côté utilitaire ». Et, de fait, notre collègue est arrivé à faire confectionner par ses élèves toute une collection d'objets pratiquement utilisables et que les enfants sont très fiers d'emporter dans leurs familles.

Je cite encore en passant le parti admirable que Mme Piquet a su tirer des leçons de modelage avec des fillettes. Je ne puis m'abstenir de mentionner encore l'émulation incroyable que Mlle Renard, institutrice à l'Institution de Villeurbanne a su entretenir chez ses arriérées pour la confection des ménages de poupées, dont quelques-unes sont de véritables bijoux. Mais il faudrait voir toutes les classes pour juger de l'ensemble !

Je vais faire une petite place encore à une leçon toute spéciale qui intéresse, amuse et instruit mes élèves, tout en les préparant admirablement aux choses de l'existence.

C'est la leçon de vie pratique, que je place à la première heure de la matinée. J'ai institué ces leçons après lecture d'un article de M. Vaney ([1]), directeur d'école à Paris sur les « classes pour enfants arriérés » publié dans le Bulletin de la Société libre pour l'étude psychologique de l'enfant. Cette leçon a pour but « d'apprendre aux enfants » un ensemble de connaissances utilitaires qui servent pour les besoins de tous les jours, pour résoudre tout de suite les difficultés de la vie ». Le programme en est très variable, j'en cite quelques points : manière de s'habiller, de mettre la table, d'envoyer une lettre, de reconnaître son argent, de prendre un billet, de faire transporter des colis, de voyager en ville, prix des denrées, etc.

Au même auteur nous avons été heureux d'emprunter un programme d'orthopédie mentale. Après une expérience qui a duré un an, nous avons fait un choix dans ce programme un peu vaste; les exercices qui nous ont paru donner les meilleurs résultats et se prêter à l'organisation actuelle de nos classes sont les suivants : 1º évaluation de quantités numériques (punaises piquées sur un carton, tas de bûchettes, de billes, d'images); 2º exercices d'équilibre, (transport d'une verre plein d'eau sur une soucoupe, d'une bille sur une ardoise etc.), ou exercice de maintien d'une attitude; 3º la reconnaissance des objets

([1]) Voir *Bulletin de la Société lyonnaise de Psychologie*, février 1911.

au palper; 4° les charades. Ces différents exercices se prêtent au développement du jugement, de l'observation, favorisent l'exercice de la volonté, augmentent l'attention tout en rompant la monotonie des exercices ordinaires. Nous sommes heureux de signaler en passant que nous avons trouvé de précieux encouragements à persister dans cette pédagogie nouvelle auprès de M. Beau-visage en particulier, des membres de l'Œuvre de l'Enfance Anormale, en général, qui nous ont toujours soutenus dans nos efforts et aussi des membres de la Section lyonnaise de la Société de psychologie (1). Nous avons craint au début de n'être pas compris de tous; les résultats atteints nous permettent actuellement d'affirmer que nous n'avons pas perdu notre temps, bien au contraire.

Et maintenant que nous avons exposé sommairement les procédés un peu spéciaux que nous employons, il nous paraît intéressant et utile de rapporter les opinions diverses entendues sur notre œuvre et l'opinion de chacun de nous en particulier. Là encore nous ferons preuve d'entière liberté.

Quelle est d'abord l'opinion de nos collègues de l'enseignement primaire, directeurs et adjoints. L'un de nous dit : « Les collègues, qui ne se rendent pas compte des efforts incessants que nécessite l'éducation d'une quinzaine d'enfants d'âge divers, de force différente, d'aptitudes très variées, plus instables les uns que les autres, s'imaginent que les classes de perfectionnement sont des classes de repos !... En général, les directeurs apprécient peu favorablement ces classes. Beaucoup montrent de l'indifférence, quelques-uns de l'hostilité. » Un autre, par contre, déclare « que ses collègues lui ont dit qu'ils préféreraient casser des cailloux sur la route plutôt que de faire l'éducation de pareils enfants ». Une institutrice nous confie que : « la directrice de l'école craint que les enfants bien élevés du quartier ne viennent pas chez elle à cause de la mauvaise réputation des élèves de la C. P. dont le recrutement deviendra de plus en plus difficile, vu les scandales qui se reproduiront fatalement. Les collègues pensent que la tâche est très ingrate. Elles sont d'ailleurs très satisfaites de pouvoir se débarrasser de leurs mauvaises élèves et font ce qu'elles peuvent pour décider les parents à me confier les enfants. »

Le public a-t-il une opinion ? Voici ce qu'ont entendu plusieurs d'entre nous. « Une partie du public ne juge nos élèves et, par contre coup, un peu notre œuvre que par leurs polissonneries dont il est journellement témoin dans la rue ou d'après leur accoutrement souvent misérable. Des désignations injurieuses leur sont décernées. » « La classe de perfectionnement est dénommée par les parents : classe des indisciplinés, des loufoques, des idiots, des anormaux. Elle a mauvaise réputation; c'est une déchéance pour l'enfant que d'être admis dans cette cloaca maxima qui ne reçoit que les déchets scolaires ». Personnellement, je crois que nos élèves inspirent surtout de la pitié, et je suis heureux de constater que j'ai trouvé dans le quartier de mon école des encouragements de parents, de commerçants et de délégués cantonaux.

Quelle est l'opinion des maîtres chargés des classes. J'en transcris ici intégralement quelques-unes : « Je suis persuadée, dit une collègue, que les sacrifices consentis par la ville de Lyon et l'État sont hors de proportion avec les résultats obtenus. La classe de perfectionnement est trop ou trop peu. Nos efforts

---

(1) Voir articles de MM. Chaillet et Roux dans les Bulletins de la Société lyonnaise de Psychologie, décembre 1910 et janvier 1911.

sont détruits, en partie, par le milieu dans lequel vit l'enfant. Nous ne pouvons pas améliorer sa santé physique, ni détruire ses tares morales, puisque les causes qui les ont produites subsistent (ivresse des parents, inconduite, malpropreté, mauvaise hygiène, etc.). Nous ne pouvons pas le rendre capable de gagner sa vie puisqu'il ne fait qu'un court stage dans la classe qu'il doit quitter à 13 ans. L'anormale n'est sauvée que si on l'enlève jeune à sa famille et que si on lui apprend complètement le métier qui pourra lui faire gagner sa vie ».

Un instituteur s'exprime ainsi : « Je crois que pour les enfants véritablement arriérés la classe spéciale est un endroit où ils viennent avec plaisir et où ils trouvent un milieu plus sympathique que celui des classes ordinaires, attendu qu'on y fait cas d'eux, qu'on les encourage en appréciant leurs efforts, en applaudissant à leurs faibles succès. On leur donne cette chose indispensable qui leur faisait défaut : un peu de confiance en eux-mêmes. Quant aux vicieux, aux impulsifs, je me demande si les avantages qu'elle offre (entre autres, une surveillance plus étroite) ne sont pas contrebalancés par l'espèce de bouillon de culture qu'elle constitue pour le développement de leur humeur hargneuse.

Un autre collègue pense que : « L'organisation actuelle est insuffisante et presque stérile dans ses résultats. A treize ans, l'anormal quitte la classe; il n'est pas encore normal, son évolution mentale n'est pas terminée, il ne sait pas de métier. Il aura vite perdu les quelques connaissances si péniblement acquises.... Cependant la classe spéciale permet de séparer ces élèves des normaux; c'est déjà quelque chose d'avoir mis à part ces dégénérés pour le bien-être des écoles qu'ils fréquentaient précédemment. Mais l'école à laquelle se trouve annexée la classe de perfectionnement n'a pas lieu de s'en réjouir. »

D'autres maîtres pensent, au contraire, avoir obtenu de meilleurs résultats. « Les élèves sont améliorés de façon notable au point de vue intellectuel, leur moralité est un peu meilleure, ils sont plus polis, plus propres, viennent en classe avec plus de plaisir. La classe spéciale passe inaperçue, elle est définitivement acceptée par les élèves, les parents et les maîtres. » Personnellement, je pense qu'il ne faut pas juger l'œuvre accomplie à un moment donné (les conditions étant essentiellement variables) et surtout sur une dernière impression. Il faut l'envisager depuis sa création à Lyon (mai 1908) et alors nous serons presque unanimes à dire:

« Nous avons rendu de réels services; peut-être ne sont-ils pas en rapport avec les sacrifices consentis et les efforts faits, mais il ne pouvait en être autrement dans une période de début. Notre devoir est de signaler les défauts de l'organisation actuelle; aux législateurs, aux administrateurs d'y porter remède.»

Et pour cette dernière partie, nos desiderata, nous sommes tous d'accord.

« Trois années d'enseignement spécial m'ont démontré, dit l'une de nous, que les imbéciles et les malades ne doivent point y trouver place. Elles absorbent une grande partie du temps de la maîtresse sans grand profit pour elles-mêmes. Telles qu'elles sont organisées, les classes ne rendent réellement service qu'aux arriérées sans tares mentales graves, aux ignorantes, aux indisciplinées. Leur action est à peu près nulle sur les amorales. » Et nous sommes tous de cet avis.

« 40 o/o de nos élèves, dit un autre, appartiennent à des familles anormales dont l'action annihile nos efforts. Une solution unique s'impose : la séparation de la famille; l'entrée dans l'internat de perfectionnement ». Et nous sommes tous de cet avis.

Mieux que tout autre peut-être, je peux formuler une opinion basée sur l'expérience; à la fois instituteur chargé d'une classe de perfectionnement et ayant l'occasion de prendre part journellement à ce qui se fait à l'internat de Villeurbanne, j'ai pu comparer les résultats atteints. Dans ma classe, je me dépense sans compter, je me lasse bien souvent pour un résultat assez médiocre parfois. A l'internat, je fais sans peine, avec plaisir, un travail qui porte plus de fruits, quoique s'adressant quelquefois à des élèves plus touchés.

Pour arriver au but que nous souhaitons, deux mesures s'imposent dans notre région : la création d'un internat public pour les enfants arriérés et le recrutement officiel des classes spéciales sur des bases scientifiques, recrutement prévu par la loi du 15 avril 1909 qui a institué, à son article 12, une commission ayant cette tâche. C'est cette commission qu'il faudrait faire fonctionner.

La période des tâtonnements et de la première expérience a assez duré, l'œuvre portera des fruits, mais il est temps de la fixer sur des bases solides et plus sûres que celles sur lesquelles elle repose aujourd'hui.

M. LE Dʳ VICTOR NICAISE,

Lauréat de l'Institut de Paris.

DU SYSTÈME HONGROIS ASSURANT LA PROTECTION DE L'ENFANT ABANDONNÉ ET DE LA FAÇON INTELLIGENTE, LARGE ET LIBÉRALE DONT SONT TRAITÉS DANS CE PAYS LES JEUNES DÉLINQUANTS.

362.72 (43.91)

31 *Juillet.*

(Mémoire publié hors volume).

Mᵐᵉ MICHAUD.

Directrice d'École (Lyon).

RAPPORT. — L'ART A L'ÉCOLE.

7 : 727.1

4 *Août.*

Des voix autorisées d'artistes, de savants, de penseurs ont, depuis quelques années, soulevé un enthousiasme général pour l'Art à l'École.

Donner à l'enfant « l'habitude de vivre en beauté », lui donner « la part de poésie qui est nécessaire pour que la vie soit saine, qu'elle soit douce, qu'elle soit agréable à vivre », c'est désormais un but à atteindre.

Qui aime le beau porte du bonheur en soi ; le beau est le frère du bien. « Plus je vais, plus je me convaincs qu'en dehors de l'art, il n'y a pas de salut pour la pensée humaine ; on peut exister privé de lumière, mais, exister n'est pas vivre, a dit notre poète lyonnais Joséphin Soulary, en communion d'idées avec tous ceux qui ont senti la puissance infinie de la beauté. » « J'ai vu bien des jours de misère, mais, avec de l'énergie et la foi dans l'art, je m'en suis toujours tiré. » (Balzac.)

L'art, grand dispensateur de joies quotidiennes, de bonheurs sans regrets, de consolations profondes ; l'art, bien social par excellence, doit être compris de tous. Il faut faire aimer la beauté. Mais peut-on faire naître une telle affection dans une âme d'enfant ? Oui, en y pensant toujours.

Simple institutrice, ouvrière en pédagogie, prenant plaisir à modeler les âmes, n'ayant point les connaissances nécessaires pour développer des théories sur l'art, je vais simplement raconter ce que nous ayons fait dans une école de Lyon, parler des difficultés surmontées, des résultats obtenus, des vœux à formuler.

Nous étions cinq institutrices, nous étions six, disons huit en y comprenant le mari et le fils de l'une de nous, qui avions les mêmes idées au sujet de l'art à l'école. Les unes tenaient pour la décoration, les autres pour la musique, celle-ci pour la gymnastique rythmée en danse, cette autre pour la diction, déclamation dirai-je, car ses soins s'adressaient aussi bien aux anciennes élèves qu'aux enfants de l'école primaire. Et nous avons marché en harmonie.

Une chance nous a d'abord favorisées ; c'était le moment des vacances où on allait faire dans notre école les réparations de propreté. Elles se firent.

La maison comprend deux étages auxquels on accède par un large escalier. Trois classes à chaque étage s'ouvrent sur un long corridor. Les murs de l'escalier et des classes furent légèrement peints à l'huile, d'une couleur rose beige très propice à la décoration. Chaque classe, haute de 5 m. est entourée d'une boiserie en pitchpin vernis de 1 m de hauteur. Le reste de la paroi est divisé en trois parties par deux bandeaux de pitchpin, ce qui donne un emplacement pour deux frises, l'un en haut, l'autre en bas.

Nous ferons donc des frises, mais, quelles frises? La grande et aimable pourvoyeuse, la section lyonnaise de la Société de l'Art à l'école est là ; son secrétaire, M. Gromolard, voyage au Tyrol, mais ses lettres le suivent ; il répond de là-bas, et nous préparera des pochoirs. En attendant, comme le temps presse, nous sommes au milieu de septembre, nous faisons un dessin de branches de marronniers formant frise ; il est montré à l'architecte de la ville, il est agréé. On le commence, on le finit et les autres dessins arrivent. Nous faisons même la montée d'escaliers sur laquelle court une guirlande de roses avec son feuillage.

Qu'est-ce donc qu'un pochoir? Un carton découpé à jour ; chaque trou est un dessin de fleur et de feuillage ; on l'applique sur le mur suivant des traits tracés à la craie, on tapote avec des pinceaux ronds (un pour chaque couleur) imbibés de couleur ; on retire le pochoir, le mur est peint. C'est très simple (¹),

Comment fait-on la couleur? Pour la peinture à l'huile, avec des tubes tout

---

(¹) Comment peut-on fabriquer un pochoir? On compose d'abord son dessin, grandeur d'exécution, on le colorie. On en fait un calque sur du papier à pochoir. On découpe le dessin en ayant soin de laisser en travers des ouvertures quelques languettes de papier qui maintiendront à leur place les diverses parties du dessin.

préparés de peinture à l'huile; pour les murs à la chaux, avec de la peinture à la colle.

La peinture coûte-t-elle cher? Non. Si l'on prend des tubes de peinture pour décoration, avec 5 fr, on a à peu près une classe.

Est-ce long à faire? Cela dépend du dessin. Il y en a de compliqués, il y en a de simples. Pour les compliqués, il faut deux jours, à deux personnes, pour faire une frise en haut, une frise en bas dans une classe (deux personnes travaillant de 6 h du matin à 7 h du soir).

Est-ce fatigant? Un peu, surtout pour les frises du haut, lorsque, perché sur une échelle, on lève les bras, le cou, la tête, et l'on poche. Mais, c'est si drôle de faire un motif, puis un autre, de regarder comme ça avance, de descendre pour voir l'effet, qu'on oublie parfaitement sa position.

Et quand c'est fini, avec quelle joie on ramasse pochoir, pinceaux, couleurs, punaises, etc. Alors seulement le travail ennuyeux commence, car il faut tout nettoyer. Oh! ce nettoyage en frottant avec plusieurs linges imbibés d'essence de térébenthine! Ce frottage qui met de la couleur partout!...

La première classe fut garnie de branches de marronniers avec des fruits entr'ouverts; la deuxième fut la classe des pervenches et des glycines, une symphonie en bleu; la troisième fut celle des liserons et des roses; la quatrième, celle des iris et des mouettes; la cinquième, celle des clématites et des roses; la sixième, celle des capucines nouées avec des rubans mauves. Si bien que nous avons, non plus des enfants en classe, mais des bouquets; la deuxième classe, ce sont les pervenches; la troisième, les liserons; la quatrième, les iris; la cinquième, les roses; la sixième, les capucines; la première, les fruits; là, on recueille les fruits de son travail.

Et nous, institutrices, lorsque, de notre bureau, nous voyons nos fillettes heureuses, gagnées à leur insu par cette atmosphère de beauté simple, nous nous sentons heureuses aussi; nous sommes prises par le charme de notre intérieur, nous bénéficions les premières de notre travail.

Combien la discipline nous est facile, combien il est commode d'obtenir la propreté! L'enfant a le sens de l'harmonie; il ne jette rien à terre; si, par hasard, un chiffon de papier tombe, plusieurs yeux sont là pour le voir, plusieurs mains pour le relever, sans s'inquiéter de l'auteur de la maladresse. On regarderait comme une monstruosité une tache d'encre ou des traces de doigts sur les murs. Dans l'escalier, les enfants descendent deux étages; elles sont ensemble et surveillées, en général, mais seules parfois; les murs n'en sont pas moins nets et nous n'avons aucune peine à obtenir ce résultat. Au premier étage, nous avons placé quelques plantes vertes; personne n'y touche, elles font partie de l'harmonie.

Et puis, le silence, cette grande marque de respect et d'admiration, s'obtient aussi sans peine. Dans la cour, nos enfants bavardent; elles crient même. Franchissons la porte qui donne sur l'escalier; nous sommes dans le sanctuaire; les figures deviennent calmes, les mains se mettent au dos, les pieds font le moins de bruit possible, et l'on monte au son d'une mélodie que l'une de nous joue au piano.

La première fois que nous sommes montées ainsi, écoutant *Chant du soir*, toutes, élèves et maîtresses, nous nous sentions pénétrées d'une émotion profonde, bien capable d'influencer les âmes pour le bien et de les ouvrir à la beauté.

L'idéal ne serait-il pas que les enfants conservent le souvenir de l'école comme celui d'un sanctuaire de bien, de beau et de vrai?

Nos fillettes sont gracieuses; elles sont tout à la joie du soleil qui pénètre largement par les hautes fenêtres, des arbres feuillus dont la silhouette fait un horizon de verdure et aussi des décorations qui les entourent. Vraiment, le peu de peine que nous nous sommes donnée constitue un capital bien placé dont nous retirerons chaque jour des intérêts usuraires.

Et la bonne chose pour nous, institutrices, que la joie! Notre enseignement se donne aussi bien par le cœur qu'avec l'intelligence; s'il est une profession pour laquelle la bonne humeur et le calme sont indispensables, c'est bien la nôtre. Eh bien, nous sommes de bonne humeur par tout ce qui nous entoure; nous nous aimons, nous nous sentons en communion d'idées, nous sommes en harmonie.

La musique aide à cette harmonie; nous chantons à deux parties, deux classes ensemble, et le samedi, à la leçon collective, chaque classe, à tour de rôle, se fait entendre.

Comme on a peur de crier, comme on veut bien prononcer, les enfants lisent sur le visage de ceux qui les écoutent l'effet de leurs paroles et elles articulent distinctement.

Hélas! la voix des maîtresses n'a plus la fraîcheur des vingt ans; l'enseignement l'a mise à trop rude épreuve! nous nous aidons d'un piano, soit pour faire faire des exercices d'assouplissement de la voix, soit pour faire chanter les chœurs.

Parfois aussi, au lieu de monter au son du piano, nous écoutons chanter les élèves de la première classe qui se sont groupées en deux parties sur le palier du premier étage.

Nous aimons à chanter et nous nous en réjouissons en nous rappelant cette parole : « Où l'on chante, tu peux t'arrêter sans crainte : le méchant n'a pas de chansons! »

Quoi de meilleur, de plus sain que de chanter *en dedans* quand on ne peut chanter *en dehors*, l'âme prise par un air aimé.

J'ajouterai que ce goût de l'harmonie se montre même dans les vêtements de nos fillettes. Combien de fois avons-nous vu dans les classes populaires se déployer le fastidieux étalage de bijoux sur des doigts et des bras sales, sur des robes déchirées ou des cheveux en désordre!

La simplicité de l'art a une telle influence que nos enfants sont propres et que peu à peu les bagues disparaissent ainsi que les colliers de perles et les peignes clinquants. Par contre, on soignera la netteté des mains et des ongles, netteté si particulièrement négligée par les enfants d'ouvriers.

Nous ne pouvons quitter ce sujet de l'Art à l'École sans parler de la déclamation ou art de réciter à haute voix, dont nous essayons de donner le goût à nos anciennes élèves.

Nos anciennes élèves viennent à l'école après leur travail, à 8 h; le dimanche aussi, après dîner.

Nous leur lisons, nous leur expliquons de belles œuvres littéraires; elles les apprennent, les récitent ou les jouent ensuite. C'est ainsi que nous avons mis à l'étude *Le Flibustier* de Richepin, *Gringoire* de Banville, *Les Ouvriers* de Manuel, *Le Luthier de Crémone* de Coppée, *Louison* de Musset, *Kaatje* de Spaake, *Ruy Blas* de Victor Hugo, *Les pattes de mouche* de Sardou, etc.

Les belles pensées, si harmonieusement enchâssées dans de beaux vers, se gravent dans l'esprit de nos jeunes filles; elles s'en pénètrent; elles se les assimilent.

Quand nos jeunes filles vont à l'atelier, à travers les rues encombrées de gens plus ou moins moraux, de paroles plus ou moins grossières, elles marchent indifférentes à cette fange, l'esprit et le cœur pleins de poésie, de musique, de beauté. Cette poésie tient leur pensée en joie pendant les heures pénibles du travail : couture, piquage de bottines, nettoyage, elle ne laisse aucune place à la rêverie traîtresse et anémiante, grande dévoreuse d'énergie et donneuse de mauvais conseils. Nos jeunes filles pensent que le soir on jouera; il faut savoir son rôle ! Oh ! ces répétitions charmantes où l'on répète dix fois la même chose sans se lasser, où l'on oublie l'heure ! Et ces représentations à la bonne franquette comme décors, mais où l'art de la diction et la sobriété des gestes ont été poussés aussi loin que possible. Quelle joie ! Les mamans, les papas, les maris parfois sont là. Ils ont eu leur tâche, aussi; que de fois ils ont fait réciter les rôles; toute la famille aide à la besogne. C'est encore de l'harmonie; on jouit ensemble de la beauté.

De cette joie, on peut bannir toute crainte; la crainte, si souvent formulée, de la contagion du théâtre est vaine. Ne formerons-nous pas des cabotines? — Point. Nous faisons de l'éducation et non du théâtre. Nos buts étant différents, nous ne pouvons pas nous pénétrer les uns les autres.

Formerons-nous aussi des jeunes filles allant chercher ce qu'on fait dans la lune au lieu de se mêler de ce qu'on fait chez elles, sachant jouer les reines d'Espagne, mais point soigner le pot-au-feu, faisant des roulades au lieu de laver leur vaisselle, lisant un roman au lieu de frotter leur parquet? — Non; la vraie, la bonne, la saine littérature dégoûte du roman. Au lieu de faire mépriser les choses nécessaires à la vie, l'Art les fait comprendre, les poétise et les fait aimer. Vrai soleil, « il change en émail le vernis de la cruche; il fait un étendard en séchant un torchon »; il rend la vie saine, douce, agréable à vivre.

« Si tu veux faire de bon labour et tracer droit ton sillon, attelle ta charrue à une étoile. »

Notre étoile, c'est l'amour de la beauté. Donnons-le à nos enfants, et tout en faisant leur bonheur, nous contribuerons à celui de la société tout entière. C'est par les sentiments élevés que les hommes se rapprochent. Donnons à tous le même culte du beau et par ce culte nous serons tous frères, riches ou pauvres, puissants ou faibles.

Vive l'Art à l'École ! Vive la Société de l'Art à l'École qui a fait éclore bien des pensées, en germe peut-être, mais dont l'isolement eût fait la perte !

CONCLUSIONS ET VŒUX.

Considérant les multiples bienfaits de l'Art à l'École sous toutes ses formes, nous souhaitons que tout soit mis en œuvre pour faciliter son action.

1° Qu'une Commission permanente de la Société de l'Art à l'École soit instituée dans chaque ville. Le personnel enseignant pourrait avoir recours à elle soit pour avoir des conseils ou des instructions, soit pour obtenir les autorisations nécessaires à l'exécution des travaux de décoration. Cette Commission aurait des heures et des jours spéciaux d'audience.

2° Que les municipalités, suivant en cela l'exemple de M. Herriot, maire de Lyon, favorisent les écoles décorées en complétant leur décoration par quelqu'une des acquisitions faites dans les salons de peinture ou par un des envois de l'État.

3º Qu'une salle spéciale soit affectée à l'enseignement du chant, chaque fois que les locaux scolaires le permettront.

4º Qu'un piano ou un harmonium soit mis à la disposition des écoles qui en feront la demande.

Mˡˡᵉ LUCIE BÉRILLON,

Professeur au Lycée Molière (Paris).

L'ÉDUCATION ESTHÉTIQUE PAR L'OBSERVATION DE LA NATURE. LE ROLE DES FLEURS DANS L'ÉDUCATION DE L'ENFANT.

157.1:716.2

2 Août.

On peut se demander pourquoi il n'y a pas de professeurs d'esthétique, alors qu'on fait étudier toutes les sciences. Si l'on ne juge pas à propos d'enseigner l'amour du Beau, cela tient sans doute à ce que, dans une certaine mesure, les beautés de la nature s'imposent à nos yeux et remplissent cette fonction. Mais certainement encore à notre époque un trop grand nombre d'êtres humains demeurent insensibles devant les merveilles que la nature s'applique à nous prodiguer. C'est ainsi que Ruskin et après lui Rudyard Kipling ont pu dire :

« Qui donc nous a appris à regarder les fleurs ? »

A mesure que la civilisation se développe et devient plus compliquée, on s'éloigne davantage de la nature. Quand nous nous rendons compte de ce qu'il y a d'artificiel et d'un peu anormal dans la vie actuelle, nous commençons à avoir la nostalgie de la nature. Nous regrettons alors les joies qu'elle donne et nous éprouvons le désir de nous y retremper. Et pendant que nous envions

« Le bonheur de l'homme des champs »,

celui-ci rêve l'exode vers la ville.

Il ne peut être question de renoncer au progrès et aux conquêtes faites dans le domaine de la civilisation, mais ne pourrait-on les concilier avec le retour au sentiment et à l'admiration de la nature? Nous croyons que l'éducation devrait contribuer à cette œuvre.

Déjà un certain nombre d'initiatives privées ont constitué, à Paris et ailleurs, des sociétés animées de cet esprit; ce qui prouve que le sentiment public ne reste pas indifférent. Il y a la Société des Amis des Arbres (comme en Amérique), la Société pour la protection des sites et paysages, les Sociétés d'Horticulture qui donnent des récompenses même aux gares fleuries, etc., celle des jeux et espaces libres, les colonies de vacances, et de nombreuses sociétés de tourisme (la Nomade, la Nature pour tous, l'Art à l'École, etc.) Toutes ces créations sont autant de manifestations du sentiment qui porte l'être à admirer ce que la nature a produit de beau par sa propre puissance ou avec l'aide de l'homme. Mais, si les voyages vers des pays pittoresques comme la Norvège, Ceylan, etc., offrent des sensations plus rares, et si les vues d'ensemble ont leur charme, il y a des vues de détail qui ont aussi leur attrait. Ceux qui ne peuvent admirer de vastes espaces pourront jouir d'une échappée sur la nature ou d'un petit jardin fleuri, et regarder ce qui est à leur portée, avant d'aller chercher au loin des spectacles grandioses et des émotions esthétiques. J'ai voulu apporter ma modeste contribution à cette œuvre, et mon étude sur le rôle de la fleur dans l'éducation de l'enfant n'a pas d'autre objet. Elle rentre naturellement dans une série d'études sur l'éducation attrayante, la préparation au bonheur par l'éducation, etc.

La fleur, qu'on a appelée le sourire de la vie et de la création, est associée à tous les grands événements de la vie humaine. Elle a non seulement un rôle esthétique, mais par là même un rôle social et moral de la plus haute importance.

Cette action s'exerce surtout dans les premières années. Mettre l'enfant en présence d'une belle chose et lui éviter le spectacle de la laideur, c'est déjà l'orienter vers la moralité.

L'enfant et la fleur sont des créatures presque du même ordre. On ne se représente pas plus

« l'été sans fleurs vermeilles que la maison sans enfants »,

Et il y a entre eux une telle affinité qu'il semble naturel de faire appel au goût spontané qui attire l'enfant vers la fleur pour développer chez lui l'aptitude à comprendre la beauté. On s'attend à les voir fréquemment en contact. Or, jusqu'ici, malheureusement chez nous, l'éducation n'inspire guère à l'enfant le culte et le respect des plantes, car elle les néglige (¹). C'est pour cela que le mot de Bentham reste trop souvent vrai :

« L'homme, étendant les mains pour saisir les étoiles, ne voit point les fleurs à ses pieds. »

Il se prive ainsi de joies nombreuses et pures qui seraient à sa portée. C'est parfois au hasard que nous en avons dû la révélation. Je fais appel ici à vos souvenirs personnels. Évoquez telle circonstance où la fleur

(¹) Tandis qu'au Japon, pays d'élection de la fleur, on donne aux enfants le culte et la connaissance des fleurs auxquelles le peuple attribue une mission de joie et de beauté ici-bas.

vous a apporté une joie, un réconfort. Un jour, vous visitiez une exposition de chrysanthèmes par un triste après-midi d'automne, vos yeux se sont emplis de clarté et vous vous êtes senti l'âme plus légère; ou voyant passer un cortège fleuri, vous avez pris part à l'allégresse générale, ou bien devant l'enterrement d'un enfant pauvre, vous demandant ce qui ajoutait à la tristesse de ce deuil, vous vous êtes dit :

« Il n'y a pas même une fleur ! »

Ou encore, un soir de pluie, vous lisiez quelques pages d'un auteur favori dans votre chambre solitaire d'étudiant, et votre regard s'est arrêté sur un modeste bouquet artistement disposé dans un vase de cristal. Vous ne vous sentiez plus isolé, car il y avait là quelque chose de vivant qui vous tenait agréablement compagnie. Toutes ces satisfactions, nous les aurions éprouvées plus tôt si l'éducation nous avait initiés dès l'enfance au charme des plantes.

Un exemple vous fera saisir les différences d'esprit entre l'éducation qui bannit la fleur et celle qui l'appelle à son aide.

Jules Vallès dit, dans l'*Histoire d'un Enfant :*

Je ne me rappelle pas avoir vu une fleur à la maison. Maman dit que ça gêne et qu'au bout de deux jours, ça sent mauvais. Je m'étais piqué à une rose l'autre soir, elle m'a dit : « Ça t'apprendra ».

Il garda toujours un souvenir amer de son enfance attristée.

Au contraire, vous savez comment Victor Hugo s'épanouit aux Feuillantines, où il eut pour premiers maîtres sa mère et un jardin. Et les roses de ce radieux paradis, parlant à sa mère, disaient :

« Laisse-nous cet enfant ».....

> Nous ne lui donnerons que de bonnes pensées,
> Car nous sommes les fleurs, les rameaux, les clartés.

Si elles ne purent créer son génie, elles l'inspirèrent heureusement et contribuèrent à en faire non seulement un grand poète, mais un homme.

Malgré les efforts tentés depuis quelque temps en France, où Montaigne, pédagogue d'avant-garde, rêvait dès le xviᵉ siècle

« des écoles jonchées de fleurs et de feuillées, ornées de pourtraicts de la Joye et de l'Allégresse, de Flora et des Grâces »,

nous sommes distancés par la Belgique, l'Allemagne et bien d'autres pays.

J'ai pu me rendre compte du rôle social et psychologique de la fleur en suivant le Congrès de l'Art à l'École, tenu à Bruxelles, Bruges et Anvers, lors de la récente exposition belge. Nous avons visité des écoles fleuries et des jardins d'enfants qui sont de véritables jardins. Partout des fleurs sur les fenêtres, et jusque dans les classes ou les préaux. A Anvers, dans une « école moyenne », école ménagère en même temps,

les enfants travaillent en plein air quand la saison le permet. A l'intérieur, les doubles vitres sont décorées de fleurs et de feuillages séchés,
A Anvers, dans le jardin d'enfants d'un quartier pauvre, les petits
(en tabliers blancs, que leur mère change tous les jours) ont fait devant
nous divers exercices au son du piano, avec des bâtonnets enrubannés,
des arceaux, des balles de couleur, etc. Puis ils ont donné à manger aux
pigeons accourus sur le seuil des classes, largement ouvertes sur le jardin de récréation, un jardin fleuri et planté d'arbres où gazouillent les
oiseaux. A l'École Normale de Bruges, véritable palais du style flamand,
vaste comme une cathédrale, les fenêtres sont ornées intérieurement de
plantes vertes entretenues par les élèves. Et M. Quénioux, promoteur de
la réforme de l'enseignement du dessin en France, a fait sa conférence
dans le jardin même, sous les tilleuls.

Partout on retrouve le souci de l'esthétique associé au sentiment de la
nature. La grande école du faubourg de Bruxelles, créée pour plus de
quinze cents élèves, a des corbeilles fleuries en haut des colonnes du
préau intérieur. Cela répond à l'objection qu'on ne peut fleurir une
immense construction.

En Angleterre, les school rooms sont généralement décorées au moins
de verdure et les salles d'hôpitaux sont égayées par des fleurs.

LES FÊTES DE L'ENFANCE ET DES FLEURS. — Si nous passons à l'Allemagne, nous y trouvons le culte des fleurs dès l'école. Lorsque vient le
printemps, la municipalité de Berlin et des sociétés privées distribuent
aux enfants des boutures de géraniums, de rosiers, de fuchsias, etc. A la
fin de l'année scolaire, les enfants présentent les fleurs qu'on leur a
confiées, et les plus belles reçoivent des prix.

En Pologne, à Varsovie, il existe aussi une coutume charmante. On a
créé des jardins pour les enfants pauvres. Au premier mai, ils reçoivent
un lopin de terre et des graines qu'ils sèment; ils vont les cultiver à
certaines heures, et les dames patronesses de l'œuvre les assistent de leurs
conseils pour le semis et l'entretien des jardinets.

Dans certains pays, les saisons et les fleurs ont leurs fêtes, auxquelles
sont naturellement associés les enfants. En Suisse, ils prennent part à la
fête du Printemps, célébrée suivant une antique tradition. A Zurich,
petits garçons et petites filles en costume national et portant des arceaux
de fleurs promènent au son des cloches un immense mannequin d'ouate
blanche. A la fin du jour, on brûle solennellement ce représentant du vieil
hiver, et la flamme joyeuse du Printemps s'élève sur ses ruines.

En Angleterre, au premier mai, on dresse le mât ou bâton de mai
auquel s'attachent de longs rubans multicolores. Les enfants, couron-
nés de fleurs, surtout d'aubépine (la fleur de mai) tournent en tenant,
les rubans. La journée se passe en courses, en jeux et l'on distribue des
prix. Autrefois, la plus jolie jeune fille était couronnée sous le nom de
mai, et Tennyson l'a chantée dans un beau poème.

La France n'a guère de fêtes de fleurs, sauf celles qui servent de prétexte à des « batailles »; mais la décoration artistique des chars est une manifestation du goût qui fait passer condamnation sur le massacre obligé.

Nous n'avons pas non plus d'écoles fleuries, et les jardins d'enfants n'existent qu'à l'état d'exception (on tend à les multiplier). Il y a encore trop de bâtiments à l'aspect sévère, comme le sombre collège décrit par Victor Hugo :

> Et sans eau, sans gazon, sans arbres, sans fruits mûrs,
> La grande cour pavée entre quatre grands murs.

J'exprimais récemment devant un pédagogue le regret de ne point voir nos classes ornées de verdure et de fleurs comme on en trouve à profusion chez nos voisins.

— A quoi bon? dit-il. Ne vaut-il pas mieux apprendre la grammaire et le calcul? — Mais l'un n'empêche pas l'autre !

Et j'évoquai le souvenir de la petite pension de province où l'on nous conduisait à la fin des après-midi pour faire les études en pleins champs. Nos livres de ce temps-là sont encore remplis de fleurs séchées qui s'étalent jusque sur la règle du participe passé conjugué avec l'auxiliaire avoir. Je vous assure qu'elles enlevaient quelque peu de son austérité à la syntaxe, et nous apprenions nos leçons dans la crainte de voir supprimer des études si agréables !

Depuis, nous avons gardé l'habitude de marquer d'une fleur certains souvenirs. Et quelqu'un que je connais, assistant aux funérailles nationales du grand savant Berthelot, ramassa pieusement deux ou trois violettes de Parme échappées des immenses couronnes qui s'amoncelaient sur le parvis du Panthéon.

A la pension, nous avions aussi un jardin minuscule, si exigu qu'on n'y pouvait guère semer que des capucines le long du mur et des graines de lin. Mais quelle joie quand les clochettes bleues s'entr'ouvraient. C'est le cas de répéter après Alphonse Karr :

> J'ai si longtemps aimé
> Un tout petit jardin sentant le renfermé.

**

Voyons ce qui a été fait pour introduire la fleur dans l'éducation.

Elle avait déjà sa place dans les rondes enfantines qui la font aimer en l'associant à une idée de gaité.

Vous avez tous chanté :

> Adieu l'hiver morose
> Vive la rose !..., etc.

et tant de mélodies qui se transmettent d'une génération à l'autre (et qui

ont été recueillies par Maurice Bouchor et Jacques Dalcroze). Hélas!
Nous n'irons plus au bois,

Les lauriers sont coupés !...

La fleur est entrée indirectement dans l'éducation par la leçon de
choses et par le dessin surtout. J'ai cité ailleurs la leçon idéale exposée
par Léon Frapié dans la Maternelle, où, d'une branche de lilas, l'institutrice tire la matière d'un jeu et d'un enseignement attrayant.

A propos d'un cours, une institutrice que je connais décore sa classe
de sapin, ou distribue des violettes avant le chant, etc.

Il faut bien aussi introduire la fleur dans la classe, pour appliquer le
système d'enseignement du dessin qui revient à l'observation de la
nature. On y puise des motifs de décoration pour une couverture de livre,
une nappe à thé brodée d'un semis de violettes ou d'œillets, stylisés ou
non, etc. Nous venons de voir au Congrès de l'Association française pour
l'Avancement des Sciences (section de Pédagogie et Enseignement)
de délicieuses peintures de fleurs sur étoffes, anémones, pavots, bleuets,
etc.) faites par Mme Topsent, professeur à l'école annexe, à l'aide d'une
simple plume pour étaler les couleurs et d'une aiguille sans fil pour tracer les nervures. Le procédé paraît très simple, mais elle en obtient des
effets remarquables et d'un art très personnel.

Le dessin contribue à répandre le culte de la fleur, et l'art moderne
tout entier en découle. Voyez l'art décoratif où triomphent les plantes
de toutes sortes. L'emploi de la fleur dans l'ornementation du mobilier,
par exemple, a fait renoncer aux couleurs sombres (comme le noyer ciré
en noir) pour rechercher les bois aux teintes claires qui s'harmonisent
avec elle.

Il faudrait insister surtout sur l'usage de la fleur dans les travaux
d'art féminins, la broderie, la dentelle (point à la rose, etc.), la reliure
et remarquer que les fleurs les plus simples, le chardon, par exemple, se
prêtent aux interprétations les plus variées et les plus élégantes (¹).

Mais la fleur n'est pas encore associée directement à l'école chez nous,
comme dans d'autres pays.

Notons cependant quelques progrès. Ainsi, j'ai sur mon bureau —
depuis cette année seulement — un petit bouquet qui apporte une note
gaie dans la classe, et les élèves le renouvellent à tour de rôle. Cela ne
crée-t-il pas entre nous un charmant lien de plus? (Une élève a fait germer des graines que je devais montrer à des enfants d'ouvriers dans un
patronage.)

Dans certains départements, comme l'Ardèche, se sont créées, sous
les auspices de l'Art à l'École, de nombreuses sociétés enfantines
« Les Amies des fleurs », et j'ai vu les projections artistiques des bouquets confectionnés par les enfants. Dans une de ces écoles (chez Mme La-

(¹) Voir VERNEUIL et GRASSET, Sur la décoration florale.

verdure), la première élève a comme récompense une fleur devant elle (¹).

Mme de Genlis, éducatrice des enfants de France, qui eut quelques idées lumineuses au milieu de théories discutables et peu pratiques, voulait que les enfants eussent un jardin, parce que le jardinage, à son avis, développait la logique. Il développe bien d'autres qualités. D'abord il exerce le sens de la vue et le sens de l'odorat, si négligé. A propos des odeurs, Maeterlinck dit, dans un curieux chapitre, comment la fleur livre à l'homme son âme, qui est son parfum. C'est aussi par les fleurs que les enfants perçoivent les couleurs naturelles, ces couleurs que le grand Gœthe, naturaliste en même temps que poète, appelait

« les actions et les souffrances de la lumière ».

Ils verront dans la rose, qui seule allie le parfum le plus suave à la beauté idéale, l'image de la perfection.

Puis la culture des fleurs enseigne l'attention, si précieuse et si difficile à obtenir, la patience et la persévérance. Legouvé disait :

Il faut une patience admirable au *jardinier*, à l'auteur dramatique et au candidat à l'Académie.

Elle apprend le respect de la propriété, l'ordre, car une fleur fanée évoque l'idée de désordre (²). Enfin elle forme le goût et donne l'idée de l'harmonie et de la beauté (³).

L'enfant doit fraterniser avec la fleur : ils ont tant de points de ressemblance, et pas seulement dans l'imagination des poètes ! Apprenez-lui à aimer et à comprendre cette petite chose vivante, légère, ailée, que le sol retient prisonnière pour le plaisir de nos yeux et de notre esprit. Montrez-lui d'abord les petites graines ternes et qui semblent sans vie, elles sommeillent comme la Belle au Bois dormant du conte de Perrault, mais leur puissance est bien plus grande que celle des fées d'autrefois. Si vous les placez dans un milieu favorable, dans la chaleur et l'humidité de la bonne terre (au besoin de la mousse mouillée), un phénomène merveilleux s'accomplit. De la graine miraculeusement éveillée vont sortir de tous petits organes, des pousses minuscules qui se développe-

(¹) Je ne parle pas ici des *écoles de plein air*, comme celle que M. Durot a créée à Paris même, mais j'ai l'espoir qu'elles se multiplieront dans l'avenir.

(²) En Angleterre, le culte des plantes se répand chez les gens du peuple, grâce aux conseils donnés à l'école. On a observé que la fenêtre garnie de fleurs a toujours des rideaux très propres, et que toute la maison est tenue plus soigneusement et même avec élégance.

(³) Un exercice scolaire que M. Léo Perrotin recommande à propos de la composition française (dans l'*Éducateur moderne*, juin 1911) nous paraît aussi intéressant à un autre point de vue. Après avoir montré des gravures représentant des paysages et lu des descriptions bien faites, on invite les enfants à chercher eux-mêmes des sujets de descriptions dans ce qu'ils ont pu observer de la nature. L'article a pour titre : *Les chasseurs d'images*. Les enfants apprennent ainsi à observer et à choisir, ce qui les familiarise avec l'étude de la nature et leur forme le goût.

ront peu à peu pour prendre les formes les plus belles et les plus variées. De là viendront le grain qui vous nourrit ou qui vous guérit, les parfums que vous respirez et ces couleurs brillantes que l'homme, en dépit de son art, ne pourra jamais reproduire exactement.

Plus les enfants s'occuperont des plantes et seront en contact avec elles, plus ils s'y attacheront.

« Nous aimons les fleurs en proportion des soins qu'elles nous coûtent. »

Mais loin d'être ingrates, elles nous rendent au centuple ce que nous leur donnons. Vous savez quelles merveilles le génie humain a obtenues par la culture scientifique de la fleur.

Apprenons aussi aux enfants les révélations que la plante fait aux savants qui lui demandent ses secrets. Par exemple, l'illustre physiologiste Paul Bert passa 17 nuits et 18 jours consécutifs à observer de 2 heures en 2 heures les mouvements naturels de la sensitive. Il en tira des conclusions que nous ne pouvons exposer ici, et elles lui apportèrent un secours inattendu :

« Au cours d'une visite qu'il rendit au roi du Cambodge, Norodom, celui-ci lui faisait admirer les mouvements d'énormes sensitives qui ornaient les abords de son palais. Norodom fut très surpris en recevant de notre premier résident au Tonkin l'explication de ces mouvements surprenants. Paul Bert conquit par là l'estime et l'amitié d'un homme dont les sentiments n'étaient pas, jusqu'à cette heure, empreints de sympathie pour la France » (Dr BÉRILLON, *L'œuvre scientifique de Paul Bert*).

Il y aurait toute une étude à faire sur la fleur dans l'histoire et dans la politique. Déjà les Guèbres, ancien peuple de la Perse, disaient à leurs enfants dans un chant populaire :

Approche-toi de la fleur, mais ne la brise pas !
Regarde, et dis tout bas : Ah ! si j'étais aussi beau !

Les enfants sauront respecter les plantes, au lieu de les mutiler comme le font les petits ignorants qui brisent et arrachent les fleurs.

Dans le Midi, au printemps, les enfants piquent dans le sable des fleurs coupées ou des branches de saule. Cette coutume rappelle une tradition de l'antiquité : aux fêtes d'Adonis, les femmes grecques plantaient en son honneur des branches et des fleurs coupées, jardins charmants, mais éphémères.

Épictète recommande souvent à ses disciples de ne pas planter en eux des jardins d'Épicure, mais d'y déposer des idées fécondes et durables. Inspirons-nous de son conseil.

Si la fleur est encore négligée à l'école, elle n'en est pas moins appréciée en France et l'on trouve la marque du génie français et le sens de la beauté jusque dans nos jardins. A l'Exposition de Bruxelles, par exemple, une place était réservée à la floriculture, et divers pays rivalisaient dans l'art des jardins. Mais le vrai jardin français se faisait remarquer par l'harmonie des lignes et des nuances, la délicatesse, l'élégance et la grâce qui caractérisent tant de productions de notre pays.

La fleur entrera dans l'éducation, grâce à des sociétés comme l'Art à l'École, dont le président, M. Couyba, disait :

« Entre l'école maussade et l'école buissonnière, il y a place pour l'école harmonieuse et fleurie. »

Quand l'enfant sortira de l'école, si nous lui avons enseigné la fraternité intime qui lie toutes les créatures soumises à la loi de la vie et de la mort, si nous lui avons donné le goût des belles choses, il s'avancera joyeusement dans la vie. Orienté vers la beauté, élevé par le sourire et par la fleur, à chaque instant il trouvera les fleurs associées à son existence, liées à ses joies pour les multiplier et à ses tristesses pour les adoucir.

Camille Mauclair a écrit en marge de Schumann :

L'ENFANT CHANTE.

Ils m'ont montré le chemin des ronces,
C'est par là qu'il faut prendre petit :
Mais moi je suis parti sans réponse
Et j'ai bien vu qu'ils m'avaient menti...

(Ce n'est pas à nous qu'il adresserait ce reproche.)

Je suis allé dans le chemin des roses :
Et s'il mène à la mort, nous verrons.
Il vaut mieux y aller par le chemin des roses
Sous le soleil, en levant le front.

Nous sommes de son avis.

Il serait trop long d'évoquer ici toutes les circonstances où les fleurs ont leur place marquée, depuis la naissance jusqu'à la mort. Elles sont de toutes les fêtes et voilent les tristesses de la vie, consolant les deuils et la vieillesse. Voyez le joli mot qu'elles inspirèrent à Pasteur, lors de la célébration de son jubilé en 1892 (il avait alors 70 ans). Il dit dans son discours en montrant la médaille gravée en son honneur :

« Roty a caché sous des roses la date qui pèse si lourdement sur ma vie. »

De nombreux poètes ont célébré les fleurs et leur ont donné une âme.

« Il est d'étranges soirs où les fleurs ont une âme » (A. SAMAIN).

Et l'on sait toute la poésie et l'émotion que Victor Hugo a su mettre dans l'effeuillement d'une rose aux mains d'un enfant. Les écrivains en prose n'ont pas moins aimé et exalté les fleurs depuis J.-J. Rousseau, pleurant à la vue de la première pervenche, qui a fait passer dans nos âmes le frisson de la nature, et le pessimiste Obermann (de Sénancour), qui, apercevant une jonquille éclose au souffle du printemps dans la forêt de Fontainebleau, s'agenouilla devant elle :

****10

« C'était le premier parfum de l'année. Je sentis tout le bonheur destiné à l'homme. Cette indicible harmonie des êtres, le fantôme du monde idéal fut tout entier dans moi... Jamais je n'éprouvai quelque chose de si grand. »

Et quand il mourra, il veut, renonçant à parler aux hommes, faire ses adieux à la terre

« en face de tranquilles marguerites »

sous le soleil, sous le ciel immense, afin, dit-il,

« qu'en laissant la vie qui passe, je retrouve quelque chose de l'illusion infinie ».

Oui, la fleur est un des éléments du bonheur, une source féconde d'émotions saines et joyeuses, et Mᵐᵉ de Girardin disait avec raison :

« Pourquoi regarder à l'horizon, quand il y a de si belles roses dans le jardin que l'on habite ? »

Ne suffit-il pas de regarder une rose pour se sentir l'âme épanouie?

« Une œuvre de beauté est une joie pour jamais » (KEATS).

Voyez la gaîté des fenêtres et des balcons fleuris, même dans la mansarde de Jenny l'ouvrière. (Œuvre du Jardin de Jenny, créée par M. Figuière.)

Et qui n'a ressenti le charme des fleurs aux heures de mélancolie? Par une triste journée de décembre, il pleut, le vent souffle en tempête, vous revenez de votre travail par les rues noires et boueuses. Il fait froid dans votre âme comme autour de vous. Tout à coup, à un tournant apparaît une baie lumineuse, avec un étalage de fleurs artistement groupées. Des roses ! des roses ! Vous oubliez le vent, la pluie, les idées sombres, et vous voilà emporté vers l'idéal. L'ennui a fait place au sourire, et vous continuez votre route le cœur ensoleillé, en cherchant dans votre mémoire les beaux vers où Fernand Gregh montre que les plus déshérités ne sont pas à plaindre quand ils peuvent avoir ici-bas la volupté d'admirer les fleurs. Il compare au chemineau lassé, regardant des roses à travers les grilles d'un jardin, le poète qui contemple un Paradis lointain dont il n'a pas la clé :

Cher pauvre, pour rester riche en joie ici-bas,
Rêve encore, toujours, sans t'approcher des choses
Mieux vaut de respirer que de cueillir les roses;
Et les plus beaux jardins sont où l'on n'entre pas.

Sans dire avec Dumas :

« Méfiez-vous des gens qui n'aiment pas les fleurs »,

reconnaissons que ceux qui les dédaignent sont au moins dignes de pitié, car ils se privent d'ineffables jouissances.

Combien les fleurs nous manqueraient si elles disparaissaient tout à coup de la terre ! Pour l'humanité, tout le bonheur ne tient-il pas dans un jardin? (le mot paradis en grec signifie jardin) et la fleur n'est-elle pas un des rares paradis qui nous soient restés ici-bas?

Gœthe a dit : '

« Arrêtez-vous où l'on chante, les hommes méchants n'ont pas de chansons.

Permettez-moi d'ajouter : Allez vers ceux qui aiment les fleurs, car les méchants n'ont ni fleurs ni chansons. Ayons donc le culte de celles qu'on a appelées les

« belles inutiles »

et ne les jugeons pas inutiles, puisqu'elles sont belles. Les poètes qui décrivent les fleurs avec amour, les peintres qui les reproduisent avec art, ainsi que les horticulteurs, qui sont aussi des poètes en action, méritent d'être loués. De même les sociétés qui propagent le culte de la fleur, comme l'Art à l'École, le Jardin de Jenny, etc., ne sauraient être trop encouragées. Tous jouent un rôle social et moral inappréciable, car ils créent de la joie et de la beauté, et contribuent ainsi à l'œuvre d'éducation nationale que nous rêvons

« par le sourire et par la fleur ».

M. LE Dr ROBERT SOREL.

(Dijon).

L'ENSEIGNEMENT MÉDICAL.

1er Août.

61 (07)

I. — L'enseignement en général, et celui de la Médecine en particulier, est une des formes de l'activité humaine, c'est une industrie qui a ses producteurs : les professeurs, et ses consommateurs : les étudiants. Comme toutes les industries, celle-là est aussi soumise aux lois économiques et c'est à ce point de vue que je désire l'étudier.

Son but est de produire le maximum d'instruction en quantité et en qualité dans le minimum de temps et avec le minimum de frais d'après la loi du moindre effort.

Pour traiter une pareille question il semblerait que seuls les producteurs, c'est-à-dire les professeurs, fussent compétents ; cette manière de voir est assez répandue dans l'ambiance centralisatrice, socialiste et protectionniste dans laquelle nous vivons actuellement. Nous nous élevons contre cette manière de voir, l'enseignement n'est pas fait pour procurer des places et des retraites aux professeurs, mais bien pour les élèves qui cherchent à s'instruire. En nous plaçant au point de vue libéral décentralisateur et individualiste, nous devons nous préoccuper surtout des consommateurs. En effet, dans une industrie libre, le rôle du consommateur est prépondérant; il règle la prospérité de l'entreprise, non pas par des conseils plus ou moins officiels, mais par son action individuelle, il manifeste son contentement en achetant la marchandise offerte et son mécontentement en s'abstenant de consommer ou en s'approvisionnant chez le concurrent.

Dans les industries monopolisées, les chemins de fer, l'enseignement de l'État, par exemple, pour éviter une stagnation équivalente à la régression, il faut artificiellement créer un organisme qui remplace l'influence du consommateur, soit en nommant plusieurs de ses représentants dans le conseil d'administration de l'industrie monopolisée, soit en considérant comme un devoir pour les administrateurs de tenir un compte très grand des désirs des consommateurs affirmés par des associations libres ou officielles, par exemple pour les chemins de fer, par les Conseils municipaux ou généraux, les Chambres de Commerce, les Syndicats d'Initiative; et pour l'enseignement de la Médecine, par les Syndicats médicaux, les Associations corporatives d'étudiants.

Au lieu de supprimer par esprit d'autorité toute concurrence ou tous projets de réforme présentés par les consommateurs, on devrait chercher à faire agir au maximum possible la loi de la concurrence; d'abord, en créant un état d'esprit qui favorise l'émulation entre les différentes Facultés et ensuite en facilitant l'éclosion de l'enseignement libre. Pour le progrès, la concurrence économique est de beaucoup supérieure à la concurrence politique.

L'enseignement médical pour nous a pour but de rendre, dans le minimum de temps, les étudiants aptes à soigner les malades le mieux possible et ce pendant toute leur carrière.

Nous éliminerons de notre étude toutes les propositions qui ne visent pas le but à atteindre, telles que celles qui ne cherchent qu'à améliorer le sort des producteurs en les mettant à l'abri de la concurrence, la pérennité de l'agrégation ou celles qui ne cherchent dans les examens et les concours qu'un moyen de diminuer les membres de la corporation. L'enseignement n'est pas fait pour réserver le privilège de soigner les malades à un petit nombre d'individus, mais pour donner aux malades d'excellents médecins quel que soit leur nombre.

II. Pour bien comprendre quel doit être l'enseignement le mieux approprié aux étudiants en médecine, il faut se rendre compte d'abord de ce que c'est que la Médecine. C'est une science d'observation : le médecin, en examinant l'évolution des maladies, apprend à les connaître, mais pour se rendre compte des symptômes produits, il faut qu'il connaisse l'anatomie, l'histologie, et pour apprécier la valeur des troubles apportés au fonctionnement des organes, il doit avoir des notions précises de physiologie, enfin le médecin doit également connaître les lésions produites par la maladie et étudier l'anatomie pathologique.

L'observation, même sagace, ne peut édifier une science que très lentement et suivant les hasards des maladies qui se présentent, aussi les progrès de la Médecine ont été lents jusqu'au jour où l'on a appliqué l'expérience à l'étude des phénomènes pathologiques.

En résumé, un médecin doit apprendre à observer et à contrôler son observation par l'expérience.

L'éducation du médecin doit donc être individuelle, et scientifique; il faut lui apprendre à regarder, à comparer, à juger, il faut lui cultiver son esprit critique. Il ne suffit pas de développer son jugement en présence des faits qu'il observe lui-même; on doit aussi exercer son ingéniosité technique.

A chaque instant un médecin a besoin de faire œuvre de ses dix doigts pour l'exercice de la profession, et je ne connais pas de meilleur moyen d'acquérir la dextérité nécessaire que de fréquenter les laboratoires d'histologie, de bactériologie et de médecine expérimentale, à condition toujours que l'élève ne soit pas un spectateur, mais un acteur.

Pour être acteur, il faut agir, or le meilleur enseignement sera celui qui fait agir; par suite l'enseignement collectif tel que des leçons d'éloquence débitées devant quelques centaines d'auditeurs sont de jolis hors-d'œuvres, mais des hors-d'œuvres qu'on ne devrait offrir qu'à titre exceptionnel.

L'enseignement doit surtout être expérimental et non livresque, or les gens de bonne foi ne peuvent nier que examens et concours font, dans une proportion immense, appel à la mémoire que l'on cultive dans les livres.

On devrait, en quelques leçons pratiques, apprendre aux élèves à se servir d'une bibliothèque, à faire des recherches bibliographiques, à lire avec esprit critique les Livres et non pas à les apprendre par cœur pour les débiter devant les auteurs, juges à un examen et à un concours. Là encore l'éducation doit être individuelle, il faut prendre un groupe d'étudiants très restreint et leur faire chercher des titres d'Ouvrages, leur faire lire un Chapitre et leur faire comparer la description des symptômes du Livre avec ceux de l'observation d'un malade qu'ils viennent d'examiner.

Pour conclure je dirai qu'il importe peu qu'un jeune docteur sache par cœur toutes les questions susceptibles de sortir de l'urne à tel ou tel concours. Il est de même raisonnablement quelque peu ridicule d'exiger de lui de savoir autant de choses que tous ses professeurs ensemble qui sont spécialisés depuis vingt ou trente ans dans une seule branche de la Médecine.

Ce qui est essentiel, c'est que le jeune médecin sache observer, sache sans emballement réfléchir, sache avec esprit critique tirer des conclusions raisonnables de son observation, sache au besoin consulter un Livre (l'imprimerie étant inventée depuis Gutenberg, en 1436, il est inutile de demander à des jeunes gens de se mettre les Livres dans la tête quand en moins de temps on peut les consulter).

Ce médecin, s'il aime son métier et a les qualités d'activité et de dévouement nécessaires, fera un bon médecin, même si à cause d'une mauvaise mémoire il est incapable de réussir à un concours.

III. Dans ce paragraphe nous voudrions indiquer comment on pourrait répartir la scolarité. Seize inscriptions me semblent suffisantes d'autant qu'autrefois les quatre premières inscriptions correspondaient au P. C. N. d'aujourd'hui. L'étudiant devrait, pour prendre la deuxième inscription et les suivantes, justifier d'une assiduité réelle le matin à l'hôpital et l'après-midi aux laboratoires. Il serait suffisant d'exiger qu'au moment de la seizième inscription l'élève ait suivi au moins une année un service de médecine générale, une année de chirurgie générale, six mois un service d'accouchement, six mois un service de maladies d'enfants, sans vouloir préciser l'ordre dans lequel devrait être fait le stage; le reste du temps libre, l'étudiant l'occuperait à avoir des notions des différentes spécialités. Là encore on devrait laisser à l'étudiant un grand choix; exiger de lui par exemple qu'il ait fait ses trois mois de stage en chirurgie sans spécifier le service; un stage pourrait être fait, soit dans les cliniques officielles, soit dans les cliniques privées, dans une ville ou dans un centre, en France ou à l'étranger.

Dans l'ordre des sciences, j'exigerais deux semestres d'anatomie, non pas parce que j'attache une importance exagérée à la connaissance de toutes les fibres des muscles du corps humain, mais parce que la dissection me semble une préparation aux autres sciences, de technique souvent plus délicate.

Puis un semestre d'histologie; c'est-à-dire 150 journées de présence dans un laboratoire d'histologie où l'élève aurait préparé, durci, coupé, coloré, monté et regardé les pièces.

De même un semestre de physiologie, pendant lequel on l'exercera à expérimenter.

Pendant deux semestres on exigerait la fréquentation d'un laboratoire d'anatomie pathologique.

Pendant un semestre aurait lieu l'enseignement de la bactériologie et de la médecine expérimentale.

Le dernier semestre serait réservé moitié à la médecine légale, moitié à l'hygiène.

Au bout de ses quatre ans l'étudiant aurait fini sa scolarité; il lui resterait à passer ses examens cliniques et sa thèse, ce qui ne demanderait guère moins d'une année, pendant laquelle l'étudiant, à son choix, fréquenterait les cliniques et les laboratoires pour combler les lacunes qu'il a pu constater.

Au bout de cinq ans notre étudiant est docteur, il a passé son temps à apprendre, à voir, à observer, à critiquer, je voudrais pour ma part que rien ne l'ait détourné de ce travail essentiel pour la formation de son esprit scientifique; aussi je supprimerais toute préparation à un concours quel qu'il soit.

Seulement, même intelligent, même zélé, même doué spécialement
pour la Médecine, il se trouverait encore dépaysé, si on le jetait dans la
clientèle, surtout à la campagne où il se trouve seul en face de graves
responsabilités.

Alors j'exigerais que pour exercer, le jeune médecin doive joindre à
son diplôme un certificat de stage d'une année dans des hôpitaux désignés
tous les cinq ans par un arrêté ministériel, et cela depuis l'obtention de ce
titre de docteur.

Le nouveau docteur ferait un stage comme le docteur du Service de
Santé fait un stage au Val-de-Grâce, à Marseille, à Toulon.

Quel serait l'hôpital où il pourrait faire ce stage d'élève interne? Ce
serait tout hôpital, quelle que soit la ville, qui est un hôpital moderne,
construit d'après les règles d'hygiène et comportant un nombre suffisant
de malades, par exemple 300, pour servir à l'instruction clinique; ces
malades seraient répartis en services de médecine, chirurgie, accouchement, ophtalmologie, oto-rhino-laryngologie, vénéréologie, et ces services auraient à leur tête des hommes spécialisés et nommés à cause de
la valeur de leurs travaux.

Mais ce n'est pas tout; dans cet hôpital doit être édifié un laboratoire
central modèle, dirigé par un spécialiste capable de montrer l'application des sciences de laboratoire à la clinique.

Dans un pareil hôpital on admettrait, par exemple, un stagiaire par
dix malades, ou même pour vingt malades. Ce stagiaire, avec l'aide du
chef ou de son interne titulaire qui, lui, serait bien entendu docteur en
médecine, participerait à toute la vie du service, tant dans les salles que
dans les pièces du laboratoire.

Je suis persuadé qu'une pareille organisation de l'enseignement con-
serverait intacte notre supériorité clinique et perfectionnerait notre enseignement des sciences de laboratoire. Un pareil docteur serait mieux armé
pour accomplir sa lourde tâche, non pas qu'il pourrait débiter par cœur
un plus grand nombre de pages de gros traités classiques ou citer un plus
grand nombre de noms d'auteurs sur une question donnée, mais parce
qu'il aurait façonné son cerveau à travailler par lui-même sans l'appui
du maître. Le but des études médicales n'est pas d'*apprendre* la Médecine,
ce qui est impossible, la Médecine étant une science en évolution et non
quelque chose de délimité comme le serait un Livre sacré, mais d'apprendre
au futur médecin à observer les maladies et à contribuer au besoin par ses
travaux à faire progresser notre art.

IV. Nous avons vu que, quelque soit la branche de la Médecine qu'on
enseigne, clinique ou scientifique, le régime le plus favorable au perfectionnement de cet enseignement est le régime de la liberté, c'est aussi le
régime qui convient le mieux à la recherche scientifique désintéressée.
Aussi nous est-il plus facile de comprendre maintenant ce que devrait
être une faculté de médecine. Ce devrait être une *industrie libre*, un éta-

blissement *autonome*, dirigé par un Conseil d'administration comprenant non seulement les chefs des différents services, les maîtres responsables de différents départements d'enseignement, suivant l'expérience américaine, mais encore tous ceux qui sont intéressés à la prospérité matérielle et morale de la Faculté. Cé sont ceux qui donnent des subventions, conseils municipaux ou généraux, des particuliers généreux directement représentés ou indirectement par les Sociétés des Amis de l'Université, enfin ce sont des représentants élus des médecins de la région qui sont à même de dire par expérience les erreurs et les lacunes, et aussi des représentants élus des étudiants.

Une pareille Faculté doit s'efforcer de profiter des enseignements libres susceptibles d'être donnés dans sa région : cliniques et laboratoires d'hôpitaux, etc. Elle doit profiter et même aider au mouvement scientifique de la région, éminemment favorable au recrutement de ses élèves ; dans un centre plus il y a d'établissements d'instruction divers plus il y a d'attraction pour les étudiants.

La Faculté ainsi autonome est intéressée au mouvement des étudiants, dont les frais de cours viennent dans la caisse de la Faculté, enrichir la Faculté et améliorer la situation des professeurs qui devraient toucher une somme proportionnelle au chiffre d'affaires ; ce qui n'empêcherait pas la Faculté de subventionner quelques laboratoires de recherches désintéressées pour que la gloire des découvertes que l'on y peut faire rejaillisse sur elle.

Quel sera le recrutement des professeurs titulaires dans une Faculté autonome ? Quand un industriel a besoin d'un ingénieur ou d'un agent commercial il fait savoir qu'il y a une place de libre. Alors les candidats viennent le voir, lui exposent leurs références et l'esprit aiguisé par l'intérêt évident qu'il y a à avoir un bon collaborateur, l'industriel choisit celui qui est le plus apte à remplir la fonction. C'est là à proprement parler un concours, mais un concours uniquement sur titres. On rirait si pour une place de quelques milliers de francs, l'industriel avait la prétention d'éloigner de leurs affaires quelques collègues qui iraient séjourner trois ou quatre mois à Paris et cela dans le but d'écouter des élucubrations faites de mémoire par les candidats.

Cette façon ridicule de recruter les employés est celle de l'agrégation de médecine.

L'ensemble de la Faculté, intéressée à avoir un bon collaborateur, choisira comme l'industriel celui qui a les meilleures références, c'est-à-dire celui qui a les meilleurs titres. Cette assemblée n'aura pas évidemment l'idée de nommer professeur d'anatomie pathologique un médecin qui passe son temps à faire de la neuropathologie, ni professeur d'histoire celui qui aurait si bien fait dans la première place. Cette idée lui est venue parce que ces Messieurs étaient agrégés et que c'était leur tour. Si l'on veut récompenser les travaux par le titre de professeur que l'on décerne, comme en Allemagne, ce titre sans chaire. Mais

quand il s'agit d'histoire de la Médecine, que l'on demande au candidat
où il a fait son apprentissage d'historien et quels sont ses travaux historiques. Sous le régime de la liberté, nul doute que le bon sens ne triomphe.

Soit pour les professeurs titulaires, dirait-on, d'ailleurs, c'est ainsi qu'ils
sont nommés ! avec cette différence toutefois que l'on crée un échelon :
l'agrégation que je supprime, mais pour les autres collaborateurs?

Dans une Faculté, il est certain que les professeurs chargés d'enseignement ont besoin d'aides, or, ces aides, je les prendrais d'abord parmi
ceux qui, à leurs risques et périls, veulent tâter la carrière de l'enseignement, ce sont en clinique, tous les médecins et chirurgiens et spécialistes
de tous les hôpitaux de France : ils sont légion.

Dans les laboratoires, on ne manquera pas non plus de jeunes gens qui,
sachant qu'un avenir est ouvert aux travailleurs qui trouveront de quoi
vivre dans les places de chef de laboratoire des hôpitaux, des stations
d'hygiène, de professeurs dans les Facultés de Médecine, n'hésiteront
pas à consacrer quelques années d'apprentissage chez un maître réputé.
Les places successives qui leur seront données ne le seront qu'en raison
du zèle, du talent déployé pour l'enseignement et des travaux qu'ils
ont su tirer des matériaux qu'ils ont à leur disposition. En un mot, il ne
faut donner une place qu'à celui qui a donné des preuves qu'il est digne
de l'occuper et non à ceux dont la mémoire permet de débiter sans faute
tel chapitre de médecine. C'est à l'œuvre qu'il faut juger l'homme et
non à sa capacité de récitation.

V. Nous concluons de cette étude que, de quelque côté que l'on
retourne la question, on voit que, scientifiquement et économiquement
l'enseignement de la médecine, et l'on peut ajouter des sciences, est un
enseignement technique. Il ne s'agit nullement pour l'étudiant d'avaler
un certain nombre d'années suivant sa mémoire une série de vérités
toutes faites et de se croire un savant parce qu'il a répondu avec satisfaction aux questions des examinateurs. Il s'agit d'apprendre à voir,
à observer, à raisonner sur des faits bien vus. Pour cela il faut un maître
qui enseigne à un petit nombre d'élèves qui répètent les mêmes observations ou les mêmes expériences que le maître pour vérifier sa parole.
Pour cela il faut :

1° Un bâtiment qui, pour être bien aménagé, devrait être construit sur
les ordres du professeur;

2° Des matériaux en nombre suffisant pour l'enseignement;

3° Un homme qui consacre son temps à sa spécialité et à l'enseignement et pour cela trouve dans le paiement soit de l'université, soit des
élèves qu'il instruit, de quoi vivre honorablement.

Il faut qu'il soit bien entendu pour faciliter ce recrutement que l'on
ne nommera à une place quelle qu'elle soit que celui qui par ses travaux
s'est montré digne de l'occuper, que ces travaux aient été faits dans une

petite ville, voire même dans un village comme dans le cas du professeur Koch.

Alors la plus modeste des places de médecin d'hôpital ou de chef de laboratoire sera acceptée et remplie avec zèle parce que le titulaire sait que c'est la façon dont il travaille dans ce modeste poste qui le désignera à un poste plus élevé et non une composition comme en font les enfants au lycée pour obtenir un prix. Le zèle ainsi déployé profitera et aux malades de l'hôpital et aux habitants de la région par la vulgarisation scientifique faite par le chef de laboratoire et aux titulaires qui se perfectionneront et enfin à la Science par leurs travaux produits.

Avec ce système de liberté, partout régnera l'émulation et on ne verra pas ce fait grossier d'un homme jugé par exemple capable d'être médecin d'un grand hôpital de Paris ou de Lyon et tout à fait incapable de remplir la même fonction dans un hôpital de chef-lieu de canton, à moins de reconcourir.

Espérons que l'on verra un jour le funeste concours en médecine disparaître et qu'alors les médecins, n'ayant d'autre but que de bien observer leurs malades, pourront multiplier les productions scientifiques françaises.

M. H. DE MONTRICHER.

(Marseille.)

COURS DE LANGUE ET DE LITTÉRATURE PROVENÇALES.

44.9-8

5 *Août.*

L'Association Polytechnique pour le développement de l'enseignement populaire (section de Marseille) a pris l'initiative d'inscrire dans le programme de l'exercice 1910-1911 un cours de langue et de littérature provençales.

Ce cours a été ouvert le 10 novembre 1910 sous la présidence d'honneur de Frédéric Mistral et sous la présidence effective de M. de Montricher, président de l'Association Polytechnique, et en présence de Valère Bernard, capoulié du félibrige. Il a pour but d'apprendre à lire et à écrire correctement la langue provençale et à initier aux beautés littéraires des œuvres des félibres. Le cours de langue provençale est professé par le Dr Fallen, d'Aubagne, félibre majoral, président de la Fédération des félibres de Provence et cabiscol des félibres de l'Escolo de la Mar de Marseille. Le cours de littérature provençale est professé par Paul Ruat, libraire-éditeur, de l'Université d'Aix-Marseille, secrétaire particulier du capoulié du félibrige.

L'innovation de l'Association Polytechnique de Marseille a pour caractéristique, qui la distingue de toutes les institutions similaires, de créer une méthode et un programme d'enseignement de la langue provençale, professé dans la langue même, à l'exclusion de toute autre, même dans les explications éventuelles. Il existe, en effet, dans les Universités d'Aix-Marseille, de Montpellier, de Toulouse, de Bordeaux et de Paris, des cours de littérature romano-provençale, mais professés en français, le provençal n'étant usité que pour les citations.

L'utilité d'une solide érudition latine est plus que jamais reconnue; elle est indispensable à la complète intelligence de la langue française; il est facile d'établir que, sous ce rapport, la langue d'Oc n'est pas moins utile que le latin en ce qui concerne l'orthographe et les règles des participes. D'excellentes méthodes de langue provençale ont été récemment publiées, entre autres celles de MM. les professeurs Lhermitte, d'Avignon, et Jouveau, du collège d'Arles; mais elles sont peu connues et ne jouissent pas des faveurs officielles; elles ont même été l'objet de critiques de la part de certains inspecteurs primaires.

L'enseignement qu'a inauguré l'Association Polytechnique permettra aux personnes cultivées de lire dans le texte les beaux livres de Mistral, d'Aubanel, de Roumanille, du père Xavier de Fourvière, de Baptiste Bonnet, d'Henri Fabre, de Charloun Rieu, et d'écrire correctement cette belle langue des félibres, poétique et imagée, si riche en ses variétés dialectales. Les cours ont eu lieu dans des salles mises gracieusement à la disposition de l'Association Polytechnique par la Préfecture et le Syndicat d'initiative de Provence. Le nombre moyen des auditeurs a été d'une trentaine, de 53 le jour de l'ouverture et de 125 à l'occasion des conférences sur la chanson provençale de M. Jouveau, professeur au collège d'Arles et cabiscol des félibres de l'École mistralienne, et de M. Paul Roman, sous-directeur de la bibliothèque Méjanes, à Aix.

Parmi les auditeurs, les dames ont été en majorité et se sont astreintes à faire des devoirs écrits, thèmes, versions, etc. Noté la présence de deux officiers, un commandant d'artillerie et un capitaine attaché à l'Etat-Major du XVe corps d'armée, de deux professeurs du lycée de Marseille, de trois félibres majoraux, de nombreux félibres. Plusieurs auditeurs se sont affiliés au groupe des félibres de Marseille afin de pouvoir emprunter des livres en provençal.

Le Dr Fallen a fait son cours en dialecte rhodanien, c'est-à-dire celui du félibrige officiel, préconisé par Mistral et professé dans trente-trois Universités de France, d'Allemagne, d'Italie, d'Angleterre, de Finlande, de Suède et des États-Unis; mais il a fait connaître également les autres dialectes, entre autres le marseillais, plus familier à la majorité de ses auditeurs.

Le cours de littérature a comporté des notices biographiques des principaux écrivains, des lectures expliquées et morceaux choisis. Parmi ceux-ci nous citerons : *Li conte et li cascarelito*, de Roumanille; *En montagno*, du père Xavier de Fourvière; *Memori e Raconte*, de Mistral, et *Oubreto provençale*, du savant entomologiste et félibre J. Henri Fabre; enfin toute l'anthologie du professeur Lhermitte.

Le programme des cours de langue provençale de l'Association Poly-technique a été demandé par les associations de félibres de Montpellier, Toulouse, Perpignan, Auch, Périgueux et Avignon.

HYGIÈNE ET MÉDECINE PUBLIQUE.

M. Jules COURMONT,

Professeur à la Faculté de Médecine (Lyon).

ALLOCUTION DU PRÉSIDENT DE LA SECTION.

---

31 *Juillet.*

613 (064) (43.21 Dresde).

Le *Président* ouvre la séance de la section d'Hygiène et Médecine pratique en adressant un hommage ému à la mémoire du maître et du savant que fut le *professeur Arloing*.

Avant de passer à l'ordre du jour, le Président, revenant de *Dresde*, ne peut s'empêcher de donner ses impressions sur l'*Exposition internationale d'hygiène*. Cette merveille est le résultat du plus puissant effort que l'on ait jamais fait dans cet ordre d'idées. Tout ce qui concerne l'hygiène y est présenté avec précision, avec méthode et de la façon la plus complète. L'homme y est étudié, même avant sa naissance, puisqu'il y a une section d'embryologie, puis comme nourrisson, écolier, adulte, militaire, marin, etc.; chaque section comporte une étude rétrospective qui conduit aux notions les plus modernes.

Le Président engage vivement les auditeurs à se rendre à l'Exposition internationale d'hygiène de Dresde, dont ils reviendront non seulement émerveillés, mais très documentés.

Discussion. — M. Vaudrey (Paris), s'appuyant sur les observations de M. le président Courmont, constate, par le succès de l'Exposition d'hygiène de Dresde, que seules des expositions spéciales comme celle-là peuvent exercer une influence profonde sur les applications de l'hygiène et les améliorations du bien-être des collectivités.

Lorsqu'on se rend à une exposition concernant exclusivement une spécialité, on y trouve toutes les nouveautés scientifiques, techniques et industrielles, — et rien d'autre, — qui doivent retenir l'attention des seuls intéressés susceptibles d'en profiter. La fréquentation de ces expositions spéciales est extrêmement productive pour ceux, très nombreux, qui peuvent ainsi se déranger utilement et l'on n'y perd pas son temps comme dans les expositions universelles qui paraissent avoir enfin vécu, en raison de leur rendement douteux et de leur mince intérêt dans chaque spécialité.

M. de Montricher (Marseille) souhaite que des groupements se forment pour faire des visites en commun. Ils en retireront tout le bénéfice possible.

M. Zipfel (Dijon) se permet aussi d'émettre un vœu, c'est de s'inspirer, dans l'organisation d'un musée d'hygiène à Paris, de l'organisation de l'Exposition d'hygiène de Dresde, naturellement suivant les ressources mises à la disposition des organisateurs.

M. LE Dʳ MIRAMOND DE LAROQUETTE,

Médecin-Major de l'Armée (Màcon).

RAPPORT SUR LES ALTÉRATIONS ET CONSERVATION DES ŒUFS.

63.74.0044

2 *Août.*

Les œufs, comme toutes les matières organiques, sont soumis dans les milieux extérieurs à des causes d'altération, les unes purement physiques ou chimiques, les autres d'ordre biologique en rapport avec le développement de bactéries ou de moisisures.

D'autre part, la conservation des œufs est un problème économique de la plus haute importance et qui se rattache à l'hygiène par des liens nombreux. et notamment pour cette raison que l'œuf est un aliment de première valeur et dont la consommation est formidable. En France, on consomme en moyenne 500 millions de kilogrammes d'œufs par an, dont à peu près 200 millions importés et 300 millions produits par le pays.

Enfin, on sait que des accidents plus ou moins graves d'intoxication ont été observés de divers côtés, attribuables à l'absorption d'œufs altérés.

Voici donc sur ce sujet le résultat d'observations et d'expériences que j'ai poursuivies depuis deux ans.

A l'air libre, les œufs se *déshydratent* et perdent en moyenne 0,10 g par jour à une température de 15 à 18° de vapeur d'eau pour un poids moyen de 55 g. Cette évaporation varie d'ailleurs notablement suivant l'épaisseur de la coquille, la température et le degré hygrométrique de l'air. En étuve sèche à 35°, l'évaporation atteint 40 à 50 cg par jour. C'est là un phénomène purement physique et qui, même au début, ne paraît pas relever comme on l'a prétendu d'une sorte de respiration de l'œuf. Toutes choses étant égales, d'ailleurs, on ne constate pas, en effet, de différence sensible entre le taux d'évaporation des œufs en incubation dont le germe se développe, et celui des œufs qui ont été stérilisés par immersion dans l'eau bouillante.

Dans le vieillissement normal, aseptique des œufs, cette dessication progressive paraît être le fait capital et la cause principale du changement de goût et des autres modifications de l'œuf. C'est un phénomène analogue à ce qui se passe pour la plupart des fruits; un œuf qui, par évaporation, a perdu $\frac{1}{10}$ de son poids a pris le goût de vieux et n'est pas bon à la coque; un œuf qui a perdu $\frac{1}{5}$ de son poids est franchement mauvais et ne peut être mangé d'aucune manière.

Le vieillissement s'accompagne aussi vraisemblablement de modifications chimiques encore mal connues; d'après Rubner, il y aurait oxydation de l'albumine et formation de glucose : l'albumine, d'abord nettement alcaline, deviendrait neutre après plusieurs semaines. Objectivement, le vieillissement de l'œuf se traduit par le développement de la chambre à air, la rétraction de l'œuf, la liquéfaction du blanc et le déplacement du jaune qui, plus léger, vient adhérer à la coquille. Cassé, l'œuf s'étale, le jaune et le blanc se fusionnent en un liquide jaune, huileux, d'odeur fade, mais sans trace de putréfaction.

Ce vieillissement aseptique, qui est de beaucoup le plus fréquent, n'est pas sans inconvénient au point de vue hygiénique. D'après les expériences de Richet et celles de Linossier et Lemoine, l'œuf vieux contiendrait une quantité de toxines proportionnelle à son degré de vieillissement. Richet attribue la formation de ces toxines à l'autolyse ovulaire. Je suis porté à croire que là encore il s'agit surtout de modifications d'ordre physique ou chimique résultant notamment du contact de l'air.

Théoriquement, au moment de la ponte, l'intérieur de l'œuf n'est pas absolument aseptique; pendant sa traversée de l'oviducte, il se charge parfois de germes divers qui se fixent surtout à la périphérie dans les membranes. Cependant, il résulte de mes recherches et de celles de Zörkendörfer *que l'intérieur de l'œuf est au début pratiquement stérile* et que les microorganismes, bactéries ou moisissures, qui dans la suite s'y développent, sont en fait le résultat d'infections secondaires ayant pénétré à travers les pores ou les fissures de la coquille. Quelle que soit d'ailleurs leur origine, ces germes peuvent, après un temps variable, se développer aux dépens de la substance de l'œuf qu'ils pénètrent et dont ils amènent la décomposition par putréfaction ou moisissure.

L'*œuf pourri* n'a pas besoin d'être décrit et se reconnaît aisément à son odeur sulfhydrique. Son état putride est le fait de microorganismes d'espèces diverses surtout aérobies, notamment les *B. coli* et *paracoli*, le *B. de Gaertner*, le *proteus vulgaris*, le *B. subtilis*, le *B. prodigiosus*, le *B. thermo*. Ces germes siègent au début presque uniquement entre la coquille et les enveloppes. La putréfaction de l'œuf à l'air libre est d'ailleurs chose rare, même après plusieurs mois; on l'observe à peu près dans 4 ou 5 % des cas. Au point de vue des intoxications alimentaires, l'infection de l'œuf est surtout dangereuse à sa période de début, quand l'œuf n'est pas encore putréfié et imprégné de gaz sulfhydrique qui le rendent immangeable.

L'*œuf moisi* est facile à reconnaître, même à travers la coquille, à ses taches bleues, vertes, rouges, jaunes ou noires et par l'odeur spéciale de moisi qu'il présente. Les moisissures le plus souvent observées appartiennent aux genres *penicillium glaucum* et *aspergillus glaucus*; d'après mes observations, la moisissure de l'œuf est relativement fréquente, notablement plus que l'infection et la putréfaction. Au point de vue hygiénique, elle est peu inquiétante, les œufs moisis ayant une odeur et un goût de moisi très accusés qui les rendent immangeables.

Des données qui précèdent, il résulte que *les procédés de conservation des œufs doivent répondre à deux desiderata principaux :*

1° *Empêcher la déshydratation, l'évaporation de l'œuf ;*

2° *S'opposer à la pénétration et au développement des bactéries et moisissures*

A ces deux points de vue, *l'intégrité de la coquille* est extrêmement importante; même avec les moyens artificiels de conservation, une brèche de la coquille une fissure si légère soit-elle est une complication contre laquelle il est difficile de lutter; un œuf fissuré ne doit pas être conservé.

Voyons maintenant dans quelle mesure les divers procédés usuels de conservation des œufs satisfont aux desiderata ci-dessus.

Dans les campagnes, les œufs sont souvent enfouis dans des tas de blé, dans du son ou du sable sec. Ce sont là des *procédés à sec*, des moyens simples de mettre les œufs à l'abri de l'air et de l'humidité et qui permettent de les conserver pendant quelques semaines. D'après mes observations, un œuf immergé dans le *sable sec* perd 4 à 5 cg par jour; l'infection et la moisissure sont très rares; la durée moyenne de conservation est de 2 à 3 mois.

Le *blé en tas* donne à peu près les mêmes résultats, meilleurs encore si le blé et les œufs sont contenus dans des coffres bien fermés.

Dans le son, l'évaporation est encore moindre, 2 à 3 cg par jour et la conservation plus longue, 3 à 4 mois, mais les moisissures sont plus fréquentes et la coquille de l'œuf prend une couleur jaunâtre qui n'est pas sans inconvénients au point de vue commercial.

Certaines poudres inertes d'usage moins courant pourraient être utilisées dans des conditions analogues :

Avec la poudre de talc qui adhère bien à la coquille et en obstrue les pores, l'évaporation ne dépasse pas 1 à 2 cg par jour et le vieillissement est retardé jusqu'à 4 ou 5 mois. Mais le talc coûte relativement cher et se laisse pénétrer par les moisissures.

Avec la craie, l'évaporation moyenne journalière est de 4 à 6 cg et la conservation de 2 mois environ.

Dans la chaux éteinte, l'œuf est à l'abri de toute infection ou moisissure, mais la déshydratation atteint 8 à 10 cg par jour; le vieillissement est ainsi à peu près aussi rapide qu'à l'air libre.

Un autre moyen simple est *d'envelopper chaque œuf dans du papier* et de les mettre au frais, à la cave; dans ces conditions, la déperdition est de 4 à 5 cg par jour et la conservation de 2 ou 3 mois, mais il y a peu de garantie contre l'infection et les moisissures.

On diminue ce dernier danger et l'on augmente la durée et les garanties de conservation en *plongeant tout d'abord les œufs dans l'eau bouillante salée à 10 % pendant 50 à 60 secondes*. Cette pratique qui s'associe avantageusement à tous les moyens usuels de conservation des œufs a pour effet de détruire les micro-organismes de la coque et des enveloppes et de coaguler l'albumine sur une épaisseur de 1 mm. Cette couche périphérique d'albumine coagulée protège le reste de l'œuf contre la dessication et contre l'infection; mais l'immersion dans l'eau bouillante a l'inconvénient d'exiger des manipulations supplémentaires et de provoquer parfois des fissures dans la coquille.

Industriellement, on conserve les œufs en grande quantité et un assez long temps, 4 à 5 mois, dans des *chambres frigorifiques* à une température de 0° à +2°. Le froid maintenu empêche à la fois l'évaporation et le développement des bactéries ou moisissures. Cependant, parmi les œufs ainsi conservés se rencontre encore un déchet de 4 à 5 % d'œufs pourris ou moisis. En effet, à cette température de 0° à +2°, qui ne peut être abaissée par crainte de congélation, le développement des bactéries n'est pas complètement arrêté, non plus que l'évaporation et, d'autre part, l'humidité des chambres froides favorise l'apparition des moisissures. Enfin, au sortir du frigorifique, les œufs doivent être progressivement réchauffés et leur durée de conservation à l'air libre est ensuite extrêmement courte. Au total, la conservation par le froid n'est possible qu'industriellement; elle est coûteuse et ne donne pas sensiblement de meilleurs résultats que les procédés de ménage. Lescardé a préconisé la conservation des œufs grâce à un *traitement mixte par le froid et l'acide carbonique sous pression*, ce gaz ayant pour effet d'empêcher l'oxydation de l'albumine et le développement des bactéries. Je n'ai pas d'expérience personnelle de ce procédé qui demande une installation et une technique compliquées. La durée de conservation dépasserait 10 mois.

Les procédés de conservation examinés jusqu'ici sont des procédés à sec, ce ne sont pas les meilleurs. La conservation par les corps gras et les liquides donne certainement de meilleurs résultats.

Les œufs immergés dans la graisse animale ou végétale, après stérilisation de la coque et des enveloppes dans l'eau bouillante, et maintenus en boîtes métalliques fermées, peuvent se conserver très longtemps à l'état absolument frais : la déperdition d'eau est nulle, la putréfaction et la moisissure doivent être absolument exceptionnelles; je n'en ai jamais observé, le goût de l'œuf n'est en aucune manière altéré.

Ce procédé paraît être de tous le plus sûr, il a l'inconvénient d'être coûteux et peu commode, mais il peut rendre des services, notamment dans certaines conditions de la vie maritime ou coloniale; il importe seulement que les œufs soient complètement immergés dans la graisse et non point enrobés d'une couche légère; il faut aussi que la graisse elle-même soit bien protégée contre toutes les causes de souillure ou d'oxydation.

Reste enfin *la conservation dans les liquides* : j'ai essayé successivement l'eau salée, l'eau boriquée, la solution mixte de silicate de potasse et de soude, et l'eau de chaux. Il va de soi que, dans ces liquides, toute évaporation de l'œuf est supprimée. Pendant les premiers jours, au contraire, il y a une légère augmentation de poids, en tout 25 à 50 cg, augmentation qui demeure acquise et paraît correspondre à la quantité d'eau qui a pénétré la coque et les membranes.

Le problème est ainsi limité au maintien d'un milieu aseptique où ne puissent se développer bactéries ni moisissures.

Au-dessous de 5 %, *l'eau salée* est, à ce point de vue, tout à fait insuffisante dans les solutions faibles la putréfaction se produit très rapidement; au-dessus de 5 % la conservation est possible, mais l'œuf prend un goût de saumure très accusé; de plus, il y a absorption d'eau par l'albumine et le jaune prend un aspect grumeleux peu satisfaisant.

Dans l'*eau boriquée*, les œufs se conservent sans infection ni moisissure, à condition bien entendu qu'ils soient pleinement immergés, mais le blanc prend un aspect dilué et un goût fade, aqueux; par contre, le jaune reste intact et de goût parfait, la coquille se ramollit. Pour des raisons différentes, l'eau salée et l'eau boriquée sont donc pratiquement inutilisables.

Les solutions mixtes de *silicate de potasse et de soude* ont été préconisées de divers côtés et sont très employées, paraît-il, en Amérique. Le silicate de potasse est adhésif et se solidifierait sans l'adjonction de silicate de soude qui maintient le mélange à l'état liquide et lui ajoute ses propriétés antiseptiques. Ces solutions permettent une conservation très longue, mais donnent à l'œuf un goût de savon désagréable.

La conservation dans l'*eau de chaux* est, en France, le procédé le plus employé industriellement et dans les ménages; il apparaît encore comme le plus simple et le plus pratique, le meilleur de tous, malgré qu'il ait aussi quelques inconvénients. Le titre des solutions varie suivant les industriels et chacun garde le secret sur la composition de son liquide; mais on fait une bonne solution avec 8 ou 10 % de chaux vive ou 20 % de chaux éteinte. Énergiquement antiseptique, sans être toxique, ce liquide ne pénètre que peu ou pas la substance de l'œuf et ne lui donne aucune propriété nuisible; après dix mois d'observation je n'ai trouvé dans ce liquide aucun œuf moisi ni pourri et les prélèvements que j'ai faits dans la substance ou les enveloppes des œufs pour ensemencements ou examens bactériologiques ont toujours été négatifs. Les œufs de 3 et 4 mois m'ont toujours paru d'un goût parfait; quelques œufs de 5 et 6 mois ou davantage ont présenté une légère odeur fade et un goût alcalin peu accusé. Sortis du liquide, les œufs peuvent encore se conserver quelques semaines sans altération plus rapide que celle des œufs frais.

Dans l'eau de chaux la coquille de l'œuf devient très blanche et un peu friable, elle se fissure parfois dans la solution, et très souvent ensuite lorsqu'on plonge l'œuf dans l'eau bouillante pour la cuisson à la coque, d'où l'indication de faire cuire ces œufs dans l'eau froide progressivement échauffée. La plupart des pores de la coquille restent d'ailleurs perméables et lorsqu'on essuie l'œuf après l'avoir sorti de la solution, on voit perler des gouttelettes qui ressuent par les pores non obstrués.

Il va sans dire que les œufs doivent être immergés très frais dans l'eau de chaux; l'immersion préalable et pendant une minute dans l'eau bouillante donne aussi une plus complète garantie, soit à cause de la couche périphérique d'albumine coagulée en contact avec la coquille, soit à cause de la stérilisation des enveloppes ainsi obtenue.

Dans la solution, les œufs doivent être complètement immergés; à la surface du liquide se forme une croûte transparente qu'on appelle la glace, tandis que la chaux éteinte se dépose sur les œufs ou dans le fond du récipient.

En principe, il est préférable de maintenir les œufs au frais et à l'abri de la lumière; il importe aussi de les manipuler le moins possible. Cependant, j'ai conservé pendant plusieurs mois et sans altération des œufs à la chaux dans une chambre chauffée et où la lumière pénétrait largement.

En somme, pour empêcher le vieillissement des œufs et leurs altérations par les bactéries ou les moisissures, nous avons à notre disposition toute une série de moyens simples, faciles et suffisamment efficaces. Suivant les circonstances, l'un ou l'autre de ces procédés peut être de préférence employé; mais, en règle générale, le procédé de conservation dans l'eau de chaux paraît être encore de tous le plus simple, le plus sûr et celui qui satisfait le mieux aux divers desiderata.

BIBLIOGRAPHIE.

GAYON, *Altérations des œufs* (*Annales de l'École Normale supérieure*, 1875).

SCHRANTS, *Annales médicales de Vienne*, 1888.

ZÖRKENDÖRFER, *Altérations des œufs* (*Arch. für Hygiène*, p. 379; *Microorganismes renfermés dans les œufs* (*Arch. für Hygiène*, 1893).

ARTAULT, *Les bacilles des œufs*, (*Thèse* de Paris, 1893).

RUBNER, *Quelques changements dans la nature des œufs* (*Hygienische Rundschau*, Berlin, 1896).

GUEGUEN, *Moisissure des œufs* (*Bulletin de la Société mycologique*, 1898).

LESCARDÉ, *L'œuf de poule, sa conservation par le froid*. 1 vol. chez Dunod et Pinat, Paris, 1909.

CH. RICHET, *Modification de la toxicité des œufs* (*Société de Biologie*, 9 avril 1910).

LINOSSIER et G.-H. LEMOINE, *Toxicité des albuminoïdes frais, influence de la conservation* (*Académie de Médecine*, 1er mars, 1910).

E. PENNINGTON, *Étude chimique et biologique des œufs frais* (*The journal of biological chemistry*, Londres, janvier, 1910).

M. ALBERT DEMOLON,[1]

Directeur de la Station agronomique de l'Aisne
et du Laboratoire départemental de Bactériologie.

RAPPORT SUR LA DÉTERMINATION DES CONTAMINATIONS
D'APRÈS L'ÉTUDE ANALYTIQUE DES EAUX D'ALIMENTATION:

614.777.1

31 *Juillet*.

CONSIDÉRATIONS GÉNÉRALES. — La question essentielle dans l'appréciation d'une eau d'alimentation, c'est de savoir si elle peut être consommée *sans danger*, c'est-à-dire si elle est à l'abri de toute contamination, soit par infiltration directe de fosses d'aisances, purins, bétoires, égouts, etc., soit simplement par mélange d'eaux superficielles n'ayant subi qu'une filtration naturelle insuffisante. Il est tout à fait secondaire d'être renseigné sur la teneur en sels de chaux, considérée dans ses rapports soit avec l'hygiène alimentaire, soit avec l'aptitude de l'eau à dissoudre le savon et à cuire les légumes. En effet, d'une part, ce ne sont point là des éléments qui, pris en eux-mêmes, permettent d'établir qu'une eau est dangereuse et, d'autre part, dans bien des régions, il faut se résoudre à utiliser une eau calcaire parce qu'on n'en a point d'autre.

Ce serait, dans bien des cas, mal juger une eau que de s'en rapporter à la lettre aux limites fixées par le Comité consultatif d'hygiène. Telle

eau pourra être gravement contaminée qui renfermera moins de 40 mg de
chlore et moins de 2 mg de matières organiques exprimées en oxygène
du permanganate, alors qu'il conviendra dans certaines circonstances de
laisser capter des eaux dont le degré hydrotimétrique pourra dépasser 30
et qui pourront renfermer plus de 30 mg de sulfates en SO^3. La fixation
de limites nous apparaît comme une chose plutôt nuisible qu'utile, parce
que, suivant les cas particuliers, elles peuvent être ou trop étroites ou
trop larges et parce que, trop souvent, ces tableaux de chiffres se substi-
tuent à une appréciation clairvoyante basée sur une étude hydrologique
complète.

Une eau ne saurait être jugée sainement par une analyse faite au laboratoire, sauf dans les cas où la contamination est évidente. Il est nécessaire de la voir *in situ*. On pourra ainsi faire d'utiles constatations sur la
topographie des lieux, la nature géologique des terrains, les conditions
d'affleurement des sources, le mode d'établissement des puits. Il nous est
fréquemment arrivé en présence d'une eau que l'analyse révélait contaminée, d'incriminer non la nappe aquifère elle-même, mais le puits établi
dans des conditions défectueuses (retour d'eaux usées par exemple). Cette
distinction n'est possible qu'en se rendant sur les lieux. Or, on comprend
la très grande importance de cette conclusion, au point de vue des améliorations à apporter, ou encore lorsqu'on est en présence d'une commune
qui, sur le point d'entreprendre des travaux d'adduction ou d'élévation,
sollicite les subventions de l'État. On sait, en effet, que ces subventions
ne sont accordées que s'il est joint au dossier un bulletin d'analyse établissant que l'eau est potable.

Enfin, en se rendant sur place, il devient possible de prendre la température de l'eau, d'effectuer dans les meilleures conditions les divers
ensemencements nécessaires pour l'analyse bactériologique et notamment
d'ensemencer quelques fioles de Roux destinées à l'appréciation de la
richesse bactérienne.

Interprétation de l'analyse chimique. — Lorsqu'on a, par avance, des
données précises sur la nappe qui alimente un puits, l'analyse chimique
peut permettre d'affirmer une contamination, même lorsque les limites du
Comité consultatif d'hygiène ne sont pas dépassées. L'élément le plus
important à cet égard, c'est le chlore. C'est ainsi qu'il existe dans le
nord du département de l'Aisne une nappe aquifère d'excellente qualité,
au niveau de la craie marneuse qu'on atteint par des puits assez profonds (30 m à 60 m en général) et qui donne d'une manière très
constante à l'analyse 12 mg de chlore. Un écart de quelques milligrammes
pourra faire présumer une contamination locale que la méthode des
pompages discontinus rendra plus manifeste.

Des eaux très chargées de matières organiques, lorsqu'elles ont traversé
des couches de terrains de nature appropriée et d'épaisseur suffisante,
peuvent ne plus emprunter au permanganate qu'une quantité d'oxygène

très faible, inférieure à 2 mg par litre. C'est ainsi que les sources situées à la base de la montagne de Laon et qui sont fortement contaminées par les eaux résiduaires de l'importante agglomération sise sur le plateau, mais qui ont traversé le calcaire grossier supérieur et une couche de 60 mètres de sable (sables de cuise), empruntent pour la plupart au permanganate 1 à 2 mg d'oxygène. Néanmoins, leur résidu sec à 180° est presque toujours supérieur à 1 g par litre, eu égard à une proportion élevée des matières organiques oxydées ($>$ 500 mg). On voit donc qu'en pareil cas la méthode au permanganate, qui en définitive ne mesure que *l'oxydabilité* des eaux, peut conduire à des interprétations tout à fait erronées et *qu'il y a toujours lieu d'effectuer la détermination du résidu sec à 180° que la méthode précédente ne peut remplacer.*

Dans les eaux riches en matières organiques qui ont traversé des terrains calcaires où les actions microbiennes sont particulièrement actives, on voit s'élever les degrés hydrotimétriques total et permanent. Quant à l'alcalinité, elle varie beaucoup moins, la teneur en carbonate terreux restant généralement comprise entre 300 et 400 mg de CO^3Ca sans qu'on puisse, semble-t-il, en tirer d'indications utiles au point de vue qui nous occupe. Il en est de même du degré hydrotimétrique total qui peut subir des variations assez considérables (10° par exemple), en relation avec l'importance des chutes d'eau. Il nous a paru qu'il en était autrement du degré hydrotimétrique permanent et que celui-ci était beaucoup plus constant dans des conditions normales. Le degré hydrotimétrique permanent comprend non seulement le sulfate de chaux et les sels de magnésie, mais les organates de chaux qui résultent de la décomposition en présence de carbonate de chaux, de la décomposition par voie chimique ou biologique avec formation d'acides organiques. Dans ce cas, en concentrant l'eau et en la distillant en présence d'acide phosphorique, on peut constater dans le distillat la présence d'acides volatils. Un simple calcul, lorsqu'on a dosé les sulfates et les sels de magnésie, permet d'ailleurs de se rendre compte si le degré permanent correspond sensiblement au chiffre théorique. Bref, nous considérons que *toute eau dont le degré hydrotimétrique permanent s'élève sensiblement au-dessus du chiffre normal supposé connu ou du chiffre théorique calculé doit être considérée comme originellement polluée par des matières organiques.*

Si la présence d'une faible dose de nitrate ($<$ 15 mg) ne peut comporter aucune signification défavorable, il n'en est pas de même des nitrites. Sans doute, l'azote nitreux peut provenir d'une nitrification incomplète. Nous en avons rencontré, par exemple, dans un puits nouvellement foré dans les sables de Bracheux (Laniscourt). On ne pouvait admettre dans ce cas un manque de filtration, la nappe se trouvant surmontée d'une couche de 9 m de sable; l'analyse bactériologique confirma d'ailleurs ce fait. Il nous a paru plus logique d'attribuer leur présence à une nitrification incomplète par suite de l'insuffisance du carbonate de chaux. D'autre part, si les recherches de Frankland, Grimbert, etc. ont montré qu'il existe un très grand nombre de microbes susceptibles de se comporter comme des dénitrificateurs dans des milieux de composition appropriée, nous avons pu constater que dans la très grande majorité, les eaux de puits qui en renferment, cultivent soit le *colibacille*, soit le *B. liquefaciens menbranœfaciens*, qui sont tous deux des dénitrificateurs indirects. Inversement, nous avons pu, en ensemençant à l'état pur ces deux microbes dans diverses eaux, sans aucune autre addition que celle de 1 °/oo de nitrate de soude, constater que, très rapidement, la réaction des nitrites se manifestait avec netteté. Pour le colibacille, la réaction est beaucoup plus nette en profondeur qu'en surface; pour le *B. liquefaciens*, elle est également nette. La réaction se manifeste surtout avec intensité dans les eaux riches en matières organiques, mais il faut noter qu'elle peut encore se produire avec des eaux qui empruntent peu d'oxygène ($<$ 1 mg) au permanganate, mais qui renferment néanmoins des acides amidés dont on connaît la nécessité pour que la dénitrification se produise par les ferments indirects (Bagros, *Thèse Pharmacie*, 1910). Lorsqu'une eau renferme des nitrites, il y a donc des raisons sérieuses de soupçonner qu'elle est souillée de matières organiques et cultive des espèces dangereuses. Bien souvent, en prescrivant un curage dans des cas de cette nature, nous avons pu constater l'opportunité d'une mesure de ce genre.

Examen bactériologique. — En ce qui concerne la recherche du colibacille, nous ne saurions souscrire au procédé consistant dans la culture de proportions progressives d'eau à analyser dans une solution de peptone. Pour être direct et simple, ce procédé est susceptible d'être inexact. En effet, d'une part, nous avons pu observer que cette réaction, si contingente qu'est la production d'indol, peut parfaitement cesser de se produire dès que le colibacille a à se développer en présence d'autres espèces ensemencées en même temps que lui et dont certaines se développent très rapidement en bouillon peptone. Il est absolument capital à notre avis de faire deux passages en bouillon phéniqué à 42°, ce qui permet le plus souvent d'isoler le colibacille et qui, en tous cas, ne le laissera en présence que de quelques rares espèces. C'est seulement ensuite qu'on ensemencera en peptone. D'autre part, en dehors de la recherche de l'indol, il nous paraît nécessaire de faire un ensemencement en bouillon lactosé de manière à déceler également le paracolibacille, le *B. lactis acrogènes* qui, bien que ne donnant pas d'indol, doivent être considérés comme ayant la même signification que le Colibacille proprement dit. Toutefois, un ensemencement direct en bouillon peptoné présente un réel intérêt pour la recherche des microbes de la putréfaction azotée (*Proteus, B. fluorescens liquefaciens, B. violaceus*, etc.):

En ce qui concerne la numération des colibacilles, nous employons le procédé suivant : avec un peu d'habitude on arrive à fabriquer des pipettes donnant à 3 ou 4 gouttes près le même nombre de gouttes par centimètre cube. Nous ensemençons cinq tubes avec 5, 10, 15, 20 et

25 gouttes, soit au total un peu plus de 2 cm³. Si aucun tube ne se trouble, le nombre de colibacilles est insuffisamment élevé pour que, de ce seul fait, l'eau puisse être incriminée. Si tous les tubes cultivent le colibacille, l'eau peut être considérée comme fortement contaminée. On appréciera d'ailleurs par le nombre et le rang des tubes qui auront cultivé l'importance de la contamination dans les limites où elle paraît le plus directement intéressante au point de vue des conclusions.

M. LE Dʳ CH. LESIEUR,

Agrégé à la Faculté de Médecine, Médecin des Hôpitaux,
Directeur du Bureau d'Hygiène (Lyon).

RAPPORT SUR LA SÉROPHYLAXIE DE LA DIPHTÉRIE DANS LES ÉCOLES.

6t6.93t.0837 : 372.2

1ᵉʳ *Août.*

Dans ce rapport, dont l'objet est très nettement délimité, et dont la rédaction nous a été confiée en raison de nos travaux antérieurs sur la sérophylaxie de la diphtérie scolaire [1], nous nous placerons surtout au point de vue essentiellement pratique des indications et des contre-indications, en nous basant principalement sur les faits que nous avons pu observer par nous-même.

Auparavant, il convient cependant de rappeler le principe de la méthode et les principales phases de son histoire antérieure.

I. *Principe de la méthode. Historique.* — Le pouvoir préventif du sérum antidiphtérique n'est plus à démontrer expérimentalement; il fut, un des premiers, connu et étudié (Berhing et Kitasato, 1890) [1].

En prophylaxie humaine, les injections préventives, essayées avec succès dès 1894 (Strauss, *Acad. de Méd.*, 6 oct., 1894), puis un peu discréditées à la suite de quelques cas malheureux très discutables, ont été préconisées par la Société de Pédiatrie, à Paris, en 1901, par Proust et Roux au Comité consultatif d'hygiène de France (octobre 1901), puis par Sevestre qui en précisa le mode d'emploi et les indications à l'Académie de Médecine en 1902, par Netter, dans son rapport au Congrès d'hygiène de Bruxelles en 1903, etc. Les idées de cet auteur, exposées par lui dès 1902 dans la *Presse médicale*, ont été développées

---

[1] CH. LESIEUR, *Sérophylaxie antidiphtérique dans les écoles municipales lyonnaises* (*Soc. de Méd. pub. et de gén. sanit.*, 27 *juillet* 1910, *Rev. d'hyg. et de pol. sanit.*, août 1910, p. 848) ; *Les progrès récents réalisés en hygiène dans les écoles municipales de Lyon* (*Ann. d'Hyg. pub. et de Méd. lég.* décembre 1910) ; *Sur la prophylaxie générale des maladies transmissibles dans les écoles municipales de Lyon* (*Lyon méd.*, t. CXV, 1910).

par son élève, Bourganel, dans sa Thèse sur la prophylaxie de la diphtérie dans les écoles (Paris, 1903-1904).

Dans les propositions votées le 8 avril 1902 par l'Académie de Médecine, on lit que « les injections préventives de sérum, à la dose de 5 cm³ ou au plus de 10 cm³, ont une action manifeste, n'ont jamais donné lieu à des accidents sérieux..., sont indiquées pour les enfants appartenant à une agglomération (école, etc.), dans laquelle a été signalé un cas de diphtérie », mais que « malheureusement, la période d'immunisation n'a qu'une durée peu prolongée, 3 ou 4 semaines au plus ».

Quoi qu'il en soit, Comby (*Bulletin médical*, 1903), Ibrahim (*Deutsch. med. Wochen*, 1905), Pecovi (*Gazz. med. Roma*, 1905), etc., ont signalé les bons résultats obtenus par cette méthode, à l'école comme à l'hôpital ou dans les familles.

Aussi une circulaire du Ministre de l'Intérieur aux préfets, en date du 16 novembre 1905, a-t-elle recommandé la sérothérapie antidiphtérique préventive, notamment aux médecins inspecteurs des écoles et aux médecins des épidémies. Une circulaire analogue avait vu le jour en Roumanie dès 1901 !

En 1908, dans une *Thèse de Paris* inspirée par Lesage, S. Leibovici a étudié la *prophylaxie antidiphtérique par la sérothérapie*, et exposé un *essai de sérothérapie antidiphtérique dans les grandes villes*, discutant les avantages et les inconvénients (anaphylaxie et maladie du sérum). Pour lui, la sérothérapie préventive constitue la méthode prophylactique par excellence, d'une parfaite innocuité, et doit être admise dans toute agglomération de sujets même sains (école) s'il y survient un cas de diphtérie, même en dehors des périodes épidémiques. La sérothérapie *systématique* pratiquée à l'école, à l'hôpital (Lesage à Hérold), etc., pourrait aboutir à la suppression des endémies diphtériques de quartier ou de leurs recrudescences saisonnières.

Dans sa remarquable étude parue en 1909, dans la *Bibliothèque Gilbert-Carnot* (*loc. cit.*), Louis Martin étudie la question de la sérothérapie préventive, notamment dans les écoles : Là, dit-il, « le mieux est d'employer l'injection préventive de tous les écoliers, et les médecins qui ont suivi cette pratique en ont obtenu de bons résultats ». L'auteur insiste sur l'innocuité de ces injections et ajoute qu'on ne saurait « trop protester contre le licenciement des classes quand survient un premier cas de diphtérie ».

Et, en effet, le recueil de documents intéressant l'hygiène publique, publié en 1909 par le Ministère de l'Intérieur, contient des faits très probants, observés notamment à Nantes, dans les arrondissements de Senlis, de Limoges, d'épidémies arrêtées par la sérothérapie préventive.

Si Markuson et Agopoff (*Arch. de Méd. des enfants*, mai 1911) ont pu signaler le peu de succès de la sérophylaxie chez les rougeoleux de Moscou, leurs faits négatifs ne doivent pas faire oublier les admirables résultats signalés, entre autres au Congrès de Kazan, ou bien par Netter, par Bililngs (0,15 % de contagion sur 41 000 injections).

Personnellement, nous avons suivi les conseils de L. Martin dans les écoles municipales de Lyon depuis 1909. Dès la fin de l'année scolaire 1909-1910, nous avons tenté de prouver (*loc. cit.*) que le « principe essentiel de la prophylaxie de la diphtérie est l'emploi préventif du sérum antidiphtérique; que la

(¹) *Voir* L. MARTIN, *Sérothérapie antidiphtérique*, in *médicaments microbiens* (*Bibliothèque de thérapeutique Gilbert-Carnot;* Paris, Baillière, 1909, p. 149).

sérophylaxie, aidée de la désinfection, de la surveillance des élèves, etc., peut éviter bien des licenciements et leurs conséquences fâcheuses. Nous avons cru pouvoir écrire : « En hygiène scolaire, pour la diphtérie, le *sérum tuera le licenciement* ». Dans un avis aux parents, affiché dans toutes les écoles, crèches, etc. de la ville, touchant les moyens d'éviter les principales maladies transmissibles de l'enfance, nous avons inséré cette phrase : « Le meilleur moyen de se préserver de la diphtérie et du croup, quand on est exposé à la contagion, consiste à se soumettre le plus tôt possible à l'injection préventive de *sérum antidiphtérique*, qui d'ailleurs est inoffensive ».

Aujourd'hui, avec l'expérience d'une deuxième année scolaire et de nouvelles preuves empruntées à mes collègues [à Brienne, les Drs Benedic et Barret; à Grenoble, 1910, *voir* G. Delamarre ([1]); à Villeurbanne, en 1911], avec aussi peut-être un peu plus de précision au point de vue des réserves à faire, je crois pouvoir confirmer mes précédentes conclusions.

II. *Applications. Résultats.* — Au cours des deux années scolaires qui viennent de s'écouler, à cause peut-être de conditions météorologiques mauvaises, les cas de diphtérie ont été particulièrement fréquents dans bien des grandes villes, parmi lesquelles on peut citer Lyon, au moins pendant les saisons humides. Heureusement, depuis la vulgarisation du traitement sérothérapique en 1894, la courbe de mortalité est loin de suivre comme autrefois, régulièrement et de très près, la courbe de morbidité. Ainsi, les années 1909 et 1910 ont donné à Lyon respectivement 393 et 585 cas déclarés, avec 77 et 94 décès, alors qu'en 1892 on notait 232 décès pour 402 cas déclarés.

Mais seule la diphtérie scolaire doit nous occuper ici. Or, voici les chiffres correspondant aux cas signalés, pendant les deux dernières années scolaires, dans les écoles municipales de Lyon : 223 en 1909-1910; 128 en 1910-1911.

En présence de ces nombreux cas, tantôt isolés, tantôt groupés, surtout fréquents dans les écoles maternelles, la conduite que nous avons suivie a varié, parfois malgré nous, selon la bonne volonté des familles, l'influence des paniques de quartier sur la fréquentation scolaire, la multiplicité et la gravité des cas, l'âge des élèves, etc. Nous avons pu comparer ainsi, même sans l'avoir voulu, l'action de la sérophylaxie à l'action du licenciement sur la marche des épidémies scolaires. En effet, pour différentes raisons, certaines de ces écoles ont dû être licenciées pendant 10 jours, sans que la sérophylaxie puisse être acceptée par les familles; dans d'autres, sérophylaxie et licenciement ont été combinés plus ou moins; dans la plupart enfin, surtout au cours de la dernière année et toutes les fois que nous avons pu nous en contenter, la sérophylaxie a été pratiquée sans licenciement.

Bien entendu, dans tous les cas, nous faisions pratiquer la désinfection (classes, logements, objets, cavités nasopharyngées), l'isolement des malades et des suspects, l'éviction de leurs frères ou sœurs et de leurs voisins, la surveillance clinique des gorges et des nez, la recherche bactériologique des porteurs de bacilles, etc. L'avis aux parents, affiché dans les classes par nos soins, préconise

---

([1]) G. DELAMARE, *Épidémie de diphtérie à Saint-Ouen* (*Annales d'Hygiène publique et de Médecine légale*, t. III, juillet 1911, p. 68). Cet auteur conseille la sérumisation préventive des jeunes sujets ayant approché les diphtériques, aidée par la désinfection, l'isolement, la recherche des bacilles, etc.

en effet comme conduite à tenir en présence de diphtérie scolaire : « Éloigne-. ment immédiat et isolement du malade pendant 40 jours au moins à partir du début, plus longtemps si la gorge reste rouge ou s'il persiste du *rhume de cerveau*. Éloignement de ses frères et sœurs, même sains, à moins qu'ils n'habitent pas avec le malade. Éloignement immédiat de tout enfant ayant mal · à la gorge. Désinfection obligatoire, etc. »

Dans trois écoles (une maternelle en 1909, une école primaire de filles en 1910, une maternelle en 1911), le *licenciement* dut être prescrit pendant 10 jours, sans que les injections de sérum pussent être pratiquées, à l'occasion. d'épidémie de quartier. Or, malgré toutes les mesures complémentaires usuelles (évictions, désinfections, surveillance, etc.), malgré les vacances, de nouveaux cas se manifestèrent après la rentrée des élèves, et même, dans une de ces écoles (maternelle), se succédèrent isolément « en chapelet » pendant plus de 6 mois. Dans ces trois écoles, on fut finalement obligé de recourir ensuite à de nouveaux ⚫ licenciements, mais cette fois avec sérophylaxie, ce qui permit d'en finir avec ces queues d'épidémie.

Licenciement et *sérophylaxie* furent associés dans huit écoles maternelles et deux écoles de filles en 1909-1910, dans trois écoles maternelles et une école de filles en 1910-1911. Les licenciements duraient 10 jours. A la rentrée suivante, après désinfection, les médecins inspecteurs éliminaient encore les suspects (coryzas, bacilles) et pratiquaient les injections de sérum demandées explicitement et prescrites, à notre instigation, par les familles (cas suspects, enfants particulièrement exposés, etc.); souvent, les enfants copiaient eux-mêmes la demande d'inoculation, que leurs parents allaient être appelés à signer. Nous nous gardions rigoureusement de la moindre intervention thérapeutique : nous ne pratiquions que des injections préventives. A partir de 1910, ces demandes d'injections sont devenues plus nombreuses : telle école, désertée par crainte de l'épidémie, se remplit maintenant plus que jamais quand les parents apprennent qu'on va « vacciner ».

Ainsi, en même temps qu'apparaissaient davantage les inconvénients déjà bien connus de la vieille méthode du licenciement hâtif (dissémination des porteurs de germes, suppression de toute surveillance, passage dans une autre école, etc.), la sérophylaxie se montrait de plus en plus capable d'éviter, dans bien des cas, ce licenciement, contre lequel les instituteurs et les médecins, les parents et les élèves eux-mêmes ne cessent de protester.

Aussi avons-nous pu nous contenter, grâce à la surveillance et au sérum, d'abord de prescrire des *licenciements partiels* (classes plus spécialement contaminées dans une même école ou dans un même groupe scolaire), et, finalement, de *supprimer tout licenciement*, nous contentant de la *sérophylaxie*, aidée de la surveillance clinique et même bactériologique des gorges et surtout des nez.

· C'est ce qui fut fait notamment en 1909-1910 dans deux écoles maternelles, deux écoles primaires (une de filles et une de garçons), une école privée (maternelle), et en 1910-1911 dans quatre écoles maternelles et quatre écoles primaires de filles.·

En tout, 470 enfants reçurent des injections préventives, 500 reçurent le sérum sous la forme de dragées, plus de 50 évictions furent ordonnées, plus de 75 examens bactériologiques pratiqués dont certains à plusieurs reprises chez les mêmes enfants, convalescents ou porteurs sains de bacilles, qu'on isolait jusqu'à ce que l'antisepsie nasopharyngée (notamment. inhalations iodées, gaïacolées, thymolées) les ait rendus inoffensifs.

Ces premiers essais permettent de comparer la méthode du sérum préventif à la méthode du licenciement, sans les opposer d'ailleurs absolument l'une à l'autre, car parfois (rarement) elles doivent mutuellement se compléter avec l'aide de la désinfection. Cette comparaison est tout entière à l'avantage de la sérophylaxie.

En effet, dans les écoles contaminées, puis *simplement licenciées*, même en totalité, sans sérophylaxie, nous avons vu la diphtérie récidiver facilement, désespérément, soit en cas isolés, soit plus souvent par cas multiples et groupés, et cela malgré les désinfections successives.

Au contraire, dans les écoles *licenciées et partiellement immunisées* par le sérum, si quelques cas isolés sont encore signalés ensuite, tous frappent uniquement des enfants dont les parents ont refusé l'injection préventive, à l'exception des autres, et parfois dans la même famille, en plein foyer contagieux.

Bien plus, si *nous licencions partiellement* ou même *si nous ne licencions pas du tout*, malgré plusieurs cas, en pleine épidémie de quartier, *la sérophylaxie à elle seule suffit* à arrêter l'épidémie, à condition d'être acceptée, au moins sous la forme de pastilles antitoxiques, par la plupart des parents, et d'être complétée par la surveillance des enfants et du personnel, et par la désinfection.

L'exemple suivant est particulièrement démonstratif : Deux écoles privées très voisines (une maternelle, une école primaire de garçons) échappant à notre inspection médicale, furent frappées par la diphtérie, sur les confins des communes de Lyon et de Villeurbanne, alors que la diphtérie sévissait particulièrement dans cette dernière commune. Au début de février 1911, puis de mars, puis du 12 au 25 avril, enfin les 9 et 15 mai, 12 cas furent signalés à l'école maternelle; à l'école de garçons, de même, on déclara 6 cas du 4 au 15 mai, surtout chez les frères, les sœurs, les voisins des précédents : il s'agissait d'une véritable et très importante épidémie de quartier. Une dizaine d'examens bactériologiques purent être pratiqués chez les enfants suspects, quelques injections purent être faites chez les frères et sœurs, des désinfections furent opérées, le licenciement de l'école maternelle dut être ordonné. Mais il y avait eu plusieurs décès. Pendant ce temps, la municipalité de Villeurbanne, suivant l'exemple donné à Lyon, défendait avec grand succès ses écoles par la sérothérapie préventive, aidée par les examens bactériologiques.

Or, dans le même quartier que ces deux écoles privées, dans le même milieu, à la même époque, une école municipale lyonnaise, située exactement entre les deux précédentes et tout à côté d'elles, malgré les échanges inévitables d'enfants, les rapports constants entre les familles, n'eut à déplorer qu'un cas en avril, un en mai, un en juin. Soumise régulièrement à l'inspection médicale scolaire, elle était particulièrement surveillée, elle fut désinfectée; mais, surtout, un très grand nombre des enfants fréquentant cette école avaient, à la fin de l'année précédente et à l'occasion de quelques cas antérieurs, reçu du sérum antidiphtérique, soit en injections, soit en dragées, et leurs parents avaient, dès cette époque, été initiés à la défense scientifique contre la diphtérie. L'immunité semblait ainsi avoir été plus durable qu'on ne le croit généralement; de même, Lesage estime que parfois elle peut être encore manifeste après 8 mois.

Cette petite histoire a la valeur d'une expérience. De tels faits montrent bien

toute la valeur de la méthode des injections préventives de sérum antidiphtérique.

Quant à l'emploi du sérum en dragées ou en prises, s'il ne peut suffire à
immuniser efficacement tout l'organisme (Nicolas et F. Arloing, *Soc. de Biol.*,
1899), il possède une action locale indiscutable (Salathé, 1894; L. Martin, *Soc.
de Biologie*, 1903; Dopter, *Soc. méd. des Hôp. de Paris*, 1905; L. Thévenot,
Lyon médical, 5 juin 1910). Nos tentatives dans ce sens ont été couronnées
de succès. Si Gindes ne croit pas à son efficacité, Darier le recommande même
dans les affections oculaires. Nous continuons à conseiller l'usage de dragées
antitoxiques lorsque nous ne pouvons pas faire accepter les injections.

Voici, maintenant, confirmant pleinement nos propres résultats, un travail
très intéressant que nous devons à l'obligeance de MM. Barret et Benedic,
de Brienne-le-Château (Aube). Nous avons eu connaissance de leurs essais par
M. Louis Martin. Nous avons tenu à reproduire *in extenso* la Note qu'ils ont bien
voulu nous adresser.

SÉROPHYLAXIE ANTIDIPHTÉRIQUE A BRIENNE.

« Du mois d'octobre 1908 à novembre 1909, 18 cas de diphtérie furent
signalés à Brienne-le-Château, à des intervalles variant de 15 jours à 3 mois.
Ces cas s'accompagnaient d'engorgement ganglionnaire très prononcé. Sur
ces 18 cas, il y eut 6 décès par embolie ou intoxication subite des centres
nerveux vers le cinquième ou sixième jour, alors que les petits malades parais-
saient en bonne voie de guérison et ne présentaient plus de fausses membranes,
l'état général étant resté bon pendant tout le cours de la maladie. Le traitement
employé avait consisté principalement en injections de sérum plus ou moins
répétées. Chaque maison était désinfectée au moyen de fumigations de formol
et les linges et vêtements passés à la lessive bouillante. Ces précautions n'em-
pêchaient cependant pas de nouveaux cas de se produire.

» Voyant la gravité de l'épidémie et le taux élevé de la mortalité (33,33 %),
les docteurs Benedic et Barret décidèrent de demander l'avis de M. le Dr L.
Martin, de l'Institut Pasteur, qui se mit à leur disposition et vint sur place
étudier la marche de cette épidémie et les moyens de l'enrayer. Avant son
voyage à Brienne, le Dr L. Martin avait été mis en possession de fausses
membranes de plusieurs enfants atteints et l'analyse bactériologique avait
montré chaque fois : bacilles diphtériques et streptocoques.

» Après avoir été mis au courant de l'histoire de l'épidémie et de toutes les
circonstances se rapportant à chaque cas, M. Martin conseilla les injections
préventives de sérum antidiphtérique à tous les enfants de la ville jusqu'à
l'âge de 14 ans, en laissant de côté les nourrissons de moins d'un an et mit à la
disposition des médecins le nombre nécessaire de flacons de sérum de 10 cm².

» Dès leur réception, les Drs Benedic et Barret effectuèrent à domicile en
quelques jours les injections recommandées sur 350 sujets environ. 12 enfants
échappèrent à cette mesure prophylactique par le mauvais vouloir des parents
et leur crainte irraisonnée du sérum.

» Ces injections furent pratiquées dans le flanc avec toutes les précautions
d'asepsie et d'antisepsie d'usage : flambage des aiguilles et désinfection de la
peau par un mélange à parties égales d'éther et de liqueur de van Swieten, si
bien qu'aucun accident imputable à un défaut d'asepsie ne fut signalé.

» Les injections faites, voici les phénomènes auxquels elles donnèrent lieu : Immédiatement après la piqûre et dans les heures suivantes, quelques enfants présentèrent une légère réaction fébrile. Mais la grande majorité n'en fut pas incommodée et ne garda pas la chambre.

» A partir du huitième jour jusqu'au vingtième, 8 % des enfants ayant reçu l'injection présentèrent des éruptions polymorphes soit localisées au niveau de la piqûre (abdomen et cuisses), soit généralisées, affectant la forme, tantôt de la rougeole, tantôt de l'urticaire; certains accusèrent des douleurs articulaires sans gonflement, le tout avec accompagnement de fièvre et d'embarras gastrique. Les parents avaient été prévenus des conséquences éventuelles de l'injection et ne s'en effrayèrent pas. D'ailleurs, les éruptions disparaissaient rapidement en 2 ou 3 jours avec tout leur cortège.

» Ce sont là les seuls accidents constatés. Ils n'eurent rien de grave et doivent être considérés comme tout à fait négligeables en face du résultat obtenu.

» *En effet, du jour où furent pratiquées les injections préventives, il n'y eut plus un seul cas de diphtérie à Brienne-le-Château, de décembre* 1909 *à la date actuelle,* 20 *juillet* 1911.

» Les docteurs Benedic et Barret, encouragés par cette expérience qui leur parut décisive, eurent l'occasion de la répéter.

» Dans la commune de Maizières-les-Brienne, un cas de diphtérie fut soigné en juillet 1910; l'analyse bactériologique fut faite à l'Institut Pasteur. Deux nouveaux cas, dont un mortel (médecin prévenu trop tard), se déclaraient en janvier 1911. Peu de jours après, tous les enfants du village, 58 exactement, étaient injectés préventivement, même les nourrissons, mais ceux-ci ne recevaient que 5 cm^3 de sérum.

» Les accidents éruptifs et articulaires se présentèrent dans la même proportion qu'à Brienne (8 %) et avec la même bénignité. Les injections eurent le même résultat; dès qu'elles furent pratiquées, l'épidémie s'arrêta.

» Nouvelle épidémie dans la commune de Petit-Mesnil vers la fin de mai 1911. Jusqu'au 27 juin 1911, 4 cas dans des familles différentes dont un décès par néphrite-anurie. Il y avait eu 1 cas en 1909 et 2 en 1910.

» Le 27 juin 1911, tous les enfants de la commune (50) reçurent une injection de 10 cm^3 de sérum au-dessus d'un an, et de 5 cm^3 au-dessous d'un an. Après les injections, on remarqua les mêmes accidents et la même proportion que dans les deux séances précédentes. Il n'y eut plus de nouveaux cas de diphtérie. Dans ces communes, les injections furent faites à la mairie avec l'accord et l'aide de la municipalité.

» *En résumé,* de ces trois séances d'injections préventives, une seule est probante, c'est celle faite à Brienne-le-Château, car elle date de plus d'un an et demi. Les deux autres sont cependant intéressantes, car elles laissent prévoir les mêmes résultats, *l'épidémie étant arrêtée* dans les communes où elles furent pratiquées; elles montrent aussi *l'absence d'accidents* sérieux après l'injection de sérum antidiphtérique. Ces *expériences portent sur* 450 *sujets environ.* »

III. — *Accidents possibles. Contre-indications.* — A la pratique de la sérothérapie préventive dont nous venons de prouver les excellents résultats dans les écoles et dont personne ne pourrait sérieusement contester l'utilité en général, quelques auteurs opposent cependant la possibilité d'accidents tout à fait exceptionnels, mais dont la gravité (on aurait signalé des cas mortels) serait telle qu'ils constitueraient parfois un véritable danger, une très réelle contre-indication. On vient de lire que MM. Barret et Benedic auraient observé à Brienne quelques-uns de ces accidents, mais tous sans importance.

La question des accidents de la sérothérapie, déjà soulevée par Roux au *Congrès de Budapesth* en 1894, a été traitée bien souvent. Toute la deuxième Partie de la Thèse de S. Leibovici (Paris, 1907-1908) est consacrée à cette étude. Avec lui, il convient d'écarter tout un groupe d'accidents érythémateux « ne dépendant pas du sérum, mais qui sont de véritables maladies contagieuses surajoutées à la diphtérie »; ceux-là existaient chez les diphtériques même avant la découverte de la sérothérapie (Hutinel); on ne les rencontre guère chez les enfants *vraiment sains* injectés préventivement. Il n'en est pas de même de certains accidents « véritablement sériques », mais légers (urticaires et autres exanthèmes), de la Sérum-Krankheit, parfois plus sérieuse, de von Pirket et Schik, du syndrome observé surtout à la suite des réinjections (anaphylaxie de Richet), spécialement avec certains sérums (Besredka). Heureusement, ces accidents ne sont guère observés chez les écoliers. Plus l'enfant est jeune, mieux il supporte le sérum (Besredka, Lesage).

La conclusion pratique de Leibovici est la suivante : « Les injections préventives de sérum antidiphtérique sont d'une parfaite innocuité. On n'obtient que rarement des accidents légers et fugaces d'urticaire ». La « sérophobie » n'est pas justifiée, surtout avec l'emploi des sérums français.

De même, Louis Martin (*loc. cit.*) conclut ainsi une discussion semblable : « Les accidents sériques sont généralement bénins et ne peuvent en rien limiter ce merveilleux traitement ». A fort juste titre, cet auteur fait des distinctions nécessaires : pour lui, les symptômes sériques précoces graves ne se voient pas en général chez les enfants; quant aux symptômes tardifs, extrêmement rares chez les très jeunes sujets, ils n'existent que dans la proportion de 4 % chez les enfants sains (non tuberculeux, par exemple) et sont généralement passagers et peu importants. Si la sérothérapie a pu s'accompagner d'accidents, c'est surtout chez l'adulte : les enfants en sont presque toujours indemnes. L'influence de l'état antérieur du sujet (tuberculose, inoculations précédentes, etc.) rend compte de ces faits et explique que les accidents soient observés à l'hôpital, et non à l'école.

Aussi, pour L. Martin, la conduite à tenir est bien simple : Qu'on n'abuse pas du sérum sans raison chez les adultes, rien de mieux, puisque les accidents sériques peuvent être sévères chez eux, et puisque la surveillance et les examens bactériologiques répétés peuvent permettre dans bien des cas de se passer chez eux de sérothérapie; les accidents seraient particulièrement à craindre dans certains cas (tuberculeux [1] angines non diphtériques, etc.); pour les éviter, on fera bien d'employer les différents moyens connus (sérum vieilli et chauffé, etc.). Mais, chez les enfants, qui peuvent sans inconvénient recevoir 5 cm³ de sérum antidiphtérique sous la peau, ce serait une grande faute de ne pas injecter ceux de moins de 2 ans vivant en milieux contaminés surtout lorsqu'en même

[1] Nous croyons aussi à l'influence prédisposante de la tuberculose en pareil cas. Cependant Rist ne pense pas que « la tuberculose crée un état de sensibilité spéciale à l'égard des injections sous-cutanées de sérum de cheval », (*Bull. Soc. d'ét. scientif. Sur la tuberculose, juillet* 1901, p. 185).

temps ils ont certaines maladies prédisposantes, comme la rougeole. En cas de diphtérie maligne épidémique, on fera même bien d'inoculer tous les enfants au-dessous de 15 ans; il conviendra, bien entendu, de ne pas aller au-devant des accidents sériques, de tenir compte des inoculations antérieures et de se rappeler que les sérums étrangers injectés peuvent persister dans le sang pendant 10 à 5o jours (*Thèse* de Lemaire) et prédisposer ainsi à l'anaphylaxie.

Cette importante question des accidents des diverses sérothérapies fut reprise au dernier Congrès français de Médecine (Paris, octobre 1910). M. L. Martin y soutint encore ses conclusions précédentes : la réinoculation est le plus souvent inoffensive, elle ne donne presque jamais d'accidents graves chez les enfants; il ne faut pas hésiter à réinoculer les enfants, mais chez l'adulte on ne doit pas abuser des injections préventives. Cette manière de faire est à peu près aussi celle du professeur Landouzy.

Au même Congrès, M. Netter, tout en reconnaissant la possibilité des accidents de réinoculation, même à long terme, recommande cependant d'inoculer quand même lorsqu'il le faut, mais en mettant en œuvre les différents moyens connus pour empêcher autant que possible ces accidents [chlorure de calcium (¹), lavements de sérum (Valet), chauffage (Rosenthal), etc.]

Un cas grave, mais non mortel, d'accidents de réinoculation fut communiqué par Labbé; Salomon et Paris firent connaître un fait de tuberculose pulmonaire activée par des injections thérapeutiques de sérum antidiphtérique.

De même, à la Société de Médecine du Nord, le 10 février 1911, M. Magnin relatait un cas d'œdème pulmonaire suraigu mortel chez un garçon de 4 ans, atteint d'angine banale, à la suite d'une injection préventive de sérum antidiphtérique.

Un de nos confrères nous communiquait récemment un fait analogue : un enfant ayant reçu 5 cm³ de sérum préventivement fut atteint quelques semaines plus tard d'angine *phlegmonneuse* grave; son médecin crut devoir injecter 10 cm³ de sérum antidiphtérique : rapidement, l'enfant fut pris de collapsus, de refroidissement des extrémités; malgré cet état alarmant, l'enfant ne tarda pas à guérir.

Hâtons-nous de dire que notre statistique personnelle d'injections *préventives* chez des enfants *sains* (écoles) ne comporte aucun insuccès, ni aucun accident. Il n'en est pas toujours de même à l'hôpital, notamment chez les tuberculeux; mais ce n'est pas ici le lieu de discuter cette question très différente Quant à la méthode de l'ingestion de dragées antitoxiques, elle est tout à fait inoffensive.

D'ailleurs, lorsqu'ils existent, les accidents immédiats sont vraiment bien peu importants, en comparaison du danger que ferait courir à l'enfant injecté la diphtérie dont le sérum le préserve à ce prix.

Si quelque accident était à craindre, ce serait plutôt l'anaphylaxie à distance, plus tard à l'occasion d'une nouvelle inoculation, redevenue nécessaire, de sérum antidiphtérique ou autre, dans un but prophylactique ou thérapeutique (Magnin, Francioni, Markusow et Agopoff). Même en pareil cas, les accidents sont rares et peu importants, et nous avons signalé plus haut quelques moyens capables de les prévenir (Besredka, Leibovici, *Thèse* p. 107).

(¹) *Voir* la Thèse de Mme GOURALSKA, Paris, 20 juillet 1911 : *Sur les éruptions sériques et le chlorure de calcium.*

Et puis, même s'il était bien prouvé que la sérophylaxie a été, très exception-nellement, la cause de quelques accidents individuels graves, serait-il légitime de priver la collectivité scolaire de l'aide précieuse que peut lui fournir le sérum contre une maladie si contagieuse et si souvent mortelle que la diphtérie? Les insuccès ou les accidents rarissimes du traitement pastorien doivent-ils empêcher les personnes mordues de s'y soumettre? Supprime-t-on la vaccination antivariolique parce qu'elle a présenté parfois quelques inconvénients? Toutes les actions biologiques sont exposées à des accidents, à des insuccès, à des échecs partiels; ce n'est pas une raison pour les condamner, pour les récuser en général. Une fonction aussi physiologique que la maternité présente, elle aussi, ses incidents, ses accidents, ses deuils; est-ce une raison pour qu'on ne fasse plus d'enfants ?

De même, la défense de la collectivité scolaire doit continuer à lutter scientifiquement contre les maladies épidémiques, même au prix de quelques accidents, d'ailleurs rares, et en cherchant, bien entendu, à les éviter de plus en plus. Agir autrement serait se rendre responsable d'un bien plus grand nombre de cas malheureux, de contagions et de morts !

Conclusions. — Dans les écoles contaminées par la diphtérie, l'emploi du sérum antidiphtérique est *indiqué* au moins chez les plus jeunes enfants (écoles maternelles, classes enfantines, basses classes, etc.) et chez les sujets plus particulièrement exposés à la contagion (parents ou voisins des malades ou des douteux, angines, coryzas et autres symptômes suspects, rougeole, etc.).

La sérophylaxie *locale* (dragées, pastilles ou prises de sérum), aidée de soins d'antisepsie, peut être très utile et ne comporte aucun accident.

Si l'on emploie la méthode des *injections* [sous-cutanées (5 cm³), évidemment plus active, il convient de s'entourer des précautions suffisantes pour se mettre à l'abri des quelques *accidents* exceptionnels possibles et notamment de l'anaphylaxie : choix et préparation du sérum, chlorure de calcium, examen des antécédents (carnet de santé), prudence spéciale chez les prédisposés (injections antérieures de sérum, tuberculose, etc.).

La sérothérapie préventive doit être accompagnée des autres mesures de prophylaxie rationnelles : recherche clinique et bactériologique des porteurs de germes, éviction des parents, voisins, suspects; désinfection des locaux, livres, jouets, individus, etc.

Ainsi complétée et appliquée avec prudence, la sérophylaxie peut permettre le plus souvent de *se passer de licenciement*, dont les inconvénients sont si nombreux, et qui donne de moins bons résultats dans la lutte contre les épidémies scolaires.

M. H. DE MONTRICHER.

(Marseille).

ÉPURATION DES EAUX D'ALIMENTATION DE LA VILLE DE MARSEILLE.

663.63 (44.91 Marseille)

1ᵉʳ *Août.*

La question d'épuration des eaux de boisson est plus que jamais à l'ordre du jour et les systèmes à appliquer sont l'objet d'études et de concours du plus haut intérêt.

La ville de Marseille, ayant formé le projet d'épurer les eaux de boisson dérivées de la Durance, ouvrit un concours avec essais de systèmes concurrents qui durèrent 6 mois. Les Commissions d'ordre technique et administratif qui eurent mission d'apprécier les résultats des procédés employés conclurent à la stérilisation de l'eau avec clarification préalable. Elles retinrent, dans l'espèce, comme procédés de stérilisation, l'emploi de l'air ozoné et de la lumière ultraviolette, et, comme système de clarification, la préfiltration à deux stades, à savoir le dégrossissage et la filtration rapide sur sable de finesse moyenne à 10 m³ par mètre carré et par jour.

Les procédés de stérilisation par l'ozone ont fait leurs preuves et les essais à la lumière ultraviolette, à Marseille, et ailleurs, sont assez encourageants.

Les municipalités auront à choisir, suivant les circonstances, entre ces deux systèmes; mais ce qui paraîtrait plus délicat, ce serait le choix du procédé préparatoire de clarification.

S'il s'agit de sources, de nappes souterraines ou de galeries filtrantes latérales aux rivières, le problème est généralement assez simple, l'eau est suffisamment claire pour se passer du traitement préalable. Il faut noter toutefois que la transparence et la limpidité de l'eau doivent être plus parfaites, plus poussées en vue du traitement par les rayons ultraviolets que par l'ozone, la moindre trace de turpidité faisant obstacle à la pénétration des rayons dans la masse liquide.

Mais où le problème se complique, c'est quand les eaux proviennent directement de cours d'eaux ou de canaux à ciel ouvert.

Quand les eaux de distribution municipale sont puisées à même les rivières qui traversent l'agglomération à desservir, le système qui s'impose généralement est celui de la préfiltration à deux et même trois stades, telles les villes de Paris, du Mans, d'Arles, etc.

Lorsque les eaux ne sont pas puisées à même la rivière, mais parviennent aux bassins de distribution après des parcours plus ou moins

****12

longs en dérivations à ciel ouvert ou en conduites fermées, on peut avoir recours à divers systèmes.

Le canal de Marseille dérivé de la Durance, ouvert en 1847, se trouve dans ce cas, et il est intéressant de se livrer à une enquête sur le système auquel, après bien des essais, la ville de Marseille s'est arrêtée avant les essais institués en 1910.

Les eaux de la Durance sont limoneuses. D'après Hervé Mangon, cette rivière charrie annuellement plus de 12 millions de mètres cubes de vases qui, envahissant le Rhône, vont sans cesse agrandir le delta de la Camargue.

La teneur en limons des eaux du canal de Marseille varierait de 1,8 litre (Barral) à 2,6 litres (Pascal) par mètre cube d'eau. Pour une portée moyenne de 10 m³ par seconde, l'apport annuel des vases serait donc compris entre 500.000 et 800.000 m³.

La question de la clarification et de l'épuration des eaux s'est donc posée dès la mise en service du canal et la première étude a porté sur la composition chimique et physique de ses limons.

MM. Barral, inspecteur général de l'agriculture, F. de Montricher, P. de Gasparin, Pascal, Bonnet, Imbeaux, ingénieurs des Ponts et Chaussées, H. de Montricher, ingénieur civil, Gastine, ingénieur agronome, ont successivement étudié les limons de la Durance.

La série presque complète des étages géologiques se trouve représentée dans le vaste bassin de la Durance depuis les schistes cristallins du Pelvoux jusqu'aux roches tertiaires de Manosque et d'Apt. Les massifs supérieurs sont constitués par les euphotides et les serpentines du mont Genèvre, par le Silurien qu'elles traversent en masses éruptives, par le Carbonifère, le Permien, le Trias et le Lias. En aval de Gap, la Durance ne reçoit plus que des affluents issus des massifs jurassiques, crétacés et tertiaires.

Les limons de la Durance originaires de ces divers terrains comportent en proportions considérables des sables quartzeux, à éléments feldspathiques et micacés, des calcaires et, en proportions plus faibles, des argiles plus ou moins ferrugineuses.

Leur ton gris foncé est dû en grande partie aux marnes jurassiques et friables qui occupent une portion étendue du bassin de la Durance.

Au point de vue physique, les limons sont composés de peu de sable et de beaucoup d'éléments fins et impalpables.

Voici une analyse physico-chimique d'un limon de crue (8,8 kg par mètre cube d'eau) (Gastine) :

Gros sable 9,72 %.........	Siliceux	5,03
	Calcaire	4,34
	Débris organiques...	0,35
Impalpable 90,28 %.......	Siliceux	37,04
	Calcaire	38,44
	Argile	14,00
	Humus	0,00
	Humidité	0,80

Au point de vue chimique, il convient de signaler la chaux, 23,750 %, et la silice, 34,253 %.

D'autre part, la composition chimique de l'eau de la Durance dénote des qualités d'eau de boisson tout à fait normales et satisfaisantes.

ANALYSE GASTINE (1893).

Analyse sur 1 litre d'eau non décantée ni filtrée.

Titre hygrométrique	21°,3
Résidu fixe à 110°	292,00 mg
Acide sulfurique	72,00 —
Chaux	83,80 —
Magnésie	19,80 —
Potasse	2,70 —
Acide phosphorique	0,17 —
Chlore	12,90 —
Silice	6,80 —
Acide nitrique	0,89 —
Ammoniaque	0,16 —

En outre, l'absence presque absolue de matières organiques est à remarquer et l'on cite des exemples de conservation de l'eau dans des récipients ouverts, pendant des années, sans qu'il se soit produit le moindre louche et que la moindre odeur de putréfaction se soit dégagée.

ANALYSE DAVID (pharmacien militaire).

Analyse sur 1 litre d'eau partiellement décantée,
prise au bassin de distribution de Longchamp (1893).

Gaz dégagé par l'ébullition : 36,05 cm³ ...	CO²	15,00 cm³
	O	6,25 —
	Az	14,80 —
Composition de l'air dissous	O	29,50 —
	Az	70,50 —
Résidu séché à 120°		363,00 mg
Résidu calciné		258,00 —
Matières organiques et produits volatils		105,00 —
Oxygène de permanganate absorbé par les matières organiques		2,80 —
Degré hydrométrique		18°
Degré après ébullition		9°
Chaux 0,0684 g — Carbonate		56,60 mg
Sulfate		91,00 —
Magnésie		10,00 —
Chlore		16,50 —
Acide sulfurique anhydre		93,00 —
Ammoniaque libre		0,10 —
Ammoniaque albuminoïde		0,30 —
Nitrates		traces
Nitrites		traces légères

. La question de clarification des eaux du canal de Marseille devait donc se poser, dès le début, préalablement à la question d'épuration.

Après une série d'expériences, la ville de Marseille s'arrêta au système de clarification progressive des eaux par une série de décantations consécutives ou réservoirs de grande capacité suivie de filtration pour les eaux de consommation.

Les bassins de Ponserot, de Valloubier, de la Garenne et de Sainte-Marthe, d'une capacité totale de 350000 m³, furent installés, dès la mise en service du canal et les vallées de Saint-Christophe et du Réaltor, traversées ou côtoyées par le canal, furent destinées à constituer des réservoirs décanteurs d'une capacité vingt fois plus considérable.

Le filtre fort bien étudié était établi au bassin de Longchamp, tête de la distribution des eaux de boisson, construit sur deux étages de voûtes et agencé de manière à permettre les vidanges rapides et nettoyages, et l'accès systématique de l'eau au moyen d'appareils régulateurs de débit. Il comportait des lits filtrants constitués par une couche de sable fin superposée à des matériaux de diamètres grossissants de haut en bas, le tout supporté par une forte couche de moellons bruts.

L'appareil, devançant son époque, était construit suivant toutes les règles de la technique moderne. Cependant, l'apport des limons fut tel qu'il fut rapidement colmaté après quelques années de fonctionnement. Sans doute, si l'appareil complet de décantation échelonnée, comportant les grands réservoirs de Saint-Christophe et du Réaltor, mesurant ensemble 6 millions de mètres cubes, avaient pu être mis en état de fonctionnement plus tôt, le filtre de Longchamp aurait pu fournir une plus longue carrière. Mais il a duré assez longtemps pour faire reconnaître en principe les défectuosités du système.

Les eaux de la Durance contiennent, en effet, comme nous l'avons établi plus haut, outre une proportion variable de calcaire, des matières en suspension provenant des dégradations de roches éruptives très finement moulues par leur roulement à travers les graviers de la Durance, de manière à être impalpables, matières encombrantes, mais lourdes, plus justiciables de décantations échelonnées que de procédés de filtration, quelque perfectionnés soient-ils.

Non que la filtration laisse passer les matériaux impalpables se mesurant par microns (millièmes de millimètres), les dernières expériences du concours de Marseille ont donné lieu à des eaux parfaitement clarifiées par les divers systèmes, dont quelques-uns quelque peu rudimentaires; mais ce qui est à redouter, c'est le rapide colmatage de ces appareils.

A moins toutefois que l'eau leur soit fournie claire par décantations préalables, mais alors leur emploi toujours coûteux ne serait pas justifié.

Ce sont ces considérations qui prévalurent dans le programme adopté par la ville de Marseille pour les grands réservoirs de décantation, le Réaltor et Saint-Christophe, inaugurés le 18 juin 1869 et le 8 octobre 1883.

Ce programme était arrêté en principe lors de la construction du filtre de Longchamp; celui-ci ne devait donc servir, en définitive, dans l'esprit de l'auteur du canal de Marseille, qu'à parachever la décantation par un procédé d'épuration complémentaire, tout au moins au point de vue de la teneur des eaux en matières organiques, sinon en microbes, le monde nouveau des infiniment petits étant encore à découvrir. Les progrès de la science moderne permettent de substituer, à cet effet, des systèmes autrement efficaces et économiques à celui qui, en 1853, constituait la plus heureuse des innovations.

En 1870, peu après l'inauguration du Réaltor, le Conseil municipal, pour dégager sa responsabilité, ordonna une enquête qui fut confiée à MM. Bonnet, inspecteur général; Monnet et Pascal, ingénieurs des Ponts et Chaussées.

Le rapport de ces ingénieurs conclut au maintien de la décantation échelonnée, à l'exclusion des procédés de filtration (il s'agissait alors de filtration à travers les graviers de la Durance par galeries latérales).

« On ne peut révoquer en doute, dit ce Rapport pour répondre à certaines objections qui se produisirent à l'époque, que les eaux qui croupissent dans les marais ou dans les étangs se corrompent; mais les étangs et les marais ne recouvrent ordinairement que des quantités d'eau insignifiantes, souvent nulles en été. Ils sont le plus souvent encombrés par les herbes en putréfaction, dont on cherche d'autant moins à les débarrasser, que certains étangs sont remis périodiquement en culture et que les herbes pourries constituent un engrais précieux. Mais on ne peut assimiler à un étang ou à un marais une pièce d'eau telle que le bassin projeté à Saint-Christophe qui recevrait en un jour plus d'un tiers du volume d'eau qu'il retient, ni même le bassin du Réaltor, dont la capacité est de 4 500 000 m³. Ces vastes réservoirs doivent être plutôt comparés à des lacs constamment traversés par des courants d'eau saine et abondante, et personne n'ignore que les villes bâties sur les rives des lacs, Genève, Lausanne, Annecy, Neufchâtel, sont considérées comme des stations éminemment salubres, que les eaux qu'on y boit sont excellentes.

» Le lac de Genève a 70 km de long sur 13 km de large. Il reçoit les eaux du Rhône chargées d'un épais limon. Ces eaux déposent à leur entrée dans le lac les matières qu'elles tiennent en suspension et y forment, il est vrai, un marais insalubre. Mais à mesure que les eaux avancent dans le lac, elles se dépouillent de toutes ces matières étrangères et elles en ressortent dans un état de pureté et de limpidité parfaites. On peut alors les considérer comme absolument inaltérables. »

L'appareil de décantation échelonné des eaux du canal de Marseille comporte donc une série de trois grands réservoirs sur la branche mère et, à chacun des deux points terminus, têtes de distribution des eaux de boisson, un réservoir complémentaire.

La nature semble avoir singulièrement favorisé l'exécution du programme municipal en permettant à cet effet l'utilisation de trois ravins ou vallées qui sont très heureusement disposés pour leur destination.

Le réservoir n° 1 (Ponserot), établi à quelques kilomètres de la prise, sur Durance, est constitué par un ravin profond à parois rocheuses lisses et fort déclives; sa faible capacité, ↦20000 m³ environ, ne permet, en raison du débit actuel, qu'un séjour de 2 heures environ. Mais les chasses latérales pratiquées par un canal de ceinture ramènent facilement les vases dans le thalweg qui aboutit à la Durance. Moyennant quatre nettoyages par an, le réservoir n° 1 élimine 25 ou 30 % du volume des vases. Il remplit les fonctions d'un premier dégrossisseur.

Le réservoir n° 2 (Saint-Christophe), d'une capacité de 1 400000 m³, décante les eaux du canal de la Durance en leur faisant subir un repos de 38 heures. Son pouvoir clarificateur est de 90 à 92 %, soit de 95 % en tenant compte du dégrossisseur n° 1.

On procède à son nettoiement par chasses latérales et vidange rapide en Durance au moyen de siphons déversoirs et de bondes de fond dont l'action combinée donne lieu à un débit de 38 m³ par seconde, d'eau mélangée de vases.

On assure de la sorte, à intervalles réguliers, l'évacuation méthodique et par grandes masses et le retour à la Durance des vases accumulées dans le bassin.

C'est dans le réservoir n° 3 (le Réaltor), d'une capacité de 4 258 885 m³, que s'opère la décantation définitive des eaux du canal allégées de 95 % de leur turpidité par les deux stades de dégrossissement.

Les eaux y subissent un arrêt de 120 heures et la réserve disponible de 1 800000 m³ au-dessus des prises de sortie peut subvenir aux besoins les plus urgents de la ville de Marseille pendant une dizaine de jours.

Le réservoir du Réaltor est donc destiné à parachever la clarification des eaux décantées ou dégrossies au 95 % et à rendre, au canal après dépouillement de toute particule solide par un repos de 5 jours, des eaux claires et limpides, comparables à celles du Rhône à la sortie du lac de Genève.

Malheureusement, il s'est trouvé que la construction du réservoir n° 3 (le Réaltor) a précédé de 14 ans celle du réservoir n° 2 (Saint-Christophe); c'était mettre la charrue avant les bœufs. Il est résulté de cette anomalie que les limons se sont accumulés dans le Réaltor pendant 14 années consécutives et à raison de 3 à 400000 m³ par an, sans issue possible, la topographie des terrains ne s'y prêtant pas.

Le réservoir s'est donc envasé au point de devenir indisponible; les limons l'ont envahi de manière à émerger en îlots fangeux, de telle sorte que les eaux dégrossies et clarifiées par les deux premiers stades se salissent et se polluent à nouveau par leur séjour dans le Réaltor.

Pour remettre les choses en leur état normal et régulier, il y aura lieu de procéder au plus tôt au dévasement du Réaltor, travail urgent et indispensable, mais exceptionnel, évalué suivant un projet municipal récemment adopté, à 1 million environ, dépense une fois faite pour des travaux sur lesquels il n'y aura plus à revenir, sans risque de nouvel engorgement par les vases.

Les eaux destinées à l'alimentation sont recueillies par des prises spéciales sur la branche mère en deux bassins particuliers établis aux cotes 89 m et 135 m pour desservir tous les quartiers de la ville de Marseille qui s'étendent sur une série de collines et de vallonnements. Avant d'être livrées à la consommation, elles sont donc soumises à une nouvelle et dernière décantation comportant un séjour moyen de 48 heures au minimum.

Toutefois, de même que les procédés de filtration les plus perfectionnés, la décantation, même à stades de dégrossissages successifs, n'assure pas ou que très incomplètement, suivant les exigences de la science moderne, l'épuration bactériologique des eaux. On ne doit la considérer en tout état de cause que comme traitement préparatoire. Une correction complémentaire et définitive, donnant toute garantie de sécurité, devra consister à soumettre les eaux décantées et exemptes de toute turbidité, de même que les eaux filtrées, aux procédés de stérilisation actuellement entrés dans la pratique industrielle courante.

Actuellement, l'eau de boisson qui alimente la majeure partie de la population, représentant un contingent journalier de 108000 m³, est dérivée de la branche mère, en amont des agglomérations populeuses et industrielles des faubourgs et de la banlieue, et amenée par canalisation fermée en tête du réseau de distribution après avoir été soumise à un procédé de décantation spéciale consécutive aux trois stades de décantation générale.

Cette décantation spéciale ne peut être très efficiente, étant donné le mauvais fonctionnement de la décantation générale.

La Commission technique municipale se livra à des recherches sur l'état de pureté et de contamination du canal de Marseille et conclut que la souillure de ses eaux, exprimée par le nombre de microbes par centimètre cube, croît graduellement de 1121 en amont du Réaltor, réservoir de décantation nᵒ 3 de la branche mère, à 2300 et 500 colibacilles par litre, en tête du réseau spécial de la distribution municipale.

Il est regrettable que la Commission technique n'ait pas porté plus haut son examen, à la prise en Durance et aux stades consécutifs antérieurs à celui du Réaltor, mais, telle qu'elle est, son enquête nous donne des renseignements précieux.

En examinant par le détail les numérations de microbes, nous les voyons croître de 1121 à 2015, c'est-à-dire presque doubler pendant le passage des eaux dans le bassin du Réaltor, puis subir des variations légères jusqu'à leur arrivée au réservoir de Sainte-Marthe, spécial aux eaux de boisson, en passant de 2015 à 2070, baisser ensuite à 1930 pendant leur séjour dans cet ouvrage, puis se relever pendant le trajet de ce point au bassin de distribution.

On voit, d'après ce qui précède, que la contamination s'accroît pendant le barbotage des eaux dans les vases émergeantes du Réaltor, et baisse, par contre, dans le réservoir terminus de Sainte-Marthe, récemment construit en maçonnerie et libre de vase; et il est permis de conclure de ces faits que si le Réaltor, dévasé, était mis à même de fonctionner normalement, l'épuration par simple décantation, complémentaire d'une parfaite clarification, serait assez poussée pour ne nécessiter, pour parachever le traitement, que l'application dans les conditions les plus favorables et les moins aléatoires d'un des procédés connus de stérilisation.

M. Samuel BRUÈRE,

Chimiste.

SUR UN FILTRE A SABLE A MARCHE ACCÉLÉRÉE ET NETTOYAGE RAPIDE, SYSTÈME VAN DER MADE.

628.16

1ᵉʳ *Août.*

Les filtres à sable non submergé mis à part, au point de vue de l'*épuration véritable* des eaux d'alimentation, la filtration par le sable est maintenant jugée. Tout le monde est d'accord pour la trouver insuffisante. Tout le monde est d'accord pour exiger des eaux d'alimentation qu'elles soient stérilisées, tout le monde, y compris les principaux constructeurs de filtres eux-mêmes qui, comprenant mal leurs intérêts, ont longtemps nié l'évidence, mais sont devenus, depuis, les agents de propagande les plus zélés du dernier en date des procédés de stérilisation.

Cependant, tous ces procédés, à l'exception d'un seul, qui, notre président, M. le Dʳ J. Courmont, nous en serait au besoin témoin [1], pourrait, à la rigueur, stériliser pratiquement une eau parfaitement trouble, tous ces procédés ont besoin, dans la majorité des cas, d'une filtration préalable, filtration qui peut, pour certains, ceux basés sur l'emploi de l'ozone, se borner à une clarification rapide, mais pour d'autres, ceux qui font intervenir la lumière violette, doit être si parfaite qu'on serait tenté d'en exiger même la *décoloration* de l'eau.

Avec les procédés actuels au sable submergé, la qualité d'une filtration est proportionnelle à sa lenteur.

La filtration parfaite des volumes d'eau exigés par l'alimentation des agglomérations, mêmes réduites, nécessite, par suite, de grandes surfaces, au moins égales à celles nécessaires pour obtenir la fameuse, autant qu'illusoire, réduction de 99 % du nombre des bactéries de l'eau brute.

La simple clarification peut, il est vrai, se contenter de surfaces bien moindres, à tel escient que l'usine municipale de la ville de Paris, à Saint-

---

[1] J. Courmont et L. Lacomme, *Rapport sur la stérilisation par l'ozone (système de Frise) des eaux de la Principauté de Monaco*, octobre 1908.

Maur, qui stérilisera, l'année prochaine, 90 000 m³ d'eau par jour, n'a prévu pour les clarifier que 18000 m² de filtres. Cependant tout procédé permettant de les réduire, dans l'un comme dans l'autre cas, présente un grand intérêt économique, sur lequel il n'est pas besoin d'insister.

C'est ce que réalise le filtre, à marche accélérée et nettoyage rapide, de M. Van der Made, qui, pendant plusieurs mois, au récent concours ouvert par la ville de Marseille pour la recherche du meilleur procédé

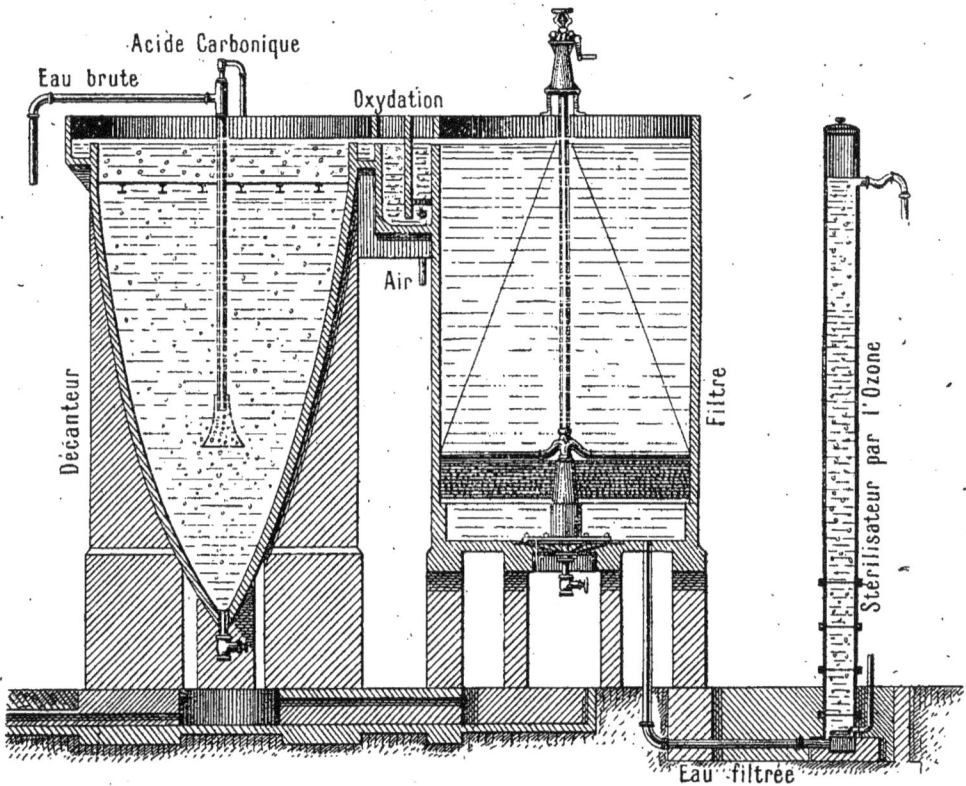

à appliquer à ses eaux d'alimentation, clarifiait l'eau, que stérilisait ensuite une des installations d'ozone. A l'épreuve classique de la lunette, l'eau qui l'avait traversé au régime, cependant fortement accéléré ([1]), de 1 m³ par heure et par mètre carré de surface, laissait, sous une épaisseur de 8 m., lire l'heure au cadran d'une montre.

Le système Van der Made se compose de deux appareils : un décanteur et un filtre proprement dit. Le décanteur revêt, extérieurement, la forme

---

([1]) Les filtres ordinaires, à sable submergé, donnent en marche normale (réduction bactériologique), 2,40 m³, en marche accélérée (clarification précédant un traitement à l'ozone) 4,80 m³, par mètre carré et par 24 heures.

d'un cylindre, mais, intérieurement, présente celle d'un demi-ovoïde. Dans l'installation de Marseille que, pour faciliter ma description, je prendrai pour type, construit en ciment armé, il a 7,50 m. de hauteur et 3,55 m. de diamètre à sa partie supérieure, l'eau brute y pénètre par un tuyau vertical placé dans l'axe et qui débouche, par une ouverture en forme d'entonnoir renversé, au premier tiers de la hauteur de l'appareil. Étant donnée la forme ovoïdale, le courant de l'eau diminue graduellement de vitesse au fur et à mesure qu'elle s'y élève. Dans cette ascension lente, les particules lourdes des boues se séparent et gagnent peu à peu le fond qui est muni d'une vanne, par laquelle on les évacue, tandis que, grossièrement décantée par ce trajet, l'eau, parvenue à la partie supérieure, se déverse en trop-plein dans un caniveau qui la conduit au filtre.

Le filtre, également en ciment armé, est un cylindre de 3,75 m. de diamètre intérieur et de 6,60 m de hauteur. A 0,60 m. du fond, une armature métallique supporte des dalles filtrantes sur lesquelles repose une couche de sable fin de 0,60 m. que l'eau traverse, à la vitesse indiquée plus haut de 1 m³ par mètre carré de surface, grâce à la hauteur de charge. Mais, à cette vitesse accélérée, un sable fin se colmate vite et le débit ne tarderait pas à se ralentir si n'intervenait un dispositif de nettoyage sous pression fort ingénieux, qui constitue la partie vraiment neuve du système et permet de procéder à cette opération sans arrêter, ni même sensiblement réduire, la filtration.

Dans l'axe du filtre et dans toute sa hauteur, descend un arbre creux qui, traversant sable filtrant et recette d'eau filtrée, se termine, extérieurement au fond, par une vanne en communication avec l'égout. Sur cet arbre creux, communiquant et formant croix avec lui, sensiblement à hauteur de la surface du sable, sont fixés deux tubes fermés à leur extrémité, mais fendus, face au sable, l'un à partir de l'arbre jusqu'à la moitié de sa longueur, l'autre à partir de cette moitié jusqu'à son extrémité. L'ensemble forme un tourniquet que, d'une plate-forme recouvrant la partie supérieure du filtre, on peut régler verticalement, à l'aide d'une vis sans fin, et faire tourner, à l'aide d'un engrenage à pignon et d'une manivelle.

Pour opérer un nettoyage, on ouvre la vanne d'égout, on s'assure que les bras du tourniquet sont à faible distance du sable, on les y descend au besoin au moyen de la vis sans fin, et l'on imprime à ce dernier un mouvement de rotation.

L'eau qui, sous la pression de toute la charge du filtre, s'est, dès l'ouverture de la vanne, ruée dans l'arbre creux par les ouvertures qui s'y trouvent pratiquées au voisinage du niveau auquel s'y raccordent les tubes constituant les bras du tourniquet, détermine un appel violent dans les fentes que ces bras présentent successivement à tous les points de la surface du sable, appel qui, par succion, entraîne le dépôt limoneux qui la recouvre. Quelques minutes suffisent à parfaire l'opération pendant laquelle, d'ailleurs, le filtre continue à fonctionner. De même, si, pour telle ou telle raison, on veut changer une partie du sable, il suffit d'abaisser, un peu plus et progressivement, le plan du tourniquet pour en entraîner l'épaisseur désirée. On la remplace, la vanne d'égout étant fermée, en versant dans le filtre une quantité égale de sable neuf, que quelques nouvelles révolutions du tourniquet étendent régulièrement sur toute la surface.

L'eau filtrée, je l'ai dit, est, malgré la vitesse de la filtration, parfaitement limpide; elle l'est même pendant le nettoyage, car cette opération, en outre de sa facilité, a l'avantage d'enlever la totalité des boues dont les diverses méthodes de nettoyage mécanique actuellement connues ne font, en réalité, que réduire la quantité, basées qu'elles sont toutes sur le lavage du sable.

Marche accélérée, nettoyage facile et complet sans arrêt, eau filtrée parfaitement limpide, tels sont les avantages dont l'appareil que je viens de décrire a fait preuve à Marseille sur les eaux de la Durance; mais ces eaux, bien que fortement chargées, sont relativement faciles à clarifier; d'autres le sont beaucoup moins et certaines même contiennent une forme spéciale d'argile qui exige une sorte de collage préalable. Le système Van der Made est muni d'un dispositif très simple permettant, le cas échéant, de procéder à cette opération, entre décanteur et filtre, suivant la formule d'Anderson.

En effet, presque au sommet du décanteur, un plateau perforé, supporté par des entretoises, est disposé pour recevoir des débris de fonte que l'eau, dès lors, est obligée de traverser lentement, en même temps qu'une proportion calculée de gaz acide carbonique, introduite comme elle-même par le tuyau central, se dégage en bulles multiples au sein de l'appareil. De la sorte, l'eau arrive chargée de sels ferreux (carbonate et composés organométalliques solubles) au caniveau qui la conduit au filtre. Dans les deux chambres qu'elle traverse pour y accéder, les combinaisons ferreuses sont détruites par oxydation à l'aide d'un courant d'air qui vient y barbotter, des composés ferriques se forment et déterminent un collage dont les flocons sont arrêtés par le filtre, sans qu'il en résulte l'inconvénient qui fit, parfois, abandonner le procédé Anderson, la facilité du nettoyage décrit plus haut permettant de parer au colmatage du sable.

M. Pierre LARUE,

Docteur de l'Université de Paris, Ingénieur agronome et hydrologue (Auxerre).

SUR L'EXAMEN DES PUITS.

2 *Août.*

614.777.91

Il est très difficile de se prononcer sur la valeur d'une eau potable envisagée seule. Quelle que soit, du reste, la conclusion de son examen, les consommateurs ne sont guère plus avancés s'ils ne savent comment améliorer leur eau, ni en trouver une autre meilleure.

En pratique, surtout si on le presse de conclure pour éviter du temps et des frais, l'hydrologue doit s'attacher à trouver des termes de comparaison.

La plupart des hameaux s'alimentent à des puits; nous sommes conduit le plus souvent à établir un parallèle entre eux.

Les comparaisons doivent porter :

1º Sur la situation topographique;

2º Sur le niveau des eaux dans les puits et les nappes ou mares voisines;

3º Sur la composition du sol;

4º Sur les températures des eaux, de préférence dans les saisons extrêmes;

5º Sur la dégustation;

6º Sur la composition chimique.

On pourra se contenter le plus souvent du dosage du chlore et des degrés hydrotimétriques qui peuvent se faire sur place ainsi que l'examen qualitatif portant sur l'ammoniaque et les nitrites.

Nous insisterons sur ce point que l'hydrologue privé ne peut employer les moyens onéreux qui sont à la disposition des grandes agglomérations.

Sous ces réserves, nous donnerons comme type d'examen le petit rapport suivant effectué à la suite d'une expertise qui n'a exigé qu'une journée de déplacement.

PARALLÈLE ENTRE DEUX PUITS DE PLATEAU DANS LA PUISAYE.

Situation topographique et géologique. — La ferme de la Dore ([1]) occupe un plateau s'inclinant en pente légère vers le Sud où, à 200 m, se trouve la manœuvrerie des Mais dépendant de la même propriété. La dénivellation totale entre les cours des deux habitations est de quelques mètres à peine. La cote d'altitude est de 200 à 210 m.

([1]) La discrétion professionnelle m'oblige à donner aux localités un nom fictif.

Dans les deux exploitations, le sol est constitué par des argiles tertiaires rapportées au Miocène, ne renfermant pas de cailloux.

A quelques mètres de profondeur se rencontrent les assises de l'argile à silex et sans doute aussi des poudingues siliceux qui affleurent dans la vallée de M..., au-dessus de la marne (craie de Joigny-Turonien), dont le banc doit se trouver à 12 ou 15 m, mais qu'on n'a jamais pu extraire, parce que l'eau envahit les puits qu'il serait nécessaire de creuser; il est à présumer qu'elle se trouve à 12 ou 15 m de profondeur.

Les deux puits de la Dore et des Mais sont situés en aval des bâtiments d'exploitation et à une vingtaine de mètres d'une mare.

A la Dore existe une fosse à purin en amont des bâtiments de la ferme; des rigoles y conduisent à contre-pente les urines des étables.

Il nous a paru qu'en l'absence de chéneaux, les eaux des toits augmentaient tellement le volume que la fosse doit déborder souvent. Le trop-plein se déverse dans un fossé à niveau qui l'éloigne de la ferme, mais devrait être surveillé.

Les margelles des puits sont à 0,50 m au-dessus du sol.

La profondeur totale du puits de la Dore est de 13,50 m, celle du puits des Mais, 6,55 m seulement.

Niveaux d'eau. — Le 16 mai 1911, date de notre visite, les niveaux d'eau étaient de 1,60 m en dessous de la margelle à la Dore et de 2,22 m au Mais.

Les variations de niveau sont très grandes à la Dore suivant la saison, ce qui confirme du reste la grande profondeur donnée au puits par rapport au niveau d'eau actuel.

La petite mare de la Dore a un niveau d'eau plus élevé de 0,75 m environ que l'eau actuelle du puits et la grande mare est à 0,40 m en dessus du niveau de l'eau du puits.

Aussi, bien que le sol soit compact, les communications ne sont-elles pas impossibles à cause de l'appel d'eau du puisage.

Dans les trous que nous avons fait creuser entre le puits et les mares, d'après les observations du fermier, l'eau se tenait à un niveau égal à celui du puits le 25 mai et supérieur de 0,20 m le 3 juin.

Températures relevées. — Le 16 mai après-midi, par temps orageux; après pluie dans la nuit, air 20° :

Puits de la Dore : 10°,5;   grande mare : 19°,5;
Puits des Mais :   9°;   mare voisine : 12°,5.

Le réchauffement du puits de la Dore semble anormal et laisse présumer un apport d'eaux superficielles.

Observations des habitants. — D'après M. C., fermier, l'eau n'a jamais été franche de goût et a toujours déposé à la cuisson. Cette situation se serait aggravée surtout depuis 2 ans.

En décembre 1909, on a curé la grande mare sans constater de modification dans la qualité de l'eau.

D'après Mme C., l'eau donne un goût vaseux aux boissons et à la cuisson. Une fois bouillie et décantée, elle est bonne.

Dégustation. — La dégustation par plusieurs personnes en ignorant l'origine a permis de conclure que l'eau de la Dore était insipide, avec peut-être une trace de goût terreux. Celle des Mais est crue... et plus rafraîchissante à température égale.

Données comparées (16 mai 1911).

	Puits	
	de la Dore.	des Mais.
Profondeur à partir des margelles situées à 0,50 m du sol......................	13,50 m	6,55 m
Niveau de l'eau à partir des margelles.....	1,60 m, très variable suivant les saisons	2,22 m
Nature du sol.........................	argileux sans cailloux	argileux, un peu siliceux
Température de l'eau...................	10°,5	9"
Température des mares voisines..........	19",5	12",5
Saveur...............................	très légèrement terreuse	« crue ».

Analyse chimique (chiffres exprimés en milligrammes par litre).

	de la Dore	des Mais
Résidu à 100°..........................	370 mg	
Résidu après calcination	260 —	
Perte au rouge.......................	110 —	
Matières organiques (en acide oxalique)...	8 —	9 mg
Chlore..............................	12 —	24 —
Correspondant à chlorure de sodium......	21 —	41 —
Degré hydrotimétrique total...........	29"	27"
Degré hydrotimétrique permanent.......	6°	9°
Dépôt à l'ébullition....................	blanc sale, abondant	néant
Ammoniaque..........................	néant	néant
Nitrites..............................	néant	néant

Analyse chimique. — Limpidité parfaite.

Matières organiques. — La différence de teneur en matières organiques est insignifiante. Cette teneur est normale pour des eaux de puits.

Chlore et sel marin. — Le puits des Mais renferme une dose de chlore telle que, bien que l'eau soit potable, le puits devrait être surveillé en cas d'épidémie, car il peut recevoir des résidus humains (déjections et eaux de vaisselle) insuffisamment filtrés.

A ce point de vue, le puits de la Dore serait meilleur.

C'est sans doute au chlorure de sodium et autres sels solubles que l'eau des Mais doit sa saveur crue.

Degré hydrotimétrique. — Cette observation est confirmée du reste par les degrés hydrotimétriques. Si les degrés totaux sont les mêmes, le degré permanent est plus élevé dans l'eau des Mais.

Dépôt à l'ébullition. — Cette dernière eau se trouble légèrement sans déposer à l'ébullition. Elle est donc moins riche en chaux et carbonates.

Autrement dit, elle renferme des bases combinées à l'état de chlorures et autres sels solubles (l'eau de la Dore les renferme à l'état de carbonates).

Ammoniaque et nitrates. — Néant.

En somme, ces deux eaux sont potables. Les deux puits exigent une surveillance égale, l'un (la Dore) à cause de sa température, l'autre à cause de ses chlorures.

Il y a lieu de noter que l'eau de la Dore a pu être améliorée quelque peu au point de vue des matières organiques par le sac de charbon qu'on y a jeté il y a quelques semaines.

Origine présumée. — Il est à présumer que le puits de la Dore atteint a couche de craie et qu'il en dissout une notable quantité à la faveur d'acides faibles renfermés dans les eaux souterraines et de l'acide carbonique des eaux superficielles toujours souillées de matières organiques.

Amélioration. — Dans ces conditions, il serait impossible de modifier la composition de l'eau en ce qui concerne l'abondance du dépôt et la difficulté de cuire les aliments. Mais on peut améliorer sa nature, rendre le dépôt plus blanc et à odeur marneuse et non vaseuse, en empêchant l'afflux des eaux superficielles. Pour cela, nous proposons les mesures suivantes :

a. Suppression de la petite mare dont le niveau est le plus élevé, son remplacement par un fossé à fond pavé de façon à surveiller et assurer plus facilement son entretien.

On pourra reporter la mare à 50 m en aval.

b. Établissement autour du puits d'un *manchon* protecteur jusqu'à 4 m de profondeur. Pour éviter de compromettre la solidité du puits, ce manchon en moellon ou béton et chape externe de ciment, formant cloche pourra être établi à 1 m ou plus des parois du puits.

c. Suppression de l'apport des eaux de toitures dans la fosse à purin. Les conduire directement à la mare dont elles dilueront l'eau, augmentant sa limpidité.

d. Il serait de bonne administration de profiter de l'occasion pour établir, par un nivellement précis, des rigoles autour des bâtiments et même un drainage dans le champ d'amont et faire aboutir dans la grande mare des eaux claires, abondantes et peu contaminées, ne déposant pas à l'ébullition, mais devant être, en temps ordinaire, bouillies pour l'alimentation humaine.

e. Une autre solution consisterait à creuser un puits en amont de la ferme. La marne peut s'y trouver à une profondeur différente. En tout cas, on se contenterait de descendre à 9 ou 10 m, quitte à se servir du puits actuel ou de celui des Mais en cas d'extrême sécheresse.

Dans ce cas, l'eau ne déposerait pas et elle serait plus pure que celle des Mais, car elle ne recevrait aucun résidu des habitations ni des dépendances.

M. LE Dʳ A. ROCHAIX.

(Lyon).

RAPPORT SUR LA VACCINATION ANTITYPHIQUE PAR VOIE INTESTINALE.

616.927.0837

1ᵉʳ *Août.*

L'intestin, comme voie d'introduction de toxines immunisantes, n'a été mis en cause que dans ces dernières années. Depuis 3 ans, nous poursuivons, en collaboration avec notre maître, le professeur Jules Courmont, des recherches sur la vaccination par cette voie, portant surtout nos efforts sur l'immunisation vis-à-vis du bacille d'Eberth. C'est l'état actuel de cette dernière question que nous nous proposons d'exposer.

I. *L'intestin, voie d'introduction des toxines immunisantes.* — Lorsque nous avons commencé nos recherches, l'emploi de cette voie d'introduction n'avait presque pas été étudié. Il semblait même que l'intestin constituât une barrière infranchissable pour la plupart des toxines microbiennes. Vaillard et Vincent (1891), Vincent (1907-1908), Breton et Petit (1908) montrent qu'on peut introduire des doses considérables de toxine tétanique dans l'intestin du cobaye, jusqu'à 3000 doses mortelles, sans obtenir aucun symptôme tétanique. Si, d'ailleurs, on recherche ensuite la toxine dans l'intestin, on constate que celle-ci a été détruite, on ne la retrouve plus, même par les méthodes les plus sensibles. L'intestin semble être non seulement imperméable aux toxines, mais paraît les détruire. Nous avons nous-mêmes donné en lavements à des lapins jusqu'à 300 cm³ de toxine tétanique et à des cobayes jusqu'à 80 cm³, sans observer de troubles. Quelques animaux dans nos séries sont morts tétaniques, mais ils avaient présenté des érosions avec quelques gouttes de sang au niveau des plis de l'anus.

Cependant Breton et Petit, tout en constatant, comme Vincent, la destruction de la toxine tétanique dans l'intestin, avaient trouvé dans le sang des animaux ayant reçu des lavements, de l'antitoxine tétanique. Tchitchkine (1905), en faisant ingérer à des lapins, *per os*, de la toxine botulique, immunise ces animaux, quoiqu'à un degré assez faible, contre cette toxine.

Calmette, Guérin et Breton (1907) immunisent le cobaye contre l'infection tuberculeuse alimentaire, en lui faisant ingérer des cultures chauffées à 100°, puis des cultures chauffées à 65°.

Fornario (1908) essaie la vaccination antipesteuse par voie rectale et obtient des résultats positifs. Il constate des modifications des propriétés humorales chez les animaux en expérience. Il observe la déviation du complément par la réaction de Bordet et Gengou, réaction apparaissant dès le deuxième jour après l'absorption de la première dose de vaccin. Chez tous les animaux, l'index opsonique s'est montré plus élevé que celui des animaux normaux.

Breton et Petit (1908) font sur le cobaye des essais de vaccination contre la diphtérie par lavements d'émulsion de bacilles diphtériques, chauffés à 100° pendant 10 minutes. Les cobayes sont vaccinés contre l'inoculation sous-cutanée de 1 cm³ d'une dilution à $\frac{1}{200}$ de toxine tuant à $\frac{1}{500}$.

Breton et Massol (1911) constatent que chez le cobaye adulte, l'absorption de venin de cobra s'effectue par la muqueuse du gros intestin avec une rapidité plus grande que par la voie sous-cutanée, mais que l'absorption de l'antitoxine venimeuse est beaucoup plus restreinte.

Jacobson, Panisset (1911) introduisent des globules rouges dans l'intestin du cobaye par lavements. Le premier obtient des résultats positifs, le second des résultats négatifs.

Tout récemment enfin, Courmont et Rochaix (1911) ont réussi à vacciner des lapins contre l'infection pyocyanique par lavements de culture de bacille pyocyanique tuée par un chauffage de 1 heure à 60°. Mais les mêmes auteurs ont obtenu des résultats négatifs au point de vue de la tuberculose. Des cobayes, ayant reçu en lavements des émulsions de bacilles tuberculeux chauffés à 65° pendant 6 heures, n'ont pas résisté à l'infection tuberculeuse par voie sous-cutanée ou par ingestion suivant la méthode de Calmette. Les lavements eurent plutôt un effet favorisant.

Mais c'est surtout par les expérimentateurs qui se sont occupés d'anaphylaxie que l'absorption intestinale a été mise en cause.

Besredka avait déjà recommandé les lavements de sérum pour prévenir les accidents sériques consécutifs aux injections sous-cutanées.

Rosenau et Anderson (1908) réussissent à anaphylactiser le cobaye vis-à-vis du sérum de cheval, en lui faisant ingérer de la viande du même animal.

Nobécourt (1909) a pu créer l'état anaphylactique chez des lapins par injection dans le rectum de blanc d'œuf de poule.

Ch. Richet (1911) anaphylactise le chien vis-à-vis de la crépitine en lui faisant ingérer cette substance.

Lesné et Dreyfus (1911) font des expériences chez le chien avec l'actinocongestine et chez le lapin avec le blanc d'œuf de poule. D'après ces auteurs, on arrive plus facilement à créer l'état anaphylactique vis-à-vis de ces substances, en les introduisant dans le gros intestin.

Barnathan (1911), cherchant à réaliser expérimentalement l'anaphylaxie par les voies digestives chez le lapin, n'obtient aucun résultat lorsque l'injection anaphylactisante est faite dans l'estomac ou l'intestin grêle. Ses résultats, au contraire, sont positifs, lorsque l'injection anaphylactisante a été faite dans le gros intestin.

Comme on le voit, les dernières recherches montrent que le gros intestin donne des résultats bien meilleurs que les segments supérieurs du tractus gastro-intestinal.

II. *La vaccination antityphique par voie intestinale.* — Au point de vue plus spécial de la vaccination contre la fièvre typhoïde, Tchitchkine, en 1904, avait fait ingérer à des lapins des cultures vivantes ou chauffées à +60° de bacilles d'Eberth. Il avait échoué complètement.

- Metchnikoff et Besredka, après nos premières publications, font paraître, le 25 mars dernier, dans les *Annales de l'Institut Pasteur*, un Mémoire consacré à la fièvre typhoïde expérimentale. Ils signalent deux chimpanzés qui, après avoir absorbé, par la bouche, 15 cm³ de culture typhique chauffée à +60, furent éprouvés avec des cultures typhiques; l'un était immunisé, l'autre non. L'incertitude de ce résultat n'a rien qui puisse étonner. Nous le verrons tout à l'heure.

Les expériences que nous avons réalisées avec notre maître, le professeur Courmont, ont porté sur des *chèvres*, des *cobayes* et des *lapins*.

De pareilles expériences sont longues et assez difficiles. Les défaillances de la virulence du bacille d'Eberth sont fréquentes. On se trouve souvent dépourvu de bacille virulent au moment d'éprouver les animaux vaccinés. On perd ainsi beaucoup de temps.

Nous avons définitivement adopté comme vaccin la *culture en bouillon de bacille d'Eberth, tuée, à l'âge de huit jours, à +53°*. Bien entendu, le vaccin n'était employé qu'après vérification de sa stérilité. Il se composait d'un mélange de *huit cultures de bacilles d'Eberth* différents, provenant tous du sang de typhiques, soigneusement authentifiés. C'était donc un *vaccin polyvalent*, contenant *toutes les toxines* du bacille d'Eberth, intra et extra-protoplasmiques.

Nous avons essayé l'*ingestion* et le *lavement*. Nous avons assez rapidement renoncé à la voie buccale, bien qu'elle nous eût donné quelques résultats encourageants. Le vaccin est difficilement ingéré en quantité suffisante; il occasionne parfois des troubles digestifs marqués. Enfin, l'immunisation paraît *inconstante* et moins solide.

Comment d'ailleurs s'en étonner? On sait quelle est l'action des ferments digestifs. Les sécrétions de l'estomac, du pancréas, de l'intestin détruisent ou modifient les toxines. La bile est également antitoxique (H. Vincent, H. Roger, etc.). Une toxine vaccinante introduite par ingestion est donc fatalement soumise à des causes de destruction ou de modification. Cela se comprend d'autant mieux que les toxines sont des substances albuminoïdes ou adhérant à des substances albuminoïdes. Dans certains cas, cependant, une partie de la toxine peut échapper à ces causes et parvenir dans le gros intestin, mais c'est évidemment exceptionnel.

Nous avons donc définitivement adopté la *voie intestinale*. C'est incontestablement le *gros intestin* qui se prête le mieux à l'absorption des substances vaccinantes, avec le minimum de chances de destruction ou de transformation.

Mais il faut porter le lavement assez haut et le faire conserver assez longtemps.

Pour cela, nous utilisons une longue sonde molle, rectale, et nous ajoutons quelques gouttes de laudanum au vaccin. Le lavement est poussé avec une seringue. Pour les lapins, par exemple, nous donnons des lavements de 100 cm³ avec 10 ou 12 gouttes de laudanum, à l'aide d'une sonde molle de 25 cm. Pour les chèvres, les doses sont de 250 et 300 cm³.

Ces lavements sont admirablement bien gardés et supportés. Rien, dans l'observation de l'animal, n'indique un trouble quelconque. •

La température, l'appétit, les fonctions intestinales, l'état général, le poids restent normaux. C'est l'innocuité absolue.

Nous donnons ainsi *trois lavements à cinq jours d'intervalle*. Le second et le troisième ne sont également suivis d'aucun symptôme.

III. *Modifications des propriétés humorales des animaux vaccinés*. — L'étude des *propriétés humorales des animaux* ayant reçu ces lavements de culture d'Eberth tuées à +53° montre que les toxines ont pénétré par le gros intestin. Un seul lavement suffit même à faire apparaître ces modifications des humeurs.

Nous nous sommes attachés à la recherche des propriétés agglutinante, bactériolytique et bactéricide des sérums de nos vaccinés. Le pouvoir bactéricide a été mesuré par la méthode d'Ehrlich; le sérum, mélangé à la culture, est porté à l'étuve à +37° pendant 2 heures et demie; on ensemence, sur géloses en boîtes de Pétri et l'on compte les colonies.

En général, le *pouvoir agglutinant* reste faible; il dépasse rarement $\frac{1}{20}$ ou $\frac{1}{50}$. Le *pouvoir bactériolytique* atteint le plus souvent $\frac{1}{20}$ ou $\frac{1}{30}$. C'est surtout le *pouvoir bactéricide* qui se développe rapidement; il s'élève à $\frac{1}{500}$ ou même à $\frac{1}{1000}$. L'absorption intestinale de la toxine est donc certaine.

Mais il ne faut pas considérer ces propriétés du sérum des animaux vaccinés comme une preuve directe de l'immunité.

Le taux du pouvoir agglutinant notamment n'a aucune signification. Tel animal qui a acquis un pouvoir agglutinant assez élevé est encore peu immunisé. De même, bien qu'à un moindre degré, l'élévation du pouvoir bactériolytique et même bactéricide n'implique pas une vaccination solide. Il est tel animal également, dont les humeurs sont peu bactériolytiques ou peu bactéricides et qui est cependant fortement immunisé.

N'attachons donc pas à ces constatations une signification absolue. Elles sont plutôt des témoins de l'absorption du vaccin et de la réaction de l'organisme que des facteurs de l'immunité. Elles indiquent que le lavement de vaccin a les mêmes effets que l'inoculation sous-cutanée de celui-ci.

IV. *Les animaux sont immunisés contre le bacille d'Eberth*. — Pour démontrer que les animaux qui ont reçu des lavements de culture d'Eberth tuée à +53° sont réellement vaccinés, il faut les *inoculer avec du bacille d'Eberth virulent*.

Nous avons employé différentes méthodes d'inoculation, mais nous donnons la préférence à l'injection dans le sang, en même temps qu'à des témoins, d'un bacille d'Eberth provenant d'une souche différente de celles des bacilles du vaccin.

Pendant les premiers jours qui suivent l'administration des lavements, les animaux sont souvent prédisposés; c'est la *phase négative* notée par tous ceux qui ont pratiqué des vaccinations antityphiques. On inocule dans le sang, par exemple, des lapins ayant reçu leurs lavements, 5 ou 6 jours auparavant et des lapins témoins avec 1 cm³ de culture peu virulente. Les témoins survivent, les autres succombent.

Au bout d'une quinzaine de jours après le dernier lavement, les animaux sont *vaccinés*. Ils résistent à l'inoculation intraveineuse de 2, 3, 4 doses mortelles de culture virulente.

Exemple. — Des lapins reçoivent trois lavements de 100 cm³ de vaccin, 28, 21 et 15 jours avant l'inoculation virulente. Celle-ci (1 cm³ de culture) tue les témoins en 28 heures; les vaccinés sont malades pendant quelques heures, mais survivent.

L'immunisation par introduction du vaccin dans l'intestin est donc possible. Combien de temps dure cet état vaccinal? Plusieurs mois et peut-être beaucoup plus.

V. *Les animaux sont immunisés contre la toxine typhique.* — Les animaux ainsi vaccinés résistent à l'inoculation du microbe. Sont-ils doués d'une *immunité antitoxique*?

Nous avons fait deux séries d'expériences :

A. Des lapins reçoivent, comme précédemment, trois lavements de 100 cm³, à 5 jours d'intervalle. 15 jours ou 3 semaines plus tard, on leur injecte, dans la veine auriculaire, quelques centimètres cubes d'une toxine typhique, constituée par une culture en bouillon âgée de 8 jours et tuée à $+53°$ (endo et exotoxine). Des lapins témoins reçoivent des doses égales. Notre toxine tue en quelques heures le lapin de 2,500 kg à 10 ou 15 cm³. Les vaccinés survivent à des doses de 40 cm³, c'est-à-dire à quatre doses mortelles.

La comparaison des *symptômes* chez les témoins et chez les vaccinés est très intéressante.

Chez les vaccinés, on note des symptômes graves presque immédiats. La dyspnée est intense, une diarrhée abondante, parfois même sanguinolente, s'établit très rapidement, souvent en quelques minutes; la température s'abaisse; l'animal est très abattu. Cet état dure 2 ou 3 heures. Bientôt, les symptômes s'amendent, la température remonte, la diarrhée cesse; très vite, l'animal est guéri.

Pendant ce temps, les témoins ont des phénomènes immédiats beaucoup moins marqués; ils paraissent peu malades. Cependant, au bout de 2 heures environ, lorsque les vaccinés vont déjà mieux, la diarrhée fait son apparition, abondante, quelquefois noire, la température s'abaisse, l'abattement est considérable; la mort survient au bout de quelques heures.

A l'autopsie, le duodénum est très congestionné ou même parsemé de taches ecchymotiques. On retrouve là les lésions que le professeur Courmont a signalées il y a déjà longtemps, avec Doyon et Paviot, chez les animaux qui succombent rapidement à l'injection intraveineuse de toxine diphtérique.

Les lapins, vaccinés par la voie rectale, sont *immunisés* contre les toxines du bacille d'Eberth, mais sont *anaphylactisés* contre certaines substances contenues dans la culture tuée.

B. Une autre série d'expériences nous a démontré que le *sérum* des lapins, vaccinés par la voie intestinale, est *antitoxique.*

On saigne un lapin ayant reçu ses trois lavements 3 semaines auparavant. Le sérum obtenu est mélangé à la toxine. Le mélange est laissé 2 heures et demie à l'étuve à $+37°$. On fait de même avec du sérum de lapin normal.

Les lapins qui reçoivent, dans le sang, le mélange de sérum normal et de toxine ($\frac{1}{3}$ de sérum, par exemple), succombent. Ceux qui reçoivent, de même, le mélange de toxine et de sérum de vacciné ($\frac{1}{3}$, $\frac{1}{5}$, $\frac{1}{10}$, $\frac{1}{20}$ de sérum) survivent. Un lapin, par exemple, reçoit trois doses mortelles de toxine (30 cm³), additionnées de 1,5 cm³ de sérum de vacciné ($\frac{1}{20}$); il survit.

La vaccination par voie intestinale *immunise donc contre les toxines* (endo et exotoxines) du bacille d'Eberth. Le *sérum des vaccinés est antitoxique.*

VI. *Vaccination de l'homme par la voie intestinale.* — En présence de ces résultats favorables, nous avons tenté la *vaccination de l'homme* par la même méthode.

Nous avons choisi un certain nombre de sujets, à peu près normaux, n'ayant pas eu la fièvre typhoïde. Nous leur avons administré (après un lavement éva-cuateur) des lavements du même vaccin antityphique, à l'aide d'une longüe canule souple de 40 cm, en additionnant le liquide de 10 ou 15 gouttes de lauda-num. Nous avons commencé par de faibles doses. En présence de l'innocuité absolue du procédé, nous avons adopté *trois lavements de 100 cm³ à cinq jours d'intervalle*. Ces lavements sont gardés le plus souvent pendant 24 heures. Ils sont admirablement tolérés. On peut dire que les patients ne s'en aper-çoivent pas. Aucune modification de la température, aucune colique, aucun trouble de l'appétit ou des fonctions intestinales. Rien. •

Le procédé est donc commode et sans aucun danger, sans aucune réaction apparente.

L'homme qui a ainsi reçu, dans le gros intestin, 300 cm³ de vaccin antity-phyque est-il immunisé contre la fièvre typhoïde? Nous n'avons d'autre moyen de le savoir, jusqu'au jour où cette méthode sera essayée en grand, que d'étudier les modifications subies par le sérum des patients.

Or, celles-ci sont exactement les mêmes que celles observées chez les personnes vaccinées par la voie sous-cutanée.

Dès le dixième jour, on note l'apparition des pouvoirs agglutinant, bactério-lytique, bactéricide du sérum.

Le pouvoir agglutinant n'atteint pas en général des taux élevés; il reste le plus souvent au voisinage de $\frac{1}{30}$. Nous savons que cela ne signifie pas grand'chose.

Le pouvoir bactériolytique ne dépasse guère $\frac{1}{20}$. A ce taux il est très net.

Quant au pouvoir bactéricide (recherché par la méthode d'Ehrlich, voir plus haut), il monte rapidement à $\frac{1}{200}$, $\frac{1}{500}$, $\frac{1}{1000}$. Il est donc très accusé.

L'absorption du vaccin par le gros intestin de l'homme est donc certaine. Elle est suivie du développement des mêmes propriétés des humeurs que si le vaccin est inoculé sous la peau. On est donc en droit d'espérer que ce procédé confère l'immunité au même titre que l'inoculation sous-cutanée.

On a discuté la valeur de la vaccination antityphique de l'homme par les injections sous-cutanées de cultures typhiques tuées (Metchnikoff et Besredka). Nous ne voulons pas entrer dans cette discussion. Nous apportons simplement une méthode qui donne des résultats comparables à l'inoculation sous-cutanée, quant aux constatations des propriétés humorales, et qui est absolument inof-fensive, qui passe inaperçue du patient.

Il se pourrait cependant qu'au point de vue de l'effet vaccinal *le lavement soit supérieur à l'inoculation sous-cutanée*. On sait que la vaccination en général est d'autant plus efficace qu'elle est opérée par la voie qui servira ensuite de voie d'épreuve. De nombreux faits le démontrent. Peut-être est-il donc plus intéressant pour l'homme, qui est exposé à contracter la fièvre typhoïde par la voie intestinale, d'être vacciné par celle-ci. *Peut-être la muqueuse intestinale, ayant servi de porte d'entrée au vaccin, est-elle plus réfractaire au passage des bacilles d'Eberth que si la vaccination a lieu par inoculation sous-cutanée.* Ce n'est qu'une hypothèse, mais elle est plausible.

VII. *Mécanisme de l'absorption du vaccin.* — Reste la question très complexe de l'absorption du vaccin par l'intestin.

L'ensemble des toxines passe-t-il? Certaines d'entre elles sont-elles retenues? Subissent-elles des modifications en traversant la muqueuse? En d'autres termes, y a-t-il absorption élective, transformation, etc.? L'exemple de la toxine tétanique qui, introduite, en grande quantité, dans une anse intestinale de cobaye, ne le tétanise pas, ne se retrouve ni dans les fèces ni dans l'intestin, est à méditer.

Nous reviendrons sur ces problèmes.

Émettons cependant une hypothèse. On sait (Cantacuzène et Riegler) que les bacilles morveux tués, ingérés, pénètrent à travers l'épithélium intestinal et se retrouvent dans les ganglions et jusque dans la circulation générale, où ils sont détruits. La toxine typhique n'est peut-être pas absorbée par l'intestin; ce sont peut-être les cadavres des bacilles d'Eberth de la culture chauffée qui pénètrent dans l'organisme et y provoquent des réactions défensives.

VIII. *Conclusions.* — En résumé :

1° La vaccination, par l'introduction de toxines dans l'intestin, est possible;

2° Elle est facilement réalisable avec la culture complète de bacilles d'Eberth tuée à +53° (*vaccination antityphique*);

3° Elle peut s'obtenir, mais de façon inconstante, par la voie buccale;

4° L'introduction dans le gros intestin (lavements portés assez haut, avec addition de laudanum) est préférable;

5° Ces lavements sont très bien supportés; ils passent inaperçus;

6° Après une phase négative (qui n'est peut-être pas constante), l'immunité s'établit. On peut la constater sur la *chèvre*, le *lapin*, le *cobaye*, en les inoculant avec des cultures virulentes;

7° L'immunité est également antitoxique;

8° Les propriétés agglutinante, bactériolytique, bactéricide apparaissent dans le sérum des vaccinés;

9° L'homme supporte très bien, sans aucune réaction clinique, des lavements de 100 cm³ de vaccin. Nous proposons trois lavements à cinq jours d'intervalle. Ces lavements développent, comme l'inoculation sous-cutanée, les propriétés agglutinante, bactériolytique, bactéricide du sérum. L'immunisation est au moins aussi probable que par la voie sous-cutanée. La méthode du lavement vaccinal étant absolument inoffensive mérite d'être essayée.

- - - - - - - - -

M. LE Dr Léon MABILLE,

Directeur du Secrétariat ouvrier d'Hygiène de Reims.

L'ÉDUCATION HYGIÉNIQUE INDIVIDUELLE DES TRAVAILLEURS. SA NÉCESSITÉ. COMMENT L'ORGANISER?

613.97 : 331

Les politiciens qui parlent volontiers de l'éducation de la démocratie se gardent bien de la faire. Cependant la parole de Danton est toujours vraie. « Après le pain, c'est d'éducation que le peuple a le plus besoin ». Les militants de la classe ouvrière le comprennent bien : aussi ce problème d'éducation est-il toujours à l'ordre du jour dans leurs réunions et congrès.

L'enseignement de l'hygiène en particulier est d'une nécessité absolue, puisqu'il a pour but d'apprendre aux travailleurs l'art de conserver leur santé, le seul capital qu'ils puissent souvent avoir en leur possession.

Ce capital *santé* est attaqué par les mauvaises conditions d'existence (alimentation, habitation, travail), mais plus encore par l'ignorance de l'ouvrier qui pourrait, s'il était instruit, faire de la bonne hygiène individuelle.

Or, l'hygiène individuelle est à la base de l'hygiène collective. Sans elle les règlements, lois, décrets et toutes autres précautions de prophylaxie sont inutiles. C'est par elle qu'il faut commencer si l'on veut faire de la bonne besogne. Les exemples abondent.

La loi de 1902 sur la déclaration des maladies contagieuses n'a abouti à rien, parce que le père de famille se refuse trop souvent à la déclaration et par conséquent à la désinfection, n'en comprenant pas l'utilité.

Même les maladies professionnelles occasionnées par les métiers à *toxiques* (saturnisme) ou métiers à *produits irritants* (poussières, eau, etc.) pourraient être évitées dans une certaine mesure avec un peu de précaution. *Des exemples.* — Le saturnisme des peintres par un nettoyage attentif des mains avant les repas et l'abstention du tabac pendant le travail.

Les dermatites professionnelles — eczémas des blanchisseuses, des mégissiers — qu'on attribuait naguère à un agent irritant externe, viennent d'être rattachées plutôt à une irritabilité externe de la peau, provenant de la tachyphagie (manger vite). — Expériences cliniques de Jacquet. —

Aussi le champ de l'hygiène collective tend à se restreindre de plus en plus. Ce qu'il y a de caractéristique, c'est que l'hygiène individuelle ne demande pas d'argent à qui veut l'appliquer. *Elle est possible à suivre pour le plus pauvre à condition que celui-ci ait des idées directrices.*

Les idées directrices scientifiques, constituant en somme l'*art de vivre*, sont ignorées des travailleurs qui n'ont pour la plupart en fait d'hygiène que des *suggestions familiales erronées*, suggestions reposant sur des proverbes, des on-dit, des préjugés transmis de génération en génération.

Préjugés de l'air pour l'habitation. — La peur du froid et de l'air fait chaque année des hécatombes en cloîtrant des familles entières dans des logis dont on calfeutre les ouvertures par aérophobie. L'intoxication par l'oxyde de carbone tue chaque hiver soit rapidement, soit lentement, des milliers d'individus, etc., etc.

Préjugés dans l'alimentation. — « Qui mange vite, travaille vite », et manger vite est synonyme d'activité. « La viande et le vin sont rigoureusement nécessaires », alors que ce ne sont que des adjuvants dans l'alimentation rationnelle. « Le petit verre d'alcool rend des forces », alors qu'il excite, puis anéantit. Ce sont en outre les multiples erreurs de régime dans la façon d'élever les enfants.

Préjugés dans l'hygiène du vêtement. — C'est la flanelle décrétée indispensable. C'est l'eau, dont on a peur, pour les grandes ablutions, etc.

Préjugés des sports. — Les sports qui ne devraient être que le complément de la culture physique la remplacent tout à fait et l'on assiste aujourd'hui à des matchs spéciaux où l'on voit des travailleurs continuer à abîmer leur santé après la fatigue de l'atelier au lieu de veiller à l'harmonie parfaite de leur organisme par une gymnastique raisonnée.

En somme, préjugés partout. L'hygiène n'est pas appliquée parce qu'ignorée.

Mais où voulez-vous que les ouvriers aient appris l'hygiène ?

A l'école primaire : Les notions qu'on y donne sont bien restreintes ou présentées de telle manière qu'elles ne laissent guère d'impression sur de jeunes cerveaux. Puis, le meilleur enseignement étant celui de l'exemple, l'exemple de la famille, non éduquée au point de vue hygiénique, aurait vite fait de démolir les suggestions passagères de l'enseignement Nos pédagogues modernes se sont efforcés de toucher la masse par la *ménagère;* aussi, dans les écoles ménagères a-t-on élaboré un programme assez complexe, trop complexe même. Je ferai remarquer que les écoles ménagères existent tout d'abord en très petit nombre, puis ne sont pas fréquentées par les enfants d'ouvriers, mais plutôt par les enfants des bourgeois, boutiquiers, etc. Le programme est trop élevé, on va parler de vaccins, d'antisepsie à des enfants qui n'y comprennent rien, au lieu de *leur inculquer seulement quelques axiomes hygiéniques*, d'où découleraient des applications usuelles quotidiennes.

Au service militaire : *L'armée a été envisagée comme une école possible.* Vous savez quel a été le résultat pratique de cette conception si louable en son principe. Le régiment avec la vie de caserne est plutôt générateur d'habitudes antihygiéniques et les promoteurs de ces tentatives d'enseignement ne sont pas très enthousiasmés.

Il est, semble-t-il, un autre centre d'éducation ouvrière, c'est le *syndicat* pépinière d'ouvriers conscients, ardents à l'étude de tout ce qui peut améliorer leur sort. Eh bien ! les syndicats ont eu, dès le début, le souci de l'éducation hygiénique et je n'en veux pour preuve que la collaboration active qu'ils ont donnée aux œuvres antialcooliques et la sympathie qu'ils ont accordée dès leur fondation aux secrétariats ouvriers d'hygiène du Syndicat de Médecine sociale, que ce soit à Lille, à Lens, à Valenciennes, à Rouen, à Reims, etc.

Mais il y a nécessité, si l'on veut obtenir de bons résultats, *d'organiser avec méthode cette éducation hygiénique.*

Quelques médecins ont établi des programmes parfaitement scientifiques d'enseignement dogmatique de l'hygiène. C'est du bel enthousiasme, et un luxe inutile, car cet enseignement régulier est impossible. Les ouvriers ne peuvent, en raison de leurs changements incessants, des empêchements multiples de leur existence quotidienne, suivre un cours, même organisé par leurs syndicats respectifs.

Il faut donc les frapper au vol en quelque sorte, et cela par des moyens multiples, variés, ce qui n'empêche pas la répétition de *certaines idées directrices, véritables axiomes hygiéniques*.

Les principaux moyens sont : 1º Les *journaux;* 2º les *conférences;* 3º la *brochure;* 4º la *publicité hygiénique*.

Les journaux. — Outre certains journaux sociaux acceptant très volontiers des articles d'hygiène et qui ont une clientèle prolétarienne, il y a dans les grands centres possédant des Bourses du travail des Bulletins de la Bourse lus attentivement par tous les syndiqués. Il y a aussi des journaux appartenant à des fédérations de syndicats. Ces publications inséreraient avec utilité et intérêt pour leurs lecteurs, soit des articles sur des *questions générales* (exemples : quelques notions de puériculture et soins à donner aux enfants pendant les chaleurs; précautions à prendre pour éviter telle ou telle maladie pendant les périodes d'épidémie), soit des causeries sur des *questions particulières* (exemple : maladies professionnelles). Mais — condition indispensable — ces articles doivent être concis et écrits simplement.

Les conférences. — Celles-ci n'auront jamais la tournure d'une leçon *ex-cathedra*. Mais elles devront rester des entretiens agréables sans mots trop scientifiques. Ce sera d'autant plus facile que l'on aura un auditoire moins nombreux, chose sans doute pénible pour l'orateur ayant le désir d'éloquence, mais commode pour le médecin qui veut, par des explications aux auditeurs, atteindre plus aisément le but désiré : *faire pénétrer et aimer la Science dans des cerveaux non préparés.* Comme sujets de conférences, jamais de questions arides, même de questions générales, mais un *sujet technique avec un titre attirant*, ce qui n'empêche pas de faire telles ou telles digressions se rattachant aux grandes idées directrices. Il ne faut pas oublier que l'anecdote est le piment utile d'une conférence et qu'elle contribue à lui donner de la vie.

Les projections lumineuses plaisent à l'œil et forcent l'attention. Il serait souhaitable que toutes les Bourses puissent avoir leur cinématographe; c'est en amusant qu'on instruit.

La brochure. — Elle doit être distribuée gratuitement à la sortie de la conférence ou vendue très bon marché. Elle doit être très peu volumineuse, ne résumer que les points principaux d'une question. Notions très claires, écrites en un style facile, exposées simplement grâce à d'heureuses dispositions typographiques.

Pour sa distribution, comme pour la conférence, on profitera de toute réunion syndicale ou fête corporative.

· Les secrétariats ouvriers d'hygiène sollicités par les organisations ouvrières ont toujours répondu à leur appel.

Reste la *publicité hygiénique*. C'est un mode nouveau qui n'a pas encore que je sache, été exposé dans les milieux ouvriers. Par publicité hygiénique, j'entends l'*annonce de quelques axiomes d'hygiène générale ou professionnelle analogue à l'annonce commerciale*. Et de même qu'il y a tout un art ingénieux pour la composition et la rédaction de l'annonce commerciale, il faudra appliquer une certaine virtuosité à la publicité hygiénique. Les concours dévoués (dessinateurs, artistes, etc.) ne manqueront pas pour cette besogne et donneront à l'annonce un maximum de rendement. On pénétrera, par une répétition constante, une effraction lente, mais obligatoire, dans les cerveaux. Et, remarquez-le, les occasions de publicité sont fréquentes dans la vie syndicale : lettres de convocations, cartes syndicales, confédérales, livrets ouvriers, etc. La rédaction et le sujet de l'annonce seraient naturellement appropriés aux destinataires ou aux circonstances. C'est question d'espèces et de détails d'une méthode dont je ne prétends montrer ici que la possibilité d'une exécution facile.

' En résumé, les moyens d'éducation hygiénique doivent être extrêmement variés et tous tendre à inculquer les règles précises de l'art de vivre. Ils visent à l'amélioration matérielle, morale du travailleur. Comme tels, ils ont besoin d'être constamment étudiés, perfectionnés par les groupements s'occupant d'hygiène sociale.

MM. Charles GRANVIGNE et Gaston CASSEZ,

(Boulogne-sur-Mer).

VALEUR DES DIVERSES DONNÉES FOURNIES PAR L'EXAMEN CHIMIQUE ET PHYSIQUE DU BEURRE POUR L'APPRÉCIATION DE SES FALSIFICATIONS.

543.2

Le beurre est constitué par des glycérides d'acides gras. Parmi ces acides, les uns sont solubles, entraînables par la vapeur d'eau à la pression ordinaire; les autres sont insolubles.

Certains acides insolubles peuvent être entraînés par la vapeur d'eau à la pression ordinaire. On peut ainsi obtenir leur fractionnement en deux groupes : les acides volatils et les acides fixes. Indépendamment de ce partage, seul entré dans la pratique des laboratoires à l'heure actuelle, on pourrait en effectuer d'autres basés sur le même principe, mais en opérant à des températures et à des pressions différentes, les conditions étant telles que les acides ne soient pas décomposés.

Les acides volatils solubles et insolubles sont des acides saturés; parmi les acides fixes, il en est de non saturés. Ces derniers peuvent être considérés pratiquement comme constitués exclusivement par de l'acide oléique, bien que la présence d'acides moins saturés ait été constatée.

Il ne paraît pas y avoir d'acides substitués, notamment d'acides hydroxylés; et pratiquement on peut admettre qu'il n'y a dans le beurre que des triglycérides.

En résumé, il y a lieu de considérer dans un beurre : 1º les acides gras solubles et volatils; 2º les acides gras insolubles, entraînables par la vapeur d'eau; 3º les acides gras saturés non entraînables par la vapeur d'eau; 4º les acides non saturés (pratiquement acide oléique); 5º la glycérine, pratiquement entièrement saturée par les acides gras et que, par suite, on peut négliger dans les analyses, sa proportion étant calculable à l'aide de données relatives à l'ensemble des acides gras (indice de saponification); 6º en outre de ces éléments se trouvent dans le beurre, en faible proportion, des *matières insaponifiables* constituées surtout par la cholestérine.

Les quantités respectives des divers acides sont très variables, et même ceux qui, par leur proportion, sont plus spécialement caractéristiques du beurre — les acides volatils — varient dans de larges limites suivant la race, l'individualité, la nourriture, etc. des animaux. Il en résulte que l'on ne saurait se baser sur une donnée unique pour rechercher la falsification d'un beurre et qu'il y aura lieu, pour connaître sa composition, d'examiner à la fois des données, portant sur des éléments distincts, aussi nombreuses (moins une) qu'il y a de groupes à considérer. On pourra cependant faire abstraction de l'insaponifiable qui est en très faible proportion et qui n'est isolé dans les analyses de beurre que pour des examens qualitatifs (point de fusion, etc.). Il convient d'avoir, au moins, quatre données distinctes. Elles pourront concerner chacune exclusivement un groupe, ou bien elles se rapporteront à deux ou trois groupes ou à l'ensemble. En principe, celles qui se rapportent à un seul groupe seront les plus intéressantes à considérer, lorsque la sûreté des méthodes permettra de baser un jugement sur elles. Elles présentent, en effet, un résultat net à l'esprit.

Les autres, donnant des résultats variables dans un sens ou l'autre, sous l'influence de chacun des groupes d'acides gras, ne fournissent pas une valeur directement appréciable. Il n'y a avantage à rechercher ces données que si, par la sûreté du procédé d'analyse, elles sont supérieures à d'autres qui ne se rapportent qu'à un groupe. Elles peuvent alors les suppléer.

Il y a donc lieu de faire le choix de quatre données distinctes, toute donnée supplémentaire n'ajoutant rien, mais pouvant être utile à titre de contrôle. Dans ce but, il faut tenir compte de l'importance respective des différents groupes d'acides gras ainsi que de la valeur des méthodes d'analyse.

Nous passerons en revue chacun des groupes en indiquant la valeur des résultats obtenus à l'aide des méthodes que nous connaissons. Puis nous examinerons dans les mêmes conditions les données qui se rapportent à la fois à plusieurs groupes. Enfin, nous chercherons comment, en groupant les résultats dans des rapports ou des tableaux, on peut mieux mettre en relief leur signification.

I. ÉTUDE DES DONNÉES. — 1° *Données relatives à un seul groupe d'acides gras.* A. *Acides volatils solubles.* — Les acides volatils solubles constituent le groupe d'acides le plus important pour la recherche des falsifications du beurre. Ils caractérisent cette matière grasse. Les huiles et graisses qui contiennent des proportions notables d'acides volatils sont, en effet, exceptionnelles et elles n'en dosent que beaucoup moins (à l'exception des huiles de dauphin et de marsouin).

Pour la détermination des acides volatils, nous avons laissé de côté la méthode de Reichert-Meissl-Wollny et l'ancienne méthode officielle française, cette dernière présentant le défaut d'être longue à exécuter, mais donnant en revanche des résultats très constants pour des essais faits en double, même sur des poids notablement différents. Nous avons effectué des dosages comparativement à l'aide de la nouvelle méthode officielle (Leffmann-Beam) et de la méthode Müntz et Coudon.

Sur 49 beurres purs d'indice de Leffmann-Beam, 23 à 33,6, nous avons constaté 35 fois qu'on pouvait obtenir, en multipliant cet indice par le coefficient 0,185, la valeur des acides volatils solubles pour cent (en acide butyrique) obtenus selon la méthode Müntz et Coudon. Le coefficient était peu différent pour les 14 autres beurres.

Pouvant donc ne considérer qu'une méthode, indiquons que dans tous nos essais portant sur des beurres purs et sur des beurres provenant de laits purs d'une seule traite d'une seule vache, nous avons trouvé des indices de Leffmann-Beam variant de 19 à 35. Toutes choses égales d'ailleurs, les indices élevés ont été trouvés pour des vaches ayant vêlé récemment et les vaches se sont classées régulièrement suivant la date du vêlage.

Nous n'avons pas fait d'essais selon la méthode de Wysman et Reijst qui permet de séparer les acides solubles en acides à sels d'argent solubles ou insolubles.

A^{bis}. *Acides solubles.* — Indépendamment de la méthode de Robin, qui dose les acides solubles par différence et sur laquelle nous reviendrons, les acides solubles peuvent être dosés selon la méthode de Planchon et selon la méthode officielle qui en dérive. Nous avons fait des essais à l'aide de la méthode officielle; mais il est difficile d'obtenir des résultats constants. Une méthode de dosage des acides solubles devrait, selon nous, pouvoir donner l'ensemble de ces acides; sinon elle n'ajoute rien aux méthodes par distillation qui, elles aussi, sauf le cas de plusieurs opérations successives, ne donnent qu'une partie des acides solubles. Or, en fait, la méthode officielle donne un chiffre de titrage inférieur à celui que l'on obtient par distillation. En ce qui concerne la constance des résultats, la méthode sera certainement améliorée et rendue plus comparable aux méthodes de dosage par distillation lorsque les chimistes opéreront à l'aide d'un matériel uniforme spécialement jaugé, tel que celui qui est recommandé par M. Bruno (*Annales des Falsifications*, 1910, p. 238).

B. *Acides volatils insolubles.* — Les acides insolubles entraînables par la vapeur d'eau à la pression ordinaire caractérisent les huiles du groupe du coco, employées à la falsification des beurres; ils se trouvent dans les beurres en proportion assez variable, qui n'est pas la même pour des vaches placées dans les mêmes conditions de milieu et de nourriture. L'âge du lait ne paraît pas les influencer comme il agit sur les acides solubles.

Nous avons effectué leur dosage dans des beurres purs à l'aide de la méthode officielle et suivant la méthode Müntz et Coudon.

On ne peut pas passer d'une donnée à l'autre à l'aide d'un coefficient, comme cela est possible pour les acides solubles. Cette constatation s'explique sans doute par le fait que les différents acides insolubles qui passent à la distillation ne sont pas entre eux dans un rapport constant et que, dans la méthode officielle, on entraîne moins facilement les acides dont le point d'ébullition est plus élevé. Pareil inconvénient ne se présente pas pour les acides volatils solubles, car par l'une et l'autre méthode on en distille une très grande fraction.

La méthode de Müntz et Coudon reste donc la méthode de choix pour le dosage des acides volatils insolubles.

Nous avons constaté pour des beurres purs, à la méthode Müntz et Coudon, des variations de 0,42 à 0,93 % pour les acides volatils insolubles.

B*bis*. *Acides insolubles dans l'eau, solubles dans l'alcool.* — On peut obtenir ces acides en faisant l'analyse du beurre selon le procédé de Robin (deuxième partie de l'opération). La catégorie qu'ils représentent est beaucoup plus vaste que le groupe des acides volatils insolubles : pour le beurre et l'huile de coco, les chiffres de titrage sont environ dix fois plus forts que les chiffres obtenus dans la méthode Müntz et Coudon pour les acides volatils insolubles. Nous avons ainsi trouvé, les indices de Robin étant rapportés à 1 g et les centimètres cubes de la méthode Müntz et Coudon étant relatifs à 10 g :

	Robin.	Müntz et Coudon.
Beurre	5,46 cm³	5,3 cm³
Végétaline	36,36 cm³	38,5 cm³

La méthode de Robin ne présente donc pas plus de sensibilité que la méthode Müntz et Coudon. D'autre part, il est difficile d'obtenir avec elle des résultats constants, même en suivant à la lettre le procédé de l'auteur. La cause en est que, pendant la concentration de 5o à 15 cm³ de la solution, les acides insolubles sont entraînés en proportion variable avec chaque opération, même si le bain-marie est réglé presque bouillant et si l'opération dure 1 heure 45 minutes à 2 heures.

Nous reviendrons ultérieurement sur les autres parties du procédé.

C. *Acides fixes saturés*. — Nous n'avons pas eu l'occasion d'essayer les méthodes qui permettent de les doser (Partheil et Ferié) ni les procédés qui isolent certains d'entre eux, tel l'acide stéarique.

D. *Acides nôn saturés*. — Ils sont constitués pratiquement par l'acide oléique seul. La détermination de l'indice d'iode permet d'en calculer la proportion.

L'indice d'iode nous paraît l'une des plus précieuses données de l'analyse des corps gras, tant par la grande constance des résultats que pour leur interprétation. N'est-ce pas sur elle que Lewkowitsch a basé sa magistrale classification des corps gras, conforme à leurs propriétés pratiques et apte à englober en rendant compte de leurs caractères les dérivés complexes tels que les huiles soufflées et les huiles vulcanisées. Pour l'analyse des beurres, nous accordons à l'indice d'iode une beaucoup plus grande importance qu'on ne le fait ordinairement. On lui reproche ses grandes variations; il varie, en effet, du simple au double, mais les acides volatils ne sont-ils pas eux aussi très variables? C'est, du reste, pour une grande part à cause des valeurs nettement différenciées qu'il présente que nous le jugeons intéressant pour l'analyse et surtout pour l'expertise des beurres.

L'indice d'iode paraît être, en effet, la donnée le plus nettement influencée par l'alimentation; et elle semble l'être de manières particulièrement caractéristiques.

Pour une simple analyse faite sans renseignements, l'indice d'iode contribuera à faire reconnaître la présence de l'huile de coco. Dans une expertise, il permettra, en instituant au besoin des expériences d'alimentation avec la ration déclarée, de vérifier si la nourriture peut expliquer des anomalies de composition constatées. Si, d'ailleurs, on estime que la détermination de l'indice d'iode est inutile parce que d'autres données fournissent implicitement le résultat cherché, nous pensons, pour notre part, qu'elle doit être faite de préférence, parce qu'elle est susceptible d'une interprétation plus directe. L'indice d'iode peut d'ailleurs être obtenu très rapidement si l'on fait usage du procédé de Wijs, qui donne des résultats identiques à ceux de la méthode de Hübl.

E. *Glycérine*. — Comme les mono- et les di-glycérides sont en proportion négligeable, la détermination de la glycérine sera toujours inutile, sa quantité pouvant être calculée à l'aide de l'indice de saponification.

F. *Matières insaponifiables.* — Sauf le cas, très improbable pour le beurre mais possible pour les pâtisseries au beurre, où il serait nécessaire de doser les matières insaponifiables (vaseline par exemple), leur détermination quantitative sera inutile.

Pour contrôler les autres données, et pour pouvoir conclure à la présence ou à l'absence des huiles végétales dans les cas douteux, il sera parfois nécessaire de déterminer le point de fusion de l'acétate de cholestérine (Bömer) afin d'y rechercher la présence de la phytostérine. La méthode est délicate, mais nous avons constaté qu'elle était sûre.

2° *Données relatives à deux groupes d'acides gras :* A. *Acides solubles dans l'alcool.* — Ces acides qui comprennent les acides volatils totaux et une fraction des acides fixes (presque la totalité pour l'huile de coco) peuvent être titrés à l'aide du procédé Robin (alcool à 56,5).

B. *Sels insolubles d'acides gras.* — Nous n'avons pas eu l'occasion d'examiner les méthodes de Bellier qui donnent, l'une les sels magnésiens des acides fixes, l'autre les sels de cuivre de la totalité des acides insolubles.

C. *Acides fixes.* — Ils comprennent les acides fixes saturés et l'acide oléique. Nous en avons fait des déterminations selon l'ancienne méthode officielle et selon la méthode indiquée par MM. Villiers et Collin. Les dosages que nous avons faits lors de nos études récentes ont été effectués à l'aide de ce dernier procédé, mais à la suite de l'indice de Kœttstorfer. Opérant sur une moindre quantité de beurre que d'ordinaire, nous avons obtenu des résultats bas, mais cependant comparables entre eux. Par son incertitude, le dosage des acides fixes peut être considéré comme sans intérêt. Une méthode qui les donnerait avec sûreté (ce qui est sans doute le cas de la méthode de Bellier aux sels de magnésium) pourrait présenter quelque utilité pour l'interprétation des résultats, comme nous le montrerons plus loin.

D. *Indice de neutralisation des acides fixes.* — Sa détermination fournit une donnée intéressante, dont l'interprétation est possible si l'on connaît le taux des acides fixes. Dans la méthode de Bellier, la détermination des cendres des sels magnésiens insolubles équivaudrait à son dosage.

E. *Indice de réfraction des acides fixes.* — La valeur de cet indice dépend surtout de la proportion d'acide oléique contenue dans la matière grasse. L'indice de réfraction de cet acide est, en effet, nettement supérieur à celui de chacun des acides fixes saturés que l'on trouve dans le beurre, la margarine ou l'huile de coco.

L'indice de réfraction des acides fixes constitue donc une valeur variable, comme nous avons pu le constater après un certain nombre d'expérimentateurs. Cette constatation est contraire aux conclusions de quelques observateurs et notamment de MM. Dumitrescu et Popescu, qui ont récemment proposé cet indice comme une constante très sûre pour l'analyse des beurres (*Annales des Falsifications*, 1910, p. 149).

Vraisemblablement, ces expérimentateurs qui n'indiquent pas les indices d'iode des beurres examinés, ont opéré sur des beurres pour lesquels le rapport de l'acide oléique aux autres acides fixes était peu variable.

3° *Données relatives à l'ensemble des acides gras. Indice de saponification.* — L'indice de Kœttstorfer est une donnée d'ensemble très intéressante. Dans un beurre, il augmente avec la teneur en acides volatils et diminue lorsque l'acide oléique croît. Les deux variations ne se compensent pas, car l'indice de l'acide oléique est plus voisin de celui du beurre que ne l'est celui des acides volatils; et d'ailleurs, une quantité déterminée d'acides volatils n'est pas remplacée par une quantité constante de chacun des deux groupes d'acides fixes. Nous avons constaté des variations de 217 à 238, pour des beurres purs dont de nombreux provenaient de laits d'une seule traite d'une seule vache. Les variations étaient toujours bien expliquées par les variations de chacun des groupes d'acides gras. Cette donnée d'ensemble peut donc suppléer avantageusement des indications relatives à un groupe restreint d'acides gras, lorsqu'elles résultent de procédés imprécis ou délicats.

4° *Données relatives à l'ensemble du beurre.* — Nous ne déterminons pas la densité, le point de fusion, ni le point de solidification du beurre. Nous avons parfois déterminé des indices de Crismer, ainsi que des indices de Valenta. Nous estimons qu'ils fournissent des indications approximatives qui seraient intéressantes s'il était possible d'opérer sur le beurre lui-même; certains agents de prélèvement pourraient alors en faire un emploi très utile. Mais pour les laboratoires, l'économie de temps est illusoire; puisque, fusion et filtration du beurre comprises, il faut 1 heure 15 minutes environ pour obtenir ces indices et qu'en 2 heures seulement au total on peut avoir un dosage précis. Nous ne faisons donc que l'examen de la réfraction.

Indice de réfraction du beurre. — Les données fournies par la réfractométrie sont utiles à considérer, car, comparées aux autres données, elles sont susceptibles d'interprétations intéressantes pour la recherche des falsifications, comme nous le montrerons plus loin.

La détermination de la réfraction est, du reste, très facile, une fois le réglage de la température obtenu : ce qui s'obtient du premier coup avec un peu d'habitude.

II. Interprétation des résultats. — Sauf les cas de falsification grossière, on ne saurait conclure à une manœuvre illicite en se basant sur une seule donnée analytique; car même les éléments les plus caractéristiques du beurre, les acides volatils solubles sont sujets à d'importantes variations.

Ce n'est qu'en groupant les données dans des rapports convenables ou dans des tableaux indiquant la fréquence d'accord simultané de deux ou plusieurs résultats que l'on pourra, en général, reconnaître si un beurre est anormal ou falsifié.

Nous passerons en revue les relations qui nous paraissent pouvoir être le plus utilement examinées.

1° *Relations groupant deux données* : A. *Acides volatils solubles et acides volatils insolubles.* — MM. Müntz et Coudon ont groupé ces résultats obtenus dans leur méthode en un rapport : 100 × acides insolubles : acides solubles.

Ils ont constaté, pour des beurres purs, des valeurs de 9,1 à 15,6 et déclaré que l'on pouvait conclure à la présence de l'huile de coco lorsque les acides insolubles sont voisins de 1 et le rapport proche de 20.

Pour notre part, nous avons obtenu des rapports compris entre 7,9 et 17,3 et un maximum de 0,93 % d'acides insolubles.

Nous avons toujours constaté la sûreté de la méthode et la concordance des résultats ; nous estimons que, lorsque l'on obtient un rapport compris entre 15 et 20, la recherche de la phytostérine permet de lever les doutes et qu'elle ne s'impose d'ailleurs que dans ce cas.

On peut grouper d'une manière analogue les résultats obtenus à l'aide de la méthode de Leffmann-Beam. Mais on a beaucoup moins de précision, car si les acides solubles sont à ceux de la méthode précédente dans le rapport de 1 : 2,1, les acides insolubles ne sont (en moyenne) que dans le rapport de 1 : 2,9. Le deuxième rapport n'est pas constant ; par suite, les rapports obtenus dans les deux méthodes ne sont pas comparables. Nous estimons sans intérêt le rapport calculé selon la méthode officielle.

B. *Acides solubles dans l'alcool, solubles ou non dans l'eau.* — Nous avons montré que l'on obtient par la méthode de Robin les acides solubles dans l'alcool, puis ceux de ces acides qui sont insolubles dans l'eau. On obtient, du reste, ces derniers d'une manière inconstante. On calcule par différence les acides solubles dans l'eau. M. Robin calcule ensuite le rapport 10 × insoluble eau : soluble eau. Le rapport s'élève par l'addition d'huile de coco, ce qui permet d'en calculer la proportion. Le calcul de la margarine se fait sur le *soluble eau*.

Toutes réserves faites sur l'exécution de la méthode, nous pensons qu'elle est basée sur un principe très intéressant, mais que, par suite d'une coïncidence curieuse que nous avons signalée, elle ne peut pas donner une précision plus grande que la méthode de Muntz et Coudon.

C. *Acides volatils et indice de Kœttstorfer.* — Les limites de variation de l'indice de Kœttstorfer pour une valeur donnée des acides volatils constituent un renseignement utile à considérer pour la recherche de l'huile de coco. Nous avons consulté très souvent avec profit, lorsque nous employions l'ancienne méthode officielle, les Tableaux dressés par M. Vuaflart (*Bulletins de la Station agronomique d'Arras*). Avec quelques calculs, ils peuvent encore fournir des renseignements approximativement exacts.

D. *Acides volatils et indice de réfraction.* — M. Hoton, dans les *Annales. des Falsifications* (1909, p. 8), a montré tout le parti que l'on peut tirer de la comparaison de ces deux données pour la recherche des falsifications du beurre. Il a donné un Tableau, dû aux travaux de MM. van Sillevoldt et Julleken, fournissant les résultats de plus de 90000 beurres purs hollandais.

Nous avons, dans toutes nos analyses, comparé nos chiffres aux indications de ce Tableau.

Pour 49 beurres purs de provenances diverses, nous n'avons pas trouvé d'exceptions. 2 beurres se trouvant hors des limites l'étaient par suite même de leur richesse. Ils étaient situés en prolongement et non sur les côtés des positions les plus fréquentes.

Pour des beurres provenant chacun d'une seule traite d'une seule vache, nous avons trouvé pour 77 échantillons 11 exceptions; 2 seulement de ces beurres étaient notablement écartés des positions normales

Les Tableaux de M. Hoton restent donc extrêmement utiles à considérer pour guider les recherches et faciliter les conclusions.

E. *Indice d'iode et indice de réfraction.* — En prenant pour base l'indice d'iode et l'indice de réfraction, nous avons dressé un Tableau analogue à celui de M. Hoton. Il montre nettement que l'acide oléique est le facteur qui agit le plus sur la réfraction, ce que l'on pouvait prévoir, car son indice est le plus voisin de celui des beurres. La margarine se place dans le Tableau en prolongement des beurres; mais l'huile de coco s'écarte un peu de la ligne des beurres prolongés.

Cela démontre que la détermination de la réfraction des beurres n'est en somme qu'un dosage approché de l'acide oléique, influencé par les acides volatils.

F. *Acides volatils et indice d'iode.* — De la constatation que nous venons de faire, on peut déduire qu'un Tableau donnant les indices d'iode en fonction des acides volatils rendra mieux compte des variations de composition du beurre qu'un Tableau basé sur l'indice de réfraction et les acides volatils. Nous avons commencé à établir un tel Tableau. La dispersion des valeurs y est plus grande que sur celui de M. Hoton. Les écarts causés par les falsifications sont, eux aussi, plus forts, pour le cas de l'addition d'huile de coco. Cela tient au fait que, en comparaison avec le beurre, l'huile de coco contient beaucoup moins d'acide oléique et possède cependant une réfraction très peu inférieure.

Les falsifications pourraient donc être reconnues, avec une précision au moins aussi grande, en remplaçant la réfraction par l'indice d'iode dans les Tableaux et l'on posséderait de plus une donnée facilement interprétable, lorsqu'on la considérerait seule. A l'heure actuelle, le Tableau basé sur la réfraction est plus utile parce qu'il comprend un très grand nombre de beurres. Mais il faut souhaiter, pour obtenir plus de clarté, que l'on établisse à l'avenir les Tableaux en se basant de préférence sur l'indice

' d'iode. Nous pensons d'ailleurs que l'on pourrait établir non. pas un seul, mais plusieurs Tableaux, chacun d'eux se rapportant à des conditions déterminées de saison, de nourriture et de race. Les valeurs seraient ainsi nécessairement mieux rassemblées et pourraient être plus utilement, consultées pour rechercher les falsifications dans des conditions de production déterminées.

Les Tableaux types seraient établis à la suite d'études méthodiques des effets d'une alimentation déterminée, sur un nombre assez grand d'animaux de même race placés dans les mêmes conditions de milieu. D'ailleurs, dès maintenant, un certain nombre de données pourraient être extraites de travaux de recherche de cette nature.

G. *Acide oléique et acides fixes.* — Nous avons calculé pour chacun des beurres le rapport de l'acide oléique aux acides fixes totaux.

De la comparaison des valeurs, il résulte que les acides volatils diminuant, l'acide oléique augmente non seulement en valeur absolue, mais aussi en valeur relative parmi les acides fixes.

2° *Relations groupant trois données :* A. *Acides volatils et rapport de l'acide oléique aux acides fixes.* — Nous estimons qu'un Tableau groupant ces deux valeurs pourrait donner pour la recherche des falsifications une précision un peu supérieure à celle d'un Tableau groupant seulement les acides volatils et l'indice d'iode. Mais il faudrait doser avec plus de sûreté les acides fixes.

B. *Indice de neutralisation des acides fixes saturés.* — Connaissant la proportion d'acide oléique dans les acides fixes et l'indice de neutralisation des acides fixes totaux, il est possible de calculer l'indice de neutralisation des acides fixes saturés. Dans notre *Étude de beurres purs*, nous avons calculé cette donnée qui donne des renseignements sur la composition des acides fixes. Nous avons trouvé cette donnée très variable et s'approchant parfois beaucoup des valeurs propres à l'huile de coco ou à la margarine; il conviendrait de reprendre les calculs avec une meilleure méthode d'isolement des acides fixes.

III. Conclusions. — Quatre données sont nécessaires pour connaître la composition d'un beurre en glycérides d'acides volatils solubles ou insolubles et fixes saturés ou non saturés et pour déterminer les falsifications.

La donnée la plus importante, le taux des acides volatils solubles, peut être obtenue à l'aide des méthodes Leffmann-Beam et Müntz et Coudon. Cette dernière est la plus avantageuse à employer, car elle permet simultanément le meilleur dosage des acides volatils insolubles.

De même que les deux groupes précédents sont déterminés chacun par une donnée spéciale, nous estimons préférable de consacrer à chacun des deux autres une donnée non influencée par les acides d'un autre groupe. On obtient ainsi des résultats nets à l'esprit. Il faut, bien entendu,

que l'on emploie des méthodes qui ne soient pas inférieures comme précision à d'autres donnant des résultats d'ensemble. Nous accordons, par
suite, une très grande importance à la détermination de l'indice d'iode
qui renseigne complètement sur le groupe des acides non saturés, constitué pratiquement par l'acide oléique seul.

Quant aux acides fixes saturés, les méthodes pratiques pour les connaître directement font défaut, et celles qui les donnent mélangés à
l'acide oléique sont incertaines. Peut-être la méthode Bellier aux sels de
magnésium donnerait-elle satisfaction. Leur détermination directe est
suppléée par un dosage d'ensemble : celui de l'indice de saponification.

En résumé, l'analyse d'un beurre doit comporter selon nous :

1° Le dosage des acides volatils solubles et insolubles selon la méthode de Müntz et Coudon;

2° La détermination de l'indice d'iode;

3° La détermination de l'indice de Kœttstorfer.

L'interprétation de ces données est facilitée par le calcul du rapport de
Müntz et Coudon et par la comparaison des résultats avec un Tableau
indiquant les concordances de l'indice d'iode avec les acides volatils pour
les mêmes conditions de nourriture, de saison et de race. Ce Tableau
pourrait être remplacé par un autre ayant pour base les acides volatils
et le rapport de l'acide oléique aux acides fixes, sous réserve de l'emploi
d'une méthode sûre pour le dosage de ces derniers.

Pour chaque groupe, des renseignements de détail pourraient être
consultés. Ce serait, par exemple, sous réserve des méthodes : 1° pour
les acides volatils solubles, l'indice argentique; 2° pour les acides volatils
insolubles ainsi que pour les acides fixes saturés, l'indice de neutralisation; — données relatives à la nature des acides de chaque groupe.

Dans certains cas douteux, il est utile de rechercher la phytostérine.

En plus de ces résultats, on peut déterminer à titre de vérification :
1° Les acides volatils solubles et insolubles (Leffmann-Beam); 2° les
acides solubles (méthode officielle); 3° l'indice de réfraction.

Pratiquement, tenant compte de la situation de fait, nous déterminons : 1° les acides volatils solubles et insolubles par la méthode officielle; 2° l'indice d'iode; 3° l'indice de réfraction; 4° l'indice de Kœttstorfer et nous faisons usage du Tableau de M. Hoton.

Lorsque nous soupçonnons la présence de l'huile de coco, nous com-
plétons ces données par celles de la méthode de Müntz et Coudon qui nous
sert de base pour les conclusions. Lorsque le rapport d'acides est compris
entre 15 et 20, nous recherchons la phytostérine.

MM. Charles GRANVIGNE et Gaston CASSEZ.

ÉTUDE DE LAITS PURS.

---

4 Août.

(*Mémoire publié hors Volume.*)

M. Émile RIVIÈRE,

Directeur à l'École des Hautes-Études au Collège de France.

LE NETTOIEMENT DES RUES DE PARIS AU SEIZIÈME SIÈCLE. LES PRIVÉS
ET LES AGENCEMENTS DES MAISONS, FIENS, BOUES ET IMMONDICES.

---

5 Août.

(*Mémoire publié hors Volume.*)

TABLE DES MATIÈRES.

(Tome IV.)

NOTES ET MÉMOIRES.

TABLE ANALYTIQUE.